U0004404

量化

MARK
JEFFERY

行銷時代

貝佐斯與亞馬遜經營團隊都在做

15個·關·鍵·行·銷·計·量·指·標

·《 首部曲 》·

DATA-DRIVEN
MARKETING

THE 15 METRICS
EVERYONE IN MARKETING SHOULD KNOW

馬克·傑佛瑞——著　　高英哲——譯

Contents

第
一
部
分

基礎概念

第一章
贏家與輸家之間的行銷區隔　　　　　**017**

80％的公司在做行銷決策時，沒有事先進行量化分析；有先見之明、
進行數據導向行銷的公司，都成為後來的贏家！

● 認識 15 個關鍵行銷計量指標／● 數據導向行銷的案例研究／●
行銷預算花在哪？決定你是贏家還是輸家／● 當經濟不景氣時，更
要強力推動行銷計畫／● 量化行銷的第一步：定義你的策略架構

如何使用這本書？

2008年8月，在貝爾斯登（Bear Stearns）倒閉，金融風暴開始爆發之前幾個月，我跟一位任職於《財星》（*Fortune*）500大企業的行銷長（CMO）見面。我受邀談論關於行銷計量指標的事，但我想知道真正的困難點在哪裡，於是我問他：「什麼事情讓你晚上睡不著覺？」

「喔，如果你真想知道的話，我昨天才跟董事長談過，他要把我的行銷預算大砍36％。我以為他在說笑話，但今天我才發現董事長是認真的。」

隔天早上8點，他打電話跟我說：「馬克，我今天下午要跟董事長開會，需要你幫忙。」

那是近20多年來最艱困的經濟時刻，而這位行銷長不是唯一面對這種難題的人。行銷人員努力證明預算花得有道理，卻不斷被要求用更少的錢做更多的事。行銷工作三不五時，就會被非行銷出身的企業主管質疑是否有用；每當時機歹歹，行銷預算往往就是頭一個被砍的。對於行銷經理來說，要提出明確的行銷成果難上加難，因為品牌化跟知名度都「模糊不清」，跟銷售收入沒有直接關聯。

我研究了252間公司、高達530億美元的年度行銷支出，發現

許多行銷人員很難得到他們想要的行銷數據。訪查中有55％的行銷主管表示，他們的員工對於基本的行銷計量指標不甚了解；有超過80％的組織，甚至沒有採用數據導向的行銷策略。只要能夠以正確的方式，把重點放在量測出正確的計量指標，就可以在不必投入大量時間及資源的情況下，補足這些缺漏。

這本書是為了所有想要顯著提升行銷績效、證明行銷支出有理的行銷人員，以及想要獲取真正行銷結果的非行銷管理階層所著。我並沒有動輒列出50個或上百個行銷可用的計量指標，而是著重於其中15個真的很重要的，點出實際上要如何利用這些計量指標，把行銷的價值加以量化、大幅提升行銷績效。我的研究同時也指出，專精於數據導向行銷策略的公司，跟競爭廠商相較之下，其財務績效如何大為勝出。這套僅僅著重於15個計量指標的做法，好處在於你很容易就能駕馭其原理，並且加以應用。我提供了大、小企業各種詳盡的案例，以及可供免費下載、所有量化範例的Excel電子檔。

本書區分為三部分：第一部分是「基礎概念」，第二部分是「實戰心法」，第三部分則是「更上一層樓」。本書採取一種系統化跟實用性的做法，探討數據導向行銷及行銷量測原理，在〈第3章〉之後的章節，就可以隨意跳著閱讀。

第一部分的「基礎概念」共有三章。〈第1章〉討論行銷區隔，有少數幾間公司「掌握到」數據導向行銷，但大多數公司並沒有這樣做，接著會介紹15個關鍵計量指標；〈第2章〉將會回答「我該

從哪裡著手」這個問題,並探討如何克服5大障礙;〈第3章〉講述利用10個古典計量指標,提供一個進行策略性行銷量測工作的系統化架構。

第二部分詳加闡述這15個計量指標,讀者可以直接跳著閱讀感興趣的部分。網際網路對於各種行銷活動來說愈來愈重要,因此在這15個計量指標中,有5個是針對這個重要的媒介所設。〈第7章〉將針對網路行銷,以及5個新時代的計量指標進行深入探討,你可以隨時跳到這一章來閱讀;倘若你對財務概念有些生疏,我建議你在接觸〈第6章〉的「行銷投資報酬」(return on marketing investment, ROMI)跟「顧客終身價值」(customer lifetime value, CLTV)之前,先閱讀〈第5章〉專為行銷人員進行的財務相關討論。

最後在本書的第三部分,會著重於進階議題上,讀者若想要把先前章節提到的數據導向行銷原理跟計量指標,提升到更上一層樓的程度,我會在這個部分提供可採行的策略。這四章將探討敏捷式行銷、分析與事件導向行銷、數據導向行銷基礎建設、提升績效的重要行銷流程,以及「創意X因子」。本書並非教科書,不過可充當數據導向行銷課程很不錯的補充教材。

對於行銷如何創造價值,以及如何利用這15個關鍵行銷計量指標,做為你服務的公司策略性提升績效的著力點,我希望本書能夠為你提供深度見解。

——馬克‧傑佛瑞(Mark Jeffery)

於美國伊利諾州伊凡斯頓市

下載本書量化行銷範例的Excel電子檔

操作說明：

1. 請上網：https://reurl.cc/R6lVbz

2. 點選網頁右上方「下載」的圖示，即可下載以下的 Excel 範本。

- 減低客戶流失率對公司營收影響的 Excel 範本（圖 4-9）
- 活動接受率分析的 Excel 範本（圖 4-11）
- 利用 NPV 函數計算現值的 Excel 範本（圖 5-2）
- 計算涵蓋 4 大關鍵財務計量指標的 Excel 範本（圖 5-3）
- 計算行銷活動 ROMI 的 Excel 範本（圖 5-5）
- 計算新品上市 ROMI 的 Excel 範本（圖 5-6）
- 運動賽事贊助 ROMI 分析的 Excel 範本（圖 5-7）
- 入口網站新品上市 ROMI 分析的 Excel 範本（圖 5-10）
- 進行敏感度分析的 Excel 範本（圖 5-11）
- 新品上市 ROMI 範例的蒙地卡羅模擬結果（圖 5-12）
- 計算顧客終身價值（CLTV）的 Excel 範本（圖 6-1）
- SEM 計量指標的 Excel 範本（圖 7-2）
- 計算網路搜尋行銷 ROA 的 Excel 範本（圖 7-5）
- 按直接點擊數的《RE5》點擊資料排行榜，附上 WOM 影響資料的 Excel 範本（圖 7-14）
- 計算分析行銷 ROMI 的 Excel 範本（圖 9-5）

第一部分／基礎概念

第一章
贏家與輸家之間的行銷區隔

80%的公司在做行銷決策時，沒有事先進行量化分析；
有先見之明、進行數據導向行銷的公司，都成為後來的贏家！

　　一位任職於《財星》百大企業的資深行銷經理，有一次跟我說：
「我每週都得去開資深主管領導會議，到處都是槍林彈雨，而我實
在是受夠了身上只帶一把刀，還得去拚槍。」他會這麼沮喪，是因
為手頭沒有具體資料，能夠回答那些關於部門行銷活動價值的困難
問題。我們生活在一個行銷大不易的年代，因此量測行銷績效，以
及進行數據導向行銷，已經變得愈來愈重要。行銷經理比起以往任
何時候，都更加需要為自己的行銷支出說話，指出行銷為業務創造
了什麼價值，並且大幅改善行銷績效。

　　為什麼進行數據導向行銷，對於許多公司來說如此困難？原因
有很多，從很單純的「我們不知道該怎麼做」，到品牌化跟知名度
行銷活動的效果模糊不清、短期內不會直接影響到銷售額的成分都
有；再加上數據呈爆炸性成長，更使得問題雪上加霜。根據「國際
數據資訊」（International Data Corporation, IDC）公司估計，數據儲
存量每年會成長60％，這表示儲存起來的數據，大約每20個月就
會增加1倍。數據如排山倒海般湧來，時間跟資源都有限的行銷人

員，只能努力試著量測他們的工作績效如何。

　　不過仍然有少數的行銷人員跟公司，對於數據導向行銷的原理與行銷計量指標相當在行。這些人鐵定會成為公司裡的英雄，升職之路比別人更快，也會晉升到更資深的職位。接下來我們將會看到，能夠採用行銷計量指標，並建立起數據導向行銷文化的公司，比起競爭對手不但具有優勢，在財務績效上還能夠明顯勝過對手。

　　我在幾年前問過現任百思買（Best Buy）的資深副總裁兼行銷長貝瑞・賈奇（Barry Judge），百思買的主要競爭對手是誰，他說是沃爾瑪（Walmart）。沃爾瑪是全世界最大的零售管道，這個答案並不太令人意外，再加上沃爾瑪擁有極為有效率的供應鏈與規模經濟，足以把價格跟邊際利潤壓到最低，這間公司促使全球零售業產生了劇烈變化。然而，原先我以為他的答案會是「電路城」（Circuit City），於是我問他，為什麼不說是電路城呢？

　　「他們沒有抓到要點。」他這樣跟我說。電路城的行銷策略是經常舉辦打折促銷、吸引顧客來店，刺激銷售額。然而，自從沃爾瑪登場以來，零售業的邊際利潤變得很微薄，因此打促銷戰實際上會虧錢，也就是會產生負利潤。賈奇把這種結果稱為「死亡螺旋」（death spiral），也就是店家需要不斷地打折促銷以維持營收，但這又會讓店家不斷地虧錢。

　　電路城如今當然已成過往雲煙，它在2009年1月破產清算。美國中階零售業在過去20年間，到處都在上演類似的故事，比方說，位於芝加哥的馬歇爾菲爾德百貨（Marshall Field），以及費城老字

號的約翰沃納梅克百貨（John Wanamaker），如今都已經遭到清算；其他還有數百間知名的地區性零售商，也因為未能在競爭中獲利，後來都被梅西百貨併購。

但是百思買可不一樣。他們當然花了不少預算，去搞把顧客吸引到店裡來的「製造需求行銷」（demand generation marketing），不過百思買花在品牌化、管理顧客關係，以及數據導向行銷相關基礎建設的錢，比它的競爭對手更多。百思買也會保留記錄，用適應性學習的回饋循環，量測行銷活動的結果，藉此把行銷效益放到最大。

百思買的行銷人員，會個別去分析各店鋪顧客的購買特性與族群特色。比方說，他們可能會把某一群顧客稱為「吉兒」（Jills），這群「足球媽媽」的特性是：她們可能有在工作，但同時也是家庭主婦，因此家裡要採購什麼電子產品，主要也是她們在做決定。百思買根據這些資料，就會在周圍區域有相當多「吉兒」的某些店鋪，推出針對她們量身訂做的行銷活動，例如在店裡擺出媽媽跟小孩一起使用電子產品的大型廣告標誌、發送直郵廣告，或是改變產品組合的內容，試著吸引「吉兒」購買。然後行銷人員會去量測行銷活動前後，這些店鋪的銷售額提升了多少個百分點。

上述就是「行銷區隔」（marketing divide）的例子：少數公司「掌握到」行銷要點，但很多公司並沒有。結果就是掌握到行銷要點的公司，就會具有競爭優勢，而那些沒有掌握到的公司麻煩就大了，它們會逐漸失去市場佔有率跟獲利能力，最後被競爭對手併吞，或是只能關門大吉。

我跟薩拉・米許拉（Saurabh Mishrah）、艾力克斯・克拉斯尼可夫（Alex Krasnikov）兩人合作，調查了252間公司、高達530億美元的年度行銷支出，其行銷績效管理及行銷投資報酬（ROMI）如何。研究結果顯示，市場領先廠商跟落後廠商之間，確實存在著區隔。研究裡有幾個統計數據，可以點出兩者之間鮮明的對比：

- 有53％的公司，並未對ROMI、淨現值（net present value, NPV）、顧客終生價值（customer lifetime value, CLTV）等績效計量指標，進行預測→我將在〈第5章〉探討重要的財務計量指標，〈第6章〉則探討CLTV。所有的財務計量指標範例，都有免費的範本檔可供下載。
- 有57％的公司，並未使用商務案例，評估行銷活動的資金運用效果→有關最佳的實作方法、案例與範本，請參閱第5、9章。
- 有61％的公司，沒有一套定義清楚、有明文規範的程序，藉以評估篩選行銷活動，並且排出先後順序→有關最佳的實作方法與案例，請參閱第3、11章。
- 有69％的公司，沒有進行具有對照組的實驗，來比較試驗行銷活動的效果如何→有關最佳的實作方法與案例，請參閱第2、3章。
- 有73％的公司，在決定是否要對行銷活動砸錢之前，沒有使用評分表，針對關鍵經營目標進行評分→有關最佳的實作方法與案例，請參閱〈第3章〉。

我被這些研究發現給嚇到了，它們指出大多數的公司並沒有一套適當的行銷管理專業流程，在日常行銷活動中也沒有使用任何的計量指標。畢竟倘若在對行銷活動砸錢之前，既沒有研究商務案例，也沒有定義ROMI，那又要如何衡量行銷活動成效呢？我們觀察這些行銷組織如何運用數據，就會發現這樣的分隔更加明顯：

- 有57％的公司，並未建立一個用來追蹤、分析其行銷活動的中央化資料庫→請詳見第2、6、9、10章。
- 有70％的公司，並未使用「企業資料倉儲」（enterprise data warehouse, EDW），追蹤顧客與企業、行銷活動之間的互動→請詳見第8到10章。
- 有71％的公司，並未使用EDW與解析學，選擇要進行哪些行銷活動→請詳見第2、6章與第8到10章。
- 有80％的公司，並未採用統整的資料來源，進行「自動化事件導向行銷」（automated event-driven marketing）→請詳見第8到10章。
- 有82％的公司，從未利用「行銷資源管理」（marketing resource management, MRM）等自動化軟體，追蹤並監控行銷活動與資產→請詳見〈第11章〉。

因此絕大多數的公司，都沒有使用中央化的資料，對其行銷工作進行最佳化管理。然而，在市場中領先群雄的是位於行銷區隔另一側的少數公司——只有不到20％的公司，真的有在進行數據導

向行銷，並採用計量指標量測日常行銷活動的表現。我們之後會看到，這些公司的財務及市場表現，明顯優於他們的競爭對手。

　　為什麼行銷區隔會存在？又為什麼有這麼多公司難以進行數據導向行銷？從這些統計數據中可以看出，為什麼對於許多公司來說，進行數據導向行銷或是量測行銷表現，是如此困難的事：他們的內部運作過程，既沒有量測行銷表現的文化，也缺乏能夠支援數據導向行銷與行銷計量指標的基礎建設。不過撇開這些高層級的問題，我的經驗告訴我：**大多數的行銷人員其實是被數據給淹沒了，不知道該從何著手，不知道要量測什麼指標才能得到真正的結果。**此外，更有55％的行銷經理表示，他們的員工對於NPV跟CLTV等行銷計量指標，並不怎麼了解。（我將在第5章討論NPV等財務計量指標，第6章則會專章探討CLTV。）

　　倘若你服務的公司是屬於不進行數據導向行銷的那80％，抑或你自己對於這些計量指標也不太熟悉，可別因此氣餒，本書的宗旨就是要把領先企業的那些「江湖一點訣」告訴你。**也就是要把計量指標、量測工具、應用範例，為你介紹到一目瞭然，並指導你如何實際進行數據導向行銷工作。**

認識15個關鍵行銷計量指標

　　我在2003年於微軟首度開始進行訓練課程時，有些微軟的行銷人員表示，他們真正需要的，是一個可以算出ROMI的「殺手級

應用程式」。我覺得很好笑，因為那個「殺手級應用程式」不是別的，正是微軟製作，名叫Excel的程式。

我在本書裡把重點放在相對簡單，但是很有效的計量指標與運作架構，以供量測行銷表現及數據導向行銷所用，Excel是個相當棒的入門工具。此外還有比較進階的工具跟技法，能夠把行銷跟銷售額之間的關係呈現出來。這些技法真的很有用，比方說，快速消費品廠商就經常使用迴歸運算，計算出行銷支出跟銷售額之間的相關性。不過這些技法都有明顯的侷限性，例如需要大量清楚的資料集──但大多數的公司往往欠缺相關資料。因此本書的做法是著重於量測行銷表現的架構，使用經過平衡設計、內含少數能夠點出行銷價值之關鍵計量指標的評分表，以及相對來說，實行起來還算直截了當的分析做法。（附帶一提，迴歸分析絕對有它的用處，我會在第9章探討梅莉迪絲出版社〔Meredith Publishing〕如何使用迴歸分析，估算顧客接下來可能會購買什麼產品。我也會把其他的資料探勘法拿來跟迴歸分析做比較，比方說地球連線〔EarthLink〕公司進行「顧客留存行銷」時，所採用的決策樹。）

你可以從Excel開始著手，能夠玩的東西很多，我也為本書所有的量化範例，提供了可供下載的Excel範本檔。對於要不斷進行的數據導向行銷，你一定會想要把這過程弄成自動化；倘若你的顧客群很大，你更需要行銷工作的相關基礎建設，包括建立一個資料庫，並且用上更精巧的分析工具。如何踏上這段旅程，就是下一章「你該從哪裡著手」的重點；至於建構基礎建設「需要付出什麼代

價」的問題，則留待〈第10章〉回答。

我的想法是盡可能著重討論少數幾個，最能夠捕捉到行銷價值的計量指標。以下就是我挑出來的15個關鍵行銷計量指標：

評估範圍		15個關鍵行銷計量指標	速翻
古典行銷計量指標	非財務	1. 品牌知名度（brand awareness）	第3、4章
		2. 試駕（test-drive）	
		3. 客戶流失率（churn）	
		4. 顧客滿意度（customer satisfaction, CSAT）	
		5. 活動接受率（take rate）	
	財務	6. 利潤（profit）	第5章
		7. 淨現值（Net present value, NPV）	
		8. 內部報酬率（internal rate of return, IRR）	
		9. 回收期（payback）	
	顧客價值	10. CLTV	第6章
新時代行銷計量指標	搜尋引擎	11. 每次點擊成本（cost per click, CPC）	第7章
		12. 訂單轉換率（transaction conversion rate, TCR）	
		13. 廣告支出報酬率（return on ad dollars spent, ROA）	
	網站	14. 跳出率（bounce rate）	
	社群媒體	15. 口耳相傳（word of mouth, WOM），又名「社群媒體觸及率」（reach）	

倘若你對上述這些計量指標，有些不熟悉甚至毫無所知，都不必擔心，我們會從〈第3章〉到〈第7章〉，用範例加以詳細解釋。

我把前面10個指標稱為「古典行銷計量指標」。1到5號是重要

的「非財務」計量指標，負責定義品牌化功效、顧客忠誠度、比較行銷活動，以及行銷活動績效，在第3、4章進行探討；6到9號是每個行銷人員都應該要知道的重要「財務」計量指標，請注意：「投資報酬率」（return on investment, ROI）並不屬於這些計量指標之一，我們會在〈第5章〉解釋其原因何在；10號則是CLTV，這是進行顧客價值相關決策時的重要財務計量指標，整個〈第6章〉都在專門加以探討。

在一百多年前，約翰・沃納梅克（John Wanamaker）說過一句名言：「我花在行銷上的錢，有一半浪費掉了，問題是我不知道是哪一半。」最近有一位行銷長則跟我說：「我花在行銷上的錢，有一半浪費掉了，不過現在我知道是哪一半了——電視廣告。」他這段評論反映了網路（包括網際網路及手機在內）這個新媒體，對於行銷的重要性日增，而我們在這個新媒體上，進行追蹤行銷活動績效的能力，也已經不可同日而語。

在這15個關鍵計量指標裡，我把11到15號稱之為「新時代行銷計量指標」。11到13號計量指標，可評估搜尋引擎的行銷效度；14號「跳出率」是了解網站行銷效果有多棒的關鍵計量指標；15號「WOM」則是在評估社群媒體行銷這塊新領域。〈第7章〉用了很多範例，針對這些計量指標進行詳細探討，你在任何時候都可以跳到這一章，對裡頭關於網路行銷的深度討論先睹為快。不過在後續章節中，我也會提供好幾個範例，說明如何運用網路，大幅改善行銷績效。我們先從幾個一般的數據導向行銷案例開始，說明在實務

上該如何運用行銷計量指標。

數據導向行銷的案例研究

倘若你是一間小公司，顧客群很小，你會怎麼做呢？答案是：你可以去買目標顧客的名單。我在幾年前曾經收到一張寄到我家的明信片，正面是一張看起來很漂亮的高爾夫球場照片，還附上一句標語說：「馬克，這是一份特別的邀請函。」讓我印象特別深刻的，是那張邀請函是特別寫給我的。

哇，這讓我覺得自己很特別。當然啦，我們都知道自己平常是怎麼處理信函的——把它們分門別類，帳單分一疊、老媽來信分一疊、垃圾信件分一疊，最後那一疊就整疊扔進垃圾桶裡。由於印刷跟寄送成本高昂，導致傳統直郵廣告的花費極為昂貴，但其成效往往不佳——因為顧客通常不屑一顧。然而，我收到的這張明信片卻很不一樣。

首先，他們不知道從何得知我喜歡高爾夫球，也許是從購買歷程推敲出來的。再者，這張明信片是特地寄給馬克我本人，所以我把這張卡片放在一邊，沒有直接丟進垃圾桶裡。這麼一來，我就很有可能會再看看卡片背面。背面特別有意思，竟然有一個為我客製化的網址：www.companyname.com/Mark.Jeffery。收到卡片的人輸入這個網址，按下 Enter 鍵之後，即使沒有在網站上填表、提供更多個人資訊，網站也可以回頭追蹤使用者，之後再直接打電話過來。

● 整合直郵與網路的客製化行銷——保時捷公司

　　圖1-1是在2008年，保時捷發表Turbo Cabriolet新車款時，所採用的類似手法。已經買過Turbo Cab車款的車主，在新車款於媒體上發表的同時，都收到了一塊印有個人化登入資料的「未加工」金屬板。車主若是登入網站，就會看到一行「未加工的保時捷911 Turbo Cabriolet，正在等您選色」；顧客選擇他們最愛的顏色之後，就會收到一張個人化特製的Turbo Cab海報。

　　這項整合網站資源的行銷活動，可讓廠商進行端對端追蹤。這

圖1-1 保時捷的整合直郵行銷

網站

寄送給車主的行銷包

海報

保時捷Turbo Cabriolet新車款的整合直郵行銷，裡頭有一封信，附上一塊客製化的「未加工」金屬板，鼓勵顧客造訪網站，訂製一張用「他們」新車顏色印製的客製化海報。

圖片來源：摘自保時捷汽車北美行銷資料

次活動有2,700筆登入資料，平均登入時間幾乎有15分鐘，一共訂購了5,670張海報。有趣的是，這次行銷還有口耳相傳的效果，裡頭有將近500筆登入資料是「寄送邀請給朋友」（請詳見第7章的第15號重要計量指標「WOM」）。這次行銷整體回應率（response rate）達30％，而Turbo Cab的買家在這段期間內，也有38％收到這份行銷包。

考量到這項產品的高單價（13萬美元），以及目標受眾的屬性（忙碌的企業高層、律師跟醫師），這樣的回應率跟登入時間，著實令人驚奇。不過這個案例真正了不起的地方，在於這場直郵行銷經過量測設計，並且跟網路整合，因此才能夠獲得顧客回應率資料，並找出誰是潛在客戶。

無論是對於小公司還是大公司，客製化跟數據導向行銷，都能夠產生可供量測的顯著績效。大公司在規模跟資源上明顯具有優勢，不過它們鮮少真正把這個優勢轉化到行銷上。我們接下來看另一個名列《財星》500大，「企業對企業」（business-to-business, B2B）的大公司案例。

● 瞄準B2B顧客群的量測行銷——杜邦公司

杜邦的泰維克®人工紙（Tyvek），是一個在美國知名度甚高的品牌。這項產品之所以能夠成功，除了創新的材質以外，也要歸功於杜邦的行銷功力。泰維克人工紙具有液態水無法穿透，但是水蒸氣可以穿透，同時又極為堅韌的獨門特性，現今被用於製作包材、

防護裝、包套、作圖、建築外層，以及居家建材。

　　泰維克人工紙具備的可透性，在建築市場上極為好用，可用來製作建築外層，包覆在建築物骨架外頭，讓濕氣從裡頭散逸的同時，又能防止水分跟雨水穿透到裡面，有助於避免水分凝結、抑制霉菌生長，進而保護居家跟建築物不至於蒙受水分損害，造成嚴重損失。圖1-2是杜邦泰維克人工紙的印刷品廣告案例。

　　數據導向行銷與行銷計量指標，要從保存所有重大行銷活動記錄開始做起。就圖1-2的印刷品廣告案例來說，由於廣告目的在於為泰維克人工紙創造產品知名度，並且塑造一個家裡用上泰維克人

圖1-2 杜邦泰維克人工紙的印刷品廣告

圖片來源：杜邦行銷備忘錄1號

工紙，會變得比較安全的情感依附，因此要留下相關數據有些挑戰性。不過杜邦除了印刷品行銷以外，還去贊助了全國運動汽車競賽協會（NASCAR）賽車手傑夫・戈登（Jeff Gordon）。

就行銷觀點來看，美國競速賽車NASCAR是一種很有意思的運動。NASCAR是美國個人親身參賽排名第一的運動，也是全美透過電視收看人數第三多的運動，固定收看的觀眾大約有8,000萬人；若是再加上一級方程式賽車（Formula 1），競速賽車就是全世界最多人收看的實況運動賽事。NASCAR的收視群，其收入與年齡層跟美國人口結構也相當符合。杜邦贊助的傑夫・戈登，贏得4次NASCAR冠軍獎盃；根據ESPN運動頻道調查，他是美國知名度排名第八的運動明星。

「泰維克居家包材」（Tyvek Home Wrap）產品的促動行銷活動（activation campaign），在2006年NASCAR堪薩斯站比賽時，在戈登的24號賽車後面，畫上一個用泰維克人工紙製作的「電視面板」，並且在賽事期間於堪薩斯地區大打電視廣告，藉此建立消費者知名度。不過這場行銷活動的主要重點，放在泰維克人工紙的3組B2B顧客群：零售商、建商與建築技師。

圖1-3是杜邦寄給全美各家建材經銷商的「泰維克居家包材」印刷海報行銷。海報內容主打能夠獲得這場賽事的「終極賽事周末」豪華包，並且有機會跟傑夫・戈登見到面。全國賣掉最多杜邦產品的前24家零售商、購買最多杜邦產品的前24家建商，以及跟最多零售商簽新約或續約使用杜邦產品的前24名建築技師，就會收到

圖1-3 杜邦「泰維克居家包材」的促動行銷海報

圖片來源：杜邦行銷備忘錄1號

這份獎品。

　　這場行銷活動的成果令人印象深刻：共有438家零售商簽約，其中202家是新簽約、236家是續約，而根據泰維克人工紙的出貨量推估，促銷期間的銷售量增加了186％。從數據導向行銷的觀點來看，最重要的是杜邦有留下出貨記錄，可以藉此量測行銷活動前後的銷售額，算出相當顯著的ROMI。

　　量測行銷的成果有一個弱點：對於品牌跟知名度在行銷活動裡造成的影響力，掌握度並不是那麼好。然而，根據一些側面證據顯示，品牌在行銷活動裡具有很明顯的影響力。從圖1-4可以看到，所有採用「泰維克居家包材」產品的新建案，都能看到泰維克的標誌。有人在www.NASCAR.com的部落格上，張貼了下列這段文字：

我對NASCAR最美好的回憶,包括我最愛的賽車手傑夫‧戈登,以及我兒子羅根。羅根2歲時,只要我們開車經過新的建案,他就會跟我們說哪些房子是「傑夫‧戈登」的。我們有好幾個月都搞不懂他在說啥,但每次我們路過或開車經過新建案,戈登幾乎總是在那裡有棟房子。最後我們總算發現,我們的2歲兒子是把戈登賽車上的杜邦標誌,跟那些新建居家的杜邦「泰維克居家包材」標誌混為一談了。杜邦的品牌打得真漂亮啊!

我們會在〈第3章〉跟〈第4章〉,更詳細探討品牌化跟知名度

圖1-4 「泰維克居家包材」的品牌化標誌

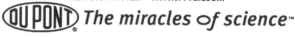

圖片來源:杜邦行銷備忘錄1號

的行銷計量指標及衡量方法。現在你只要先知道「泰維克居家包材」行銷活動的主要目標，是經過設計、可供量測的就夠了。杜邦的行銷部門有留下出貨記錄，只要看一眼行銷活動前後的出貨量變化，就能夠為未來的行銷投資提供佐證。

● 傳統直郵型錄也能做到精準投放——西爾斯百貨

接下來，我們再看看西爾斯百貨的直郵行銷案例。西爾斯百貨是一家老字號的零售商，不過近年來的經營每況愈下，因此在2004年被愛德華・蘭伯特（Edward Lampert）併購，他先前就曾經以低價買下破產的凱瑪百貨（Kmart）。西爾斯百貨在20世紀初，做出美國第一批產品型錄，讓美國邊境的拓荒者能夠跟東部那些大城市的居民一樣，買到同樣的產品。他們可以在邊境分店下單訂購，訂單會用電報送回東部，然後在數週之後，產品就會透過蒸汽火車「即時」送達各分店。

西爾斯百貨在2001年的年營業額超過300億美元*，他們所面臨的財務困難，主要肇因於消費者變得比較喜歡在郊區的倉儲式專門賣場購物。我記得我小時候一收到西爾斯百貨寄到家裡的「電話簿」型錄，就會興奮地坐著挑選聖誕節想收到的禮物；時至今日，厚厚一本型錄已被大約20頁左右的精巧彩色型錄取代，這些型錄會當

---

* 此範例取自2001年，西爾斯百貨被凱瑪百貨併購之前，因此不一定能代表它在2009年的行銷狀況。

成報紙夾報，或是透過直郵寄送。下面這個案例是西爾斯百貨在2001年寄送的直郵型錄，目的是想要吸引顧客到店裡來。這個案例的行銷預算很高，並且分析過本書許多讀者無法取得的大量數據，不過這案例很棒，我會在下一章舉例說明，倘若你手頭掌握的數據不多，預算也有限的話，該怎麼樣著手。

西爾斯百貨原本的行銷作業，每年要把超過2億5,000萬本型錄，寄給分散在18個郵區，大約1,400到1,800萬名的顧客，這些型錄每年可為西爾斯百貨增加9億美元的銷售額。這個行銷活動是鎖定近期有購物記錄、購物頻率及消費金額的排名在前40％的顧客家庭發送型錄。各地區的型錄有些許不同，比方說南方的佛羅里達州，氣候跟位於中西部的芝加哥截然不同，顧客所收到的型錄也就有所差異。不過每位住在中西部的顧客，收到的型錄都是一樣的，每位住在南部的顧客也一樣。

型錄很明顯能夠大幅提升銷售額，但是這種行銷方式的獲益率如何呢？我們假設印製跟寄送一本型錄的成本是1美元，那麼這項行銷工作每年就得花上大約2億5,000萬美元；這些型錄可增加9億美元的銷售額，因此行銷成本約占銷售額的25％。不過由於沃爾瑪的強力競爭，美國零售業的利潤邊際相當微薄，大約還不到10％。這代表什麼呢？這表示這套行銷方案雖然能夠大幅提升銷售額，但是實際上每年還倒賠超過1億美元！

行銷管理團隊發現這套一般採用的標準行銷作業，實際上等於是給西爾斯百貨扯後腿，他們的解決辦法是進行市場劃分（market

segmentation），把重點放在直郵行銷上。市場劃分本身當然是一個很古老的想法，但是在二十多年前卻很難進行，因為不但相關資料有限，當時也只有相當原始的電腦可供利用，因此行銷人員通常只會把市場粗分為高、中、低3個區段。不過時至今日，「資料倉儲科技」讓行銷人員可進行資料探勘，進行細緻許多的市場劃分（詳見第9章）。

就這個案例來說，西爾斯運用EDW跟解析學工具，根據一系列可靠的變數、屬性及購物特性，把目標顧客群劃分為25個不同族群，然後依據各種族群的相關產品類別，編出各種相對應的型錄。除此之外，他們還取消了只有前40％顧客才會收到型錄的嚴格限制，在低價值的顧客群裡，挖掘「向上超賣」的機會。

結果如何呢？根據改良過的精準行銷管理，型錄增加的每年銷售額又提高了2億1,500萬美元，也就是把行銷方案的績效，從9億美元提升到11億美元。不過我最喜歡這個案例的一點，在於它採用詳盡的計量指標，把行銷活動提升的績效加以量化：收到直郵型錄的顧客，其到店率提升了1％，每趟到店的平均購物金額增加了5％，毛利率也因為型錄主打「正確的」產品，不必靠「平價」（off-price）促銷提高銷售額，從而增加了2％。

也就是說，收到型錄的顧客來店次數變多了，而且到店時也會買得更多，不過最棒的是毛利率大幅提升。這得歸因於我稱之為「啊，這就是我要的啦」效應——你若能夠在顧客需要某項產品時，讓他們看到你有在賣，他們購買的機會就會提高許多，你也就不必

打折促銷了（詳見第9章）。

在這個案例中，雖然只有幾個百分點的變化，不過當顧客數量很多，利潤卻很微薄時，這幾個百分點造成的差別就非常大了，比方說毛利率只要提升個2％，就會在財務上造成巨大的影響。最後分析結果顯示，光是鎖定顧客型錄計畫，NPV就超過4,000萬美元，這對於印刷品直郵行銷活動來說，是相當了不起的ROMI（NPV之類的財務計量指標，會在第5章進行探討）。

這一段內容提供了4個不同案例，指出有什麼方法可以大幅改善行銷績效，本書接下來還有更多這類案例。總而言之，**數據導向行銷最簡單的形式，就是要「保存記錄」，這樣才能為行銷投資背書；量測行銷成果也能夠提升行銷績效，因為這樣做能夠指出什麼事情管用，什麼事情沒用，確保行銷預算投資在經過量測、具有高績效的活動上。接下來，數據導向行銷就可以利用解析學，大幅提升績效；無論是大公司還是小公司，都可以利用這些技法，獲得相當不錯的行銷結果。**

人們普遍認為麥可・波特（Michael Porter）是現代競爭策略之父。波特提出了著名的「五力分析」（five forces analysis），根據競爭廠商及市場力量，擬定公司策略。波特把可維持的競爭優勢，定義為「不易被競爭對手複製的協作活動」；到了最高層次時，行銷策略優勢是由不易被競爭對手複製的協作活動創造出來的，而在這些活動中，數據導向行銷及量測工作，扮演著相當重要的角色。

行銷預算花在哪？決定你是贏家還是輸家

　　為了更加了解數據導向行銷及量測工作，我進行了一項名為「策略行銷ROI的虛與實」的研究計畫，著重於提升行銷績效與ROMI，必須要採行的過程。為了進行研究，我們首先邀請百思買、微軟、大陸航空、惠普、戴爾電腦、勞氏（Lowe's）等公司的資深行銷主管進行訪談，讓研究得以聚焦，並且使研究團隊得以對於重要的研究問題有所了解。接著我們製作出一張訪查問卷，裡頭涵蓋透過這些訪談，找出來的一些最佳實作經驗。

　　在2,000份寄出的訪查問卷裡，我們總共回收了254份，其中有92％的受訪者表明自己在公司裡擔任行銷長或執行長，或是負責直接向他們報告。研究中的公司平均年營收為50億美元，平均行銷預算為2億2,200萬美元，所有公司的年度行銷預算總額為530億美元。即便回覆問卷的主要都是大公司，不過就如同我們接下來會看到的，許多結果對於大公司或小公司都是一體適用的。

　　這項研究得到的頭兩項見解，在本章第一段已經討論過了，也就是絕大多數的行銷既沒有保留記錄，公司也沒有善用數據跟解析學來提升其行銷績效。另外還有一項見解，是關於公司如何運用其行銷預算——若你詢問這些行銷長是如何花掉預算的？最常聽到答案是：他們在電視、印刷品廣告、網路、直郵、電話行銷等方面，花了「百分之幾」的預算。但是把預算按照比例區分，對於分析工作並不是很有用，因為我們並不知道這些公司實際上拿這些錢去幹

了些什麼事。換句話說，我們並不知道他們所進行的行銷工作，想要達到什麼樣的結果？

因此，這項研究採取不一樣的做法，詢問受訪者「實際上想要拿行銷預算去做哪些事情」。我們把行銷預算區分為製造需求行銷、品牌化與知名度、顧客權益（customer equity）、形塑市場，以及基礎建設與運算能力等類別。這些類別的定義如下：

- **製造需求行銷**：這類行銷活動會在進行行銷活動之後，在相對比較短的時間內提高銷售額。打折促銷、發行折價券、舉辦活動等都屬於這類。
- **品牌化與知名度**：這類行銷活動可提升品牌知名度，包括：贊助運動賽事、冠名贊助活動或不動產，以及特別為了打響知名度，而不是為了提升銷售額所進行的電視、印刷品、網路或電子郵件廣告。
- **顧客權益**：這類行銷活動著重於跟顧客建立個人關係，藉此提升顧客忠誠度及來往。在顧客購買東西之後附上一張感謝函，或是禮賓櫃枱購物服務等鞏固顧客忠誠度計畫，都可歸於此類。
- **形塑市場**：這類行銷活動的目的，是要讓市場能夠接受你的產品或服務，通常是透過獨立第三方推薦。B2B公司的分析師公關工作，以及在社群媒體上發文影響大眾觀感，都屬於此類。
- **基礎建設**：對於能夠支持行銷團隊的技術跟教育訓練投資，都算在此類。技術投資的例子有 EDW、解析學、MRM 軟體等，這些

都能夠支援數據導向行銷。

　　我們接下來請受訪者回答：他們如何在這幾大類之間分配行銷預算？圖1-5是根據254位受訪者的回覆，計算出來這些行銷類別的平均支出百分比。製造需求行銷是要在短期內提升銷售額，平均有52％的行銷支出花在這個類別上。再往上升一級，品牌化與知名度行銷占10％，顧客權益行銷占12％。基礎建設與運算能力，

圖1-5 行銷預算支出類別的平均百分比

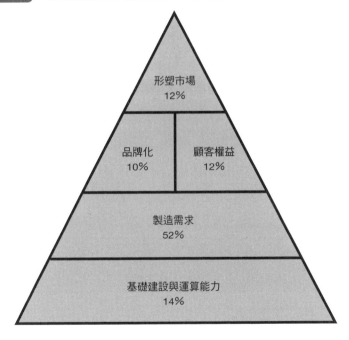

也就是用來支援行銷團隊的技術跟教育訓練支出，則占14％。

　　我們觀察到：有大約50％的行銷預算，被撥給製造需求行銷活動，諸如打折促銷、發行折價券、舉辦活動等，目的是要創造銷售額。這些銷售額會在行銷活動進行過後（像是折價券被拿來使用，或是顧客看到打折促銷廣告之後，前往廣告中提到的店面購物），在短期內記錄下來。按照定義來說，你若知道行銷產生的銷售額及行銷成本，就可以利用財務計量指標，把行銷績效加以量化。這個見解很重要：**你可以利用財務計量指標，把大約50％的行銷活動加以量化。**

　　在本章開頭時，我們討論到各公司之間存在行銷區隔，少數公司「掌握到」行銷要點，但很多公司並沒有。圖1-6是行銷投資額

圖1-6 行銷預算支出的差異，導致行銷區隔產生

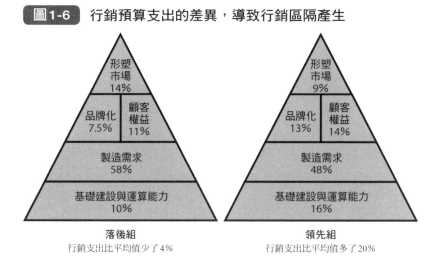

形塑
市場
14％

品牌化
7.5％

顧客
權益
11％

製造需求
58％

基礎建設與運算能力
10％

落後組
行銷支出比平均值少了4％

形塑
市場
9％

品牌化
13％

顧客
權益
14％

製造需求
48％

基礎建設與運算能力
16％

領先組
行銷支出比平均值多了20％

落在前25％跟後25％的公司，它們行銷支出類別的比例，從圖中可看出行銷區隔的鮮明對比。

我們第一個注意到的是，落後組的整體行銷支出比平均值少了4％，領先組則是比平均值多了20％。接下來我們注意到，落後組花在「製造需求行銷」上的預算比較多。他們多花了多少？落後組花了58％，領先組花了48％，落後組足足多花了10％的行銷預算。同時我們也注意到，領先組投資在「品牌化」跟「顧客權益」的比例比較高，共計27％，相較之下落後組僅占18.5％。最後請注意領先組花在「行銷基礎建設」上的比例高達16％，明顯比落後組的10％來得多*。

綜觀以上，這些數據證實領先廠商花在「製造需求行銷」的預算，在比例上比較低，在「品牌化」跟「顧客權益」上面則花得比較多。領先廠商在支援數據導向行銷的「基礎建設」上，也會花比較多的預算。

總而言之，這項研究顯示「行銷區隔」確實存在，而且領先者跟落後者之間的差異十分顯著：領先者花在製造需求行銷的錢比較少，花在品牌化、顧客權益，以及支援數據導向行銷的基礎建設上的錢比較多。本書的〈第11章〉會更深入探討這項研究，到時候我

---

* 敏銳的讀者可能會注意到，「形塑市場」的趨勢，跟比較領先組與落後組的結果剛好相反。我們之後會發現，這得看該公司的直接與間接銷售模型而定，並且會在〈第11章〉更詳細地觀察B2B跟B2C公司的行銷投資組合差異。

們會發現，領先者自有一套最佳化的行銷管理流程。由於有這些流程，他們行銷支出的分配比例也跟落後者不同，因此銷售額成長與財務績效大大地勝過落後者。領先者採用的關鍵行銷流程，裡頭包括利用計量指標保存記錄，並且採用數據導向行銷，也就不是什麼令人意外的事。

當經濟不景氣時，更要強力推動行銷計畫

在景氣蕭條時，資深企業領袖的自然反應，是大砍營運成本；然而，這種殺雞用牛刀的做法，無論是對公司短期或長期的績效，都可能會造成重大影響。雖然由於行銷報酬難以量化，因此要砍成本時很容易就會拿行銷預算開刀，不過請注意：市場領導廠商的行銷投資額，與它們在經濟衰退期間及衰退過後的表現，兩者之間有很顯著的關聯性。

研究顯示：在經濟衰退期間，「增加行銷支出」才是更好的策略。麥格羅希爾研究機構（McGraw-Hill Research）曾做過一項美國經濟衰退研究，分析了涵蓋16個「標準產業分類」（Standard Industrial Classification, SIC）的600間公司，在1980到1985年之間的表現，結果顯示在1981到1982年的經濟衰退期，維持或增加廣告支出的公司，比起完全不花錢打廣告或是減少廣告支出的公司，無論是在衰退期間或是之後的3年，其平均銷售額成長幅度明顯較高。到了1985年底，在衰退期間積極打廣告的公司，比起那些未

能維持或增加廣告支出的公司，其銷售額提升了256%。

市場領導廠商在經濟不景氣時，反而會積極投資做行銷。潘頓研究服務公司（Penton Research Services）、永道會計師事務所（Coopers & Lybrand），以及商業科學國際公司（Business Science International），分析1990到1991年的經濟衰退期資料，發現表現較佳的企業，都有強力推動行銷計畫，因而得以鞏固顧客群，從策略比較保守的競爭廠商那裡搶走生意，並且準備好在經濟有起色時，為未來的銷售成長衝刺一波。各產業都不乏這類案例：

- 英特爾在2001年科技產業衰退期間，為了搶奪競爭廠商超微半導體的市佔率，投資20億美元興建新的晶片製造設施，並積極行銷新的雙核心技術。
- 在2008年時，營造業已經處於衰退期3年了，然而江森自控（Johnson Controls）卻在此時展開一項新的廣告活動，繼續主打「精巧工藝，得您歡心」（Ingenuity Welcome）的口號。這波大打印刷品與線上廣告的行銷活動，展現江森自控努力為顧客建造節能環境。
- 漢利伍德（Hanley Wood）是近十年來最成功的B2B出版社之一，然而最近卻面臨嚴峻挑戰。漢利伍德執行長法蘭克‧安騰（Frank Anton）承認公司受到經濟衰退「重擊」，但他表示公司仍然持續積極投資於數位行銷、舉辦活動，以及雜誌廣告。
- 其他的例子還包括1970年代處於經濟衰退期的露華濃（Revlon）

跟菲利普莫里斯（Philip Morris），這兩間公司都在此時增加廣告支出，以獲取市佔率；寶僑、百事、威訊無線（Verizon），以及新聞集團（NewsCorp Media）等公司也都在2009年第一季，全球金融海嘯與經濟衰退正值頂峰時，反而增加其廣告支出。

　　用行銷支出提升業績的做法，並不限於在經濟衰退時才能使用。就如同我們在這本書前前後後討論到的，只要你投資於行銷，並採用數據導向行銷原理，無論大環境是好是壞，都可以收到成效。

量化行銷的第一步：定義你的策略架構

　　我們已經討論過：如何透過不易被競爭對手複製的協作活動，創造出可以維持下去的競爭優勢，以及領先廠商跟落後廠商之間，存在著行銷區隔。既然領先廠商具有不易複製的特質，你可能會因此得到「跨越行銷區隔是不可能的任務」這個結論，不過我認為領先廠商其實是遵循一套類似的模式，並且具備少數特質，就能讓它們在行銷上取得相當多的績效。只要能夠對這些特質有所了解並加以實施，就能夠讓你的公司也具備類似優勢。關鍵在於「你要把重點放對」。

　　你第一步要做的就是：建立一個可以發展數據導向行銷策略的架構。圖1-7的架構從擬定策略目標開始著手，然後再蒐集相關數據（詳細的範例請見第2、3、6、9、10章）。

圖1-7　數據導向行銷的策略架構

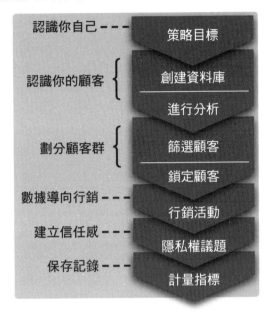

認識你自己 --- 策略目標

認識你的顧客 { 創建資料庫 / 進行分析

劃分顧客群 { 篩選顧客 / 鎖定顧客

數據導向行銷 --- 行銷活動

建立信任感 --- 隱私權議題

保存記錄 --- 計量指標

圖片來源：摘自羅素・韋納（Russell Winer），"A framework for customer relationship management", California Management Review, 2001

在踏上建立架構之途之前，首先要「認識你自己」，這個道理雖然很單純，影響卻十分深遠。研究指出：**管理階層若是對於蒐集到的數據毫無打算，就經常會導致資料倉儲計畫功敗垂成──企業花了大量時間金錢，蒐集到一堆數據，卻不知道該拿這些數據怎麼辦。我們應當要面對這種「數據難題」，在推動更大型的建構資料庫計畫之前，先把運用策略想好再說。**

我會在本書中分享了一些故事，說明某些公司如何擘劃數據導

向行銷的願景與策略，以及它們如何加以落實的過程。我會在下一章特別說明圖1-7所示架構的前2個步驟，並在〈第6章〉提供如何擬定策略、蒐集顧客資料的案例。〈第10章〉全部在談數據導向行銷的基礎建設，並且分別針對顧客群屬於小型、中型跟大型的公司，回答「你需要什麼樣的數據」及「這樣做要花多少成本」這2個問題。

　　根據我跟各公司經理階層接觸的經驗，我發現他們經常有一個誤解，以為要等到所有數據都蒐集到了，才能進行圖1-7的下一步。情況絕非如此，重點是你要使用80／20法則，找出哪些占20%的數據，能夠提供80%的價值，那些就是重要的數據，然後才去思考要如何優先取得那些數據。在大公司裡，這些數據最有可能藏在既有的2、3個小型資料庫裡；小公司或許無法取得大量數據，不過還是要問自己同樣的問題：你手頭上有哪些數據？或可以蒐集到、購買到哪些數據？它們有可能產生最高的價值嗎？我在〈第2章〉會提供加拿大皇家銀行（Royal Bank of Canada）跟大陸航空怎麼做的案例。

　　下一步則是要進行分析，試著了解你的顧客。如果資料庫裡的顧客只有幾千人，我建議你用Excel就夠了；不過倘若顧客數目動輒數百萬，你大概就需要產業級的分析工具（詳見第6、8、9、10章）。這套分析方法通常需要對顧客群做出細分，最終才能進行鎖定顧客的數據導向行銷。本章稍早提過西爾斯百貨的案例，就是按照這個模式進行：先蒐集資料並進行分析，找出顧客特性之後，再

進行鎖定顧客的數據導向直郵行銷。〈第6章〉跟〈第9章〉會透過真實案例，探討如何進行顧客劃分跟鎖定分析。

隱私權議題在圖1-7的架構中，位於接近底層的位置，有人可能會認為這應該列為優先考量。隱私權無疑非常重要，有各種國際法在保障個人隱私。德國的大型食品零售商麥德龍（METRO），由於擔心個資外洩，在2004年停止在其產品上使用無線射頻辨識（radio frequency identification, RFID）進行電子結帳。不同地區的隱私權法律，當然理應各自觀察，不過最起碼在美國，只要花一件T恤的代價，就可以取得一個人的個資。

我這樣說是什麼意思呢？因為人們往往會為了一頂免費的帽子或T恤贈品，就把地址等聯絡資訊交給促銷人員，或是丟進摸彩箱裡。我們絕大多數的美國人，皮夾裡都有一張雜貨店卡片，為的是去採買時能夠打折。請注意：這張雜貨店的「忠誠卡」有個一清二楚、每個使用這張卡片的人都接受的對價條件──你必須提供自家詳細的購物資料給店家，以換取折扣。

因此，蒐集顧客資料（無論是B2C或B2B公司都一樣）需要明確的對價條件，對於我個人、顧客或是B2B夥伴皆然。這裡頭也隱含著一條不成文契約：顧客資料會受到保護，未經許可不得分享給他人。這項契約對於建立顧客信任感很重要，因此應該要在企業隱私權政策裡正式聲明，並且在網站及蒐集資料的行銷活動中，都很容易看得到。我們會在下一章討論B2B資料蒐集的相關議題。

圖1-7的架構是以「保存記錄」的計量指標作結，這是本書的

主要焦點。我認為你若能夠量測行銷成果，就能夠加以控制，進而大幅改善績效。下一章將會回答「我該從哪裡著手」這個問題，並且針對量測行銷成果的5大障礙，提供解決策略。〈第3章〉針對10個古典行銷計量指標，提供可進行量測的架構。然後我們會在第二部分，進一步闡述15個關鍵計量指標的細節。

「條碼掃描器」在1974年導入零售系統，使得店家首度能夠在銷售端，對個別消費者的購買行為進行追蹤。這項科技創新衍生出「行銷科學」，也就是讓行銷人員能夠透過分析原理，將行銷成果加以量化。今日的網際網路及手機網路，使得蒐集顧客行銷互動數據的工作，得以更上一層樓。

我跟我的MBA學生說，現在是行銷業最美好也最刺激的時代。新的數據導向行銷，以及蒐集顧客資料所用的基礎建設，確確實實正在改變行銷業；而只要能夠根據這些數據提供的新見解採取行動，眼前的機會是無窮無盡的。

NOTE ▶▶▶ 本章重點回顧

◆ 採用數據導向行銷與行銷計量指標的公司，跟那些不採用的公司之間，存在著行銷區隔。

◆ 15個關鍵行銷計量指標，可以把絕大多數的行銷活動加以量化。

◆ 研究指出，「保存行銷記錄」的公司跟不保存的公司相較之下，其財務跟行銷績效明顯較佳。

◆ 表現較佳的公司，在品牌化、顧客權益，以及數據導向行銷上的花費較多，在製造需求行銷上則花費較少。

◆ 可維持的競爭優勢，來自於不易被複製的協作活動。

◆ 要發展數據導向行銷策略有其架構，而且你不需要等到取得100%的數據，才能開始進行。

第二章
量化行銷數據，該從哪裡著手？

量測行銷成果並進行數據導向行銷，為什麼會如此困難？
這一章將帶領你突破從零開始的5大障礙。

　　我並不是受過訓練的行銷人員。我開始踏進行銷這一行，是凱洛格管理學院接到規模相當大的合約，要為名列《財星》前百大企業的3間公司，進行世界性的行銷主管訓練計畫。

　　在此之前，我曾經幫約翰威立（Wily）出版的《網路百科全書》（*Internet Encyclopedia*）撰寫過ROI那一章，後來又完成了一項179間《財星》前千大企業的「科技投資與管理研究計畫」，因此我「志願」參加這項訓練計畫。由於科技與行銷之間的關係變得愈來愈密切，他們要我把相關經驗應用在行銷上。換句話說，這等於是要我給一群專家，上一門我自己不怎麼拿手的科目，因此頭幾堂課讓我好幾個晚上輾轉難眠。這是見真章的時刻，只不過，我發現只要我談論「數據導向行銷」跟「計量指標」，大夥就半斤八兩了，反正沒幾個學員真的知道該怎麼進行數據導向行銷，每個人對於該從何著手都是一頭霧水。

　　我發現，就行銷活動的角度來看，大多數行銷經理手頭上的工作，基本上都在掌控之中，但是只有少數人能夠把「數據導向行銷」

這檔事說清楚。我也發現，阻礙行銷人員跟公司企業，使他們無法採行數據導向行銷原理的，來來去去就是那幾個原因。

量測行銷成果並進行數據導向行銷，為什麼會如此困難？這個問題我問過許多行銷經理跟企業主管，我把經常聽到的答案分為以下5大類。這一章的重點，將放在回答「我該從何著手」這個問題上，並提供克服這5大障礙的策略。

數據導向行銷的5大障礙

障礙1 萬事起頭難	· 我們不知道該怎麼做。 · 我們不知道該用什麼計量指標。 · 問題不是在於數據太少，剛好相反——我們手頭上有很多數據，但沒一個有用的。 · 我們不知道要從哪裡開始著手。
障礙2 無法辨別行銷活動的因果關係	· 有太多因素混雜在一起，例如行銷活動期間重疊，根本不可能明確地找出因果關係。 · 行銷活動跟顧客行動之間有時間差。 · 品牌知名度行銷活動跟銷售額之間沒有直接關係，但是財務長（CFO）卻想要知道財務ROI是多少。
障礙3 缺乏數據資料	· 我們是一間B2B企業，進行間接銷售，因此不知道顧客是誰。 · 由於隱私權問題，我們無法蒐集顧客資料。
障礙4 缺乏資源與工具	· 我們沒有時間做這件事，再不然就是做起來太花錢了。 · 我們沒有可以支援數據導向行銷的工具及系統。 · 我們是行銷人，跟資訊科技（IT）人員有話說不清。 · IT負責建構系統，但那不是我們需要的資源及工具。

障礙5 公司其他人 拒絕改變	・ 我們不想要量測，因為我們不想要為量測結果負責。 ・ 我們的心思全都放在行銷活動上，結果怎樣我們才不管。 ・ 我們公司沒有量測結果的文化。 ・ 我們欠缺進行數據導向行銷的技巧。 ・ 我們公司對於數據導向行銷這種新想法很排斥。 ・ 行銷講究的是創意，要是引進計量指標跟量測過程，就會扼殺創意跟創新。

突破障礙1：萬事起頭難

 打分數找出有效客戶，藉此蒐集正確數據、創造動能

　　加拿大皇家銀行開始採行數據導向行銷時，他們先著眼於內部。當時領導數據導向行銷方案的凱西・布蘿絲（Cathy Burrows）說：「你得要先看看自己今天做了些什麼事，然後想想『我要怎樣才能把事情做得更好』，成本更低、速度更快、方法還更聰明？」

● Tips1：蒐集到真正有用的數據

　　加拿大皇家銀行第一個看的，是加拿大版的個人退休帳戶（individual retirement account, IRA）每年一次的免稅自願退休金提撥金額是多少。每年到了 IRA 提撥時間，加拿大皇家銀行的行銷部，就會提供業務部給一份按照字母次序編排的名單，業務部會照著這份名單撥打電話。每個業務員的平均收益，相當於他打電話推

銷的前10名潛在客戶中，接受推銷的那1、2個人。

該銀行的行銷團隊建構了一個模型，根據潛在客戶提撥5,000美元以上到IRA的可能性，把名單上的客戶加以評分排名（方法請詳見第9章）。這個模型分析了超過100萬名客戶、長達12個月的資料，再給這些客戶打分數，找出排名前25萬，可能會提撥金額的客戶。

這個資料量看似嚇人，但是你若能夠解決10個客戶的問題，就能解決1,000個客戶的問題；能夠解決1,000個客戶的問題，就能解決上百萬個客戶的問題。（不過請注意，如果你的客戶數量龐大，處理起來的原理雖然一樣，但你很可能沒辦法用一台個人電腦就搞定。第10章會就基礎建設的觀點，回答在客戶數量很大時，「需要付出什麼代價」的問題。）

加拿大皇家銀行蒐集客戶評分的相關資料，不但必須做許多跑腿工作，還得花上6個月的時間，以及大約10萬美元的成本。這項方案會讓每個業務員拿到一張新的目標客戶名單，上面列出排名前25的客戶，給他們優先打電話。這樣做的結果相當不得了——每個業務員現在打10個電話，就有8個客戶願意開立IRA。

不過銷售部門是過了一段時間之後，才發現這張新名單的價值所在：第一年只有25％的銷售人員採用這張名單，到了第三年就有超過75％的銷售人員採用。這說明了數據導向行銷的新實驗，不能只靠公司由上而下推動。布蘿絲跟我說：「我要業務說出『這張名單好到爆啦』」，然後由下而上推動大家採用。這個小規模的

IRA行銷方案只是一個開始，該方案的成功讓我們得以建立起商業案例，為高達400萬美元的行銷方案，爭取到主管支持。」

重點是你不需要等到取得100％的數據，或擁有花費數百萬美元建構的基礎建設，才能開始著手進行，關鍵在於要蒐集到正確的數據。問問你自己，有哪20％的數據會產生80％的影響，從那裡先著手，然後很快地做出成績，以取得主管支持跟資金，才能進行下一階段的工作。

● Tips2：排除Excel上那些無效的數據

第二個範例請看圖2-1，這是沃爾格林（Walgreens）連鎖藥局在某區域地圖上，3間分店的位置。沃爾格林的年營業額約590億美元，在美國有6,850間分店。這張地圖上面的點，代表其顧客的住處，點的形狀則代表他們去這3間分店裡的哪一間購物：「菱形」顧客在1號店購物，「方形」顧客在2號店購物，「星形」顧客則在3號店購物。

沃爾格林利用夾報傳單主導市場，他們按照郵遞區號付費行銷，比方說在圖2-1中，白色的虛線就用以區隔不同的郵遞區號。第一個畫出這些圖的行銷經理麥克‧費德納（Mike Feldner），發現一件很有意思的事：圖中那個圓圈的半徑是2英哩，在看過全美許多類似的圖之後，他發現沒有一間分店，在距離2英哩以外的地方還有點（也就是顧客）。他的結論是：在美國，你的住家距離藥局若是超過2英哩，大概就不會去那裡買東西了。

圖2-1 沃爾格林連鎖藥局的購物地圖分析

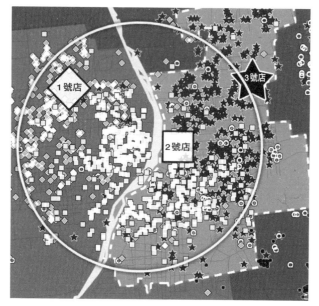

圖片來源：沃爾格林行銷郵原始資料

　　沃爾格林當時對美國每個地區都一視同仁，全美各地每個郵遞區號，都分配相同的報紙廣告預算。但是這些數據卻指出，倘若這個郵遞區號在方圓2英哩之內沒有分店，顧客就不會來購物。有鑑於這些數據，沃爾格林最後決定，對於在方圓2英哩之內，沒有任何分店的郵遞區號「不再編列廣告費用」——就如同你已經猜到的，因為這樣做對於銷售額完全沒有影響，然而卻可省下超過500萬美元的行銷成本，而蒐集資料並繪製這些地圖的總成本，大約只有20萬美元。

你不需要花很多錢，就可以省下數百萬美元的行銷費用，而且只要用一台個人電腦，就能完成相關分析。沃爾格林當時已經採用美國環境系統研究所（ESRI）的地圖跟繪圖軟體（www.ESRI.com），管理各分店位置，費德納的創舉只是把沃爾格林的報紙行銷支出資料，加到地圖資訊裡頭而已。費德納跟我說：「我們從記錄郵遞區號廣告發行量的簡單 Excel 試算表開始著手。要從軟體中取得廣告資料、繪製具有分店跟顧客位置的地圖並不困難，在個人電腦上就能全部搞定。」

比較大的挑戰，反而在於讓沃爾格林改弦更張、轉而採用數據導向行銷的做法。費德納跟我說：「我們一開始著手時，太快做出太多改變，並沒有好好跟公司的其他人說明我們在做什麼。」結果店鋪營業部對於改變廣告預算的編列方式，感覺到不太自在，過沒幾個星期就把案子退回到行銷部。

「我發覺我們一開始的動作不能太大。」費德納跟我說：「我發現有一位店鋪營業部的副總裁跟一位分區經理，比較願意嘗試新做法，我就跟我的廣告業務搭檔找他們開會，給他們看看那些圖，讓他們了解到，在最多只能產生 2 萬美元銷售額的分店，距離 5 英哩的郵遞區號，付出 8 萬美元的廣告費用，一點道理也沒有。我們才舉了 5 個例子，就省下了 30 萬美元的費用，證明這套做法真的管用。」

有鑑於此，他們建立了一套跟全美各區經理一起審查行銷支出的流程。店鋪營業部那群人一看到他們可以砍掉某些行銷預算，同

時提升獲利能力時，很快就開竅了。費德納跟我說：「我們一開始是失敗的，直到小有成效之後就獲致成功，我的職業生涯在這段經驗裡學到最多。」

● Tips3：從小規模的資料庫做起，再逐步擴大

在1990年代中期，大陸航空（Continental Airlines）肯定是業內最糟的航空公司，有數據為證：在每一項你想得到的航空公司計量指標中，大陸航空全都敬陪末座。

最戲劇性的一刻，當屬大衛・賴特曼（David Letterman）在他每晚節目上的「十大」清單裡，喊出大陸航空的名號——在1995年美國棒球選手罷工最盛之時，賴特曼挖苦式地列出棒球員的要求清單，排名第十的要求是「希望球隊別再搭大陸航空了」。當晚有超過500萬名觀眾看到這段節目內容。

戈登・貝圖（Gordon Bethune）從1994年出任大陸航空執行長，到2004年退休為止，把這間公司整治得煥然一新，從谷底翻身。他首先讓「搭乘大陸航空」這件事，變成一段乾淨、安全又可靠的體驗，並且改變激勵員工的方式——只要班機準時起降，員工就會收到每個月100美元的現金獎勵。這樣做的結果很驚人：僅僅過了1個月，大陸航空就成為準時起降排名第一的航空公司。貝圖接著把他令公司谷底翻身的做法帶往更上一層樓，不但要大陸航空成為顧客首選，還要成為他們的最愛。

在大陸航空負責數據導向行銷方案的凱莉・庫克（Kelly Cook）

跟我說：「大陸航空很重要的第一步，是跟顧客對話。『焦點團體訪談』是我們用來測試各種點子、一種低成本又相對迅速的方式。我們也藉此獲得寶貴的回饋意見，指出公司有哪些方面必須改變、應該優先處理哪些事情。我們沒有預算或資源，能夠把所有數據全部整合起來，因此我們把重點放在45個數據倉裡的其中2個資料庫。只要把這2個資料庫的數據結合起來，就能給我們最多回報。」

行銷經理有一種預感，覺得給那些最近碰上遺失行李、班機取消、嚴重誤點等衰事的「高價值顧客」寄上一封信，就會有好事發生。他們並沒有數百萬美元預算打造的強大基礎建設，有的就只是散落在公司各處、那45個不相連，甚至還將之外包出去的行銷資料庫。所以他們第一步是先找出2個最重要的資料庫——顧客航班獲利性，以及服務異常狀況。

接下來他們設計了一個行銷活動，在有狀況發生的12小時內，就寄一封信給事先選好的焦點團體顧客。這封信的內容非常簡單，裡頭寫道：「……您是大陸航空的寶貴顧客，我們感到萬分歉意……」在這項實驗中，有些信提供飛行常客們哩程累積，有些信則提供大陸航空在各主要機場「總裁俱樂部」貴賓室的通行證。

根據焦點團體的回報結果，量測這些信造成的影響，答案都如出一轍。沒有收到這封信的對照組，會有一個人向他們解釋為何航班會取消、行李為什麼會搞丟，然後就會有另一個人跳出來說這已經算好的了，因為他碰過更糟的狀況……不久之後，這個焦點團體只要一提到「大陸航空」就反感。

而收到信的焦點團體，反應則完全不同，最常出現的感受是：「哇，我這趟旅行都還沒結束呢，結果一回家就看到這封信了。」不然就是：「從來沒有哪間公司，曾經跟我說過他們覺得很抱歉。」這些焦點團體訪談提供了質化證據，指出寄信的確能夠明顯改變顧客觀感。

有趣的是，那些收到「總裁俱樂部」免費通行證的顧客，有很高的比例簽約加入會員。因為「總裁俱樂部」是由航空公司提供、獲利邊際很高的服務，這使得這項行銷方案有相當高的ROMI。後來大陸航空安裝了一套資訊系統，把45個資料庫整合起來，得以計算出真實的獲利性與CLTV（其定義與計算方式詳見第6章），他們發現那些收到信的顧客，讓公司營收提高了8％。

總而言之，大陸航空為了開始進行數據導向行銷，先從小規模做起，並且運用焦點團體訪談法進行實驗，初步的結果為行銷方案建立動能，並且有助於讓產品經理獲得主管支持。

大陸航空顧客管理資深主任麥克‧戈曼（Mike Gorman）跟我說：「創建這個資料庫很辛苦，不過一旦完成之後，就可以為顧客及公司，迅速地找出能夠創造龐大價值的工具。」

突破障礙2：無法辨別行銷活動的因果關係

Key Points ▶▶▶ 進行小型行銷實驗

另一個我經常聽到，反對數據導向行銷的理由是，「任何你量測的事物，都有太多可能的成因，很難找出單一的因果關係。行銷活動彼此重疊，根本不可能分辨哪個行銷活動管用、哪個沒用啦！」這個問題的「解答」，在於必須採用系統化、有條理的方法，來執行行銷活動。這在概念上很單純：**進行小型實驗，儘量把變數分離出來，然後看看哪些變數有影響，哪些沒有。**

雖然大多數的行銷人員都知道這套做法，我的研究卻顯示絕大多數、將近70％的行銷組織，並未對前期試行的行銷活動進行控制組實驗。之所以會如此，是因為大多數行銷組織的獎勵系統，是以行銷活動的「數量」而非「結果」為準。在本章之末，探討如何克服「障礙5」的時候，我們就會把重點放在如何處理這個企業文化的問題。現在我先跟讀者分享一些範例，說明設計「行銷實驗」有何作用。

● Tips1：控制行銷活動的變數，找出隱藏利基

哈拉斯娛樂公司（Harrah's Entertainment）是全世界最大的賭場博弈公司，它會固定設計實驗，把自家的行銷結果加以量化。舉例來說，它設計了一個實驗，把美國密西西比州傑克森市經常玩吃角子老虎的玩家分成兩群。其中一群是「控制組」，對其進行標準行銷，提供他們價值125美元的免費住房跟2客牛排晚餐，另外附贈30美元的免費籌碼給他們做為賭資。一如預期的是，控制組的博弈活動跟先前並無二致。

而另一群則是「測試行銷組」，對他們進行「挑戰者」行銷：給他們60美元的免費籌碼，但是不招待住房跟牛排晚餐。這些收到新行銷內容的人，其博奕活動在接下來好幾個月內，比起控制組稍微高了一點；在美國其他地區進行的額外實驗，也顯示出同樣的結果。因此哈拉斯娛樂公司得以把這類行銷預算刪減超過50%，同時還能提升行銷績效。

這類行銷被歸類為〈第1章〉提過的「創造需求行銷」——行銷活動往往因為有限期的優惠，可以在相對較短的時間內提升需求。此外，由於限制了誰能取得實驗性的優惠，因此可解決因果關係的問題；再加上這是創造需求行銷，因此在執行行銷活動跟獲得成果之間，幾乎不會拖延時間。

● Tips2：結合「地理空間數據」，找出行銷熱區

在先前的段落中，我以沃爾格林連鎖藥局為例，說明可以怎樣運用數據，重新調整報紙廣告預算。那位行銷經理費德納趁勝追擊，也開始進行實驗，在不同的郵遞區號進行不同的夾報廣告。他用某些特定的郵遞區號做為控制組，量測各分店在改變前後的銷售額變化，從而得到最佳的報紙廣告行銷結果。

報紙廣告行銷是最傳統的行銷媒介，歷史可追溯到數百年前。不過從這個範例可以看出，實驗性設計結合「地理空間數據」（geospatial data）等新技術之後，可以大幅提升這種媒介的行銷績效（如圖2-1）。

地理空間顧客資料也可應用於各種行銷活動上，比方說微軟就利用類似的地理空間數據，把盜版的網路聚集處分離出來，然後針對這些特定地區進行反盜版行銷。**關鍵是，並非所有地區都等值，行銷應當把重點放在價值最高的地區。**我在〈第6章〉會舉出以價值為準的行銷範例。

● Tips3：品牌化行銷方案

另一個跟「因果關係」有關的困難點，在於品牌化類型的行銷活動，從活動伊始到顧客「實際購買產品」之間，時間可能會拖得很久。有一位行銷主管曾經非常沮喪地跟我說，她公司的財務長，想要看到品牌化行銷方案的財務 ROI。財務計量指標對於行銷活動跟顧客反應之間時間差很短的「製造需求行銷」非常管用，因為顧客是被促銷或舉辦活動吸引的緣故而購買產品的，購買金額也可以量化為現金。但是打造品牌知名度的行銷活動，跟顧客購買產品之間經常存在時間差，因此就無法用財務計量指標量測其績效如何。財務長要求的是不可能的任務，因為財務 ROI 對品牌化行銷就是不適用*。

你公司的財務長若是想看到所有行銷活動的財務 ROI，也許你得坐下來好好跟他解釋，為什麼品牌化跟知名度對於顧客決策來說

---

* 任何規則都有例外。〈第4章〉會探討如何利用財務計量指標，趨近估算品牌價值。

很重要，若想要評估顧客的購物意願，需要用到不同的計量指標。下一章我會提供將10個量測大型行銷活動的古典計量指標，串聯在一起的行銷量測架構，並且舉例說明。

目前的結論是：**若想要解決「找出因果關係」的問題，可以選擇、利用實驗把影響所及分離出來，或是對於每一種不同類型的行銷活動，採用適當的計量指標。**

突破障礙3：缺乏數據資料

 建立獲取顧客資料的策略

許多行銷人員面臨的困擾，是資料太多而不是太少。蒐集正確的資料並加以分析，是克服障礙1的課題，然而，透過通路進行銷售，並未直接對顧客銷售的B2B公司，無法直接取得顧客端的交易資料，會碰上蒐集資料的問題是理所當然的。要克服這個障礙，有以下3種做法：

● Tips1：跟通路夥伴共享資料

市值390億美元的網路基礎建設公司——思科（Cisco），其執行長約翰‧錢伯斯（John Chambers），每天早上都會先開1瓶健怡可樂，然後登入思科電子銷售入口網站。藉由這個網路應用程式，他可以鑽研前一天全球各地的所有銷售狀況，按照地區、購買的公

司、產品、或是某位業務經理加以細分。考量到思科銷售的產品，有超過95%是透過經銷聯盟（value-added reseller, VAR）間接銷售，能這樣做實在是很棒。

思科是怎麼辦到的呢？答案是它在合約裡，要求經銷聯盟「共享其顧客銷售資料」。B2B公司若是跟通路夥伴索求顧客資料，大多會被嚴詞拒絕——因為顧客資料是他們的資產，也是他們維持競爭優勢的根源，因此無法分享出去。

但思科卻似乎是個例外，它在合約裡要求通路夥伴要共享資料，才能夠賣它的產品。我合作過的許多B2B公司跟我說，合作關係是寫在合約裡頭的，怎麼能夠隨意變更呢？但我認為，「任何事情都是可以商量的」。我合作過的一間公司，擁有大型經銷網路，包括市場前15%規模最大的店家都在他們旗下。對這間公司來說，他們可以從旗下的商家開始著手，向這些夥伴指出「數據導向」的做法有何益處，以此誘使其他大型商家共享資料。

B2B公司必須要能夠回答一個問題——我的通路夥伴和我共享資料，對他們有什麼好處？ 其中一個可以用來引誘他們的胡蘿蔔，在於B2B公司經常花大錢，跟通路夥伴共同行銷，若是透過共享資料進行分析，就可提供大幅提升這類行銷績效的好方法。比方說，微軟就發現他的代工生產（original equipment manufacturer, OEM）夥伴，相當樂於接受微軟研發的共同行銷方案，有些時候也願意共享顧客資料，以展現行銷成果。

請注意：B2B公司並不一定需要知道顧客的姓名跟地址，這些

資料可以從共享資料檔裡頭刪除。**你真正需要知道的是：顧客會購買哪些產品或服務，以及如何根據這些資料採取行動（也許是透過通路夥伴進行）。**這種對顧客資料進行「改裝」的做法，也可以讓通路夥伴不會太擔心 B2B 公司一旦取得顧客資料，就會直接對顧客進行銷售，一腳踢開通路商。

● Tips2：用「價值」換取資料

三得利是日本最大的釀酒廠之一。日本的 3 大啤酒品牌分別是：朝日啤酒、麒麟啤酒跟札幌啤酒，而三得利所推出的「三得利啤酒」，就銷售額跟品牌知名度而言，只能算是三線品牌。但是在 1990 年代後期，三得利藉由網路做了一件在當時算是非常創新的事——它建構了一個「飲酒常客」網站。

三得利所有的啤酒，都是透過啤酒經銷商、酒吧、餐廳、雜貨店與自動販賣機，間接銷售給顧客。「飲酒常客」讓消費者可以根據酒瓶上的編號，在這個網站上輸入他們喝掉了多少啤酒，藉此獲得積點，然後可以用這些積點購買品牌的搞笑帽子、印有自己姓名的瓶蓋，或是一張坐起來一點也不舒服的椅子。

這個行銷手法實在太高明了！在這個活動的高峰期，「飲酒常客」每個月據報會有 30 萬名訪客，這些人可都是高價值顧客。同時，這個網站還可以蒐集到顧客資料，以供直接行銷其他三得利產品所用。

我在日本住過 2 年，對於下班後同事相約跑攤、大量消費酒類

產品有親身的體驗。日本有一個能夠讓這個案例產生作用的飲酒文化，相對的，這在美國就有政治正確上的考量，不過「飲酒常客計畫」的這個點子，是超越文化跟地區的。

可口可樂跟三得利一樣，也用這套做法進行「我的可口可樂獎勵」計畫（www.mycokerewards.com）。這個網站是針對可口可樂這個品牌，旗下產品常客所推出的忠誠度計畫，同樣的，使用者是以自己喝了多少該品牌的飲料來獲取點數，然後用點數兌換Ｔ恤、DVD、或是其他合作廠商的折扣等等獎勵。沒錯，顧客資料就是這麼廉價，一件Ｔ恤就換到了！「我的可口可樂獎勵」使得品牌能夠直接接觸到「常客」，並且透過電子郵件進行直接行銷。此外，這個網站透過付費廣告，還能夠為可口可樂產生額外收益。

「常客計畫」這個概念，並不侷限於飲料廠商，接下來我就舉出一個不同的B2B案例。幾乎所有微軟的產品，都是透過OEM合作夥伴跟通路，間接銷售給顧客的，因此除了最大型的企業顧客以外，他們並不知道「購買自家軟體的人是誰」。其中，商業中端市場（mid-market）是微軟特別重要的一塊市場，其顧客是使用微軟產品的中型企業，微軟認為它深具發展潛力。

然而，麻煩之處依然在於：微軟是間接銷售給這塊市場，因此實際上它並不知道顧客購買了什麼產品。微軟中端市場及企業市場的營收模型，是銷售為期一年的軟體授權，不過倘若顧客在使用期滿後未再續訂，而是繼續使用產品，之後再購買升級版，微軟就會針對無授權使用產品的部分額外收費。

微軟做了一個中階市場網站，中型企業顧客可在此輸入授權碼，微軟則可確保這些公司的軟體授權管理處於最佳狀態。雖然微軟的資料庫裡，究竟有多少間這種公司事屬機密，不過如今微軟已在全球中端市場裡，占有一大塊份額。這個中端市場網站可以讓微軟為顧客提供價值，也就是透過網站提供服務，協助中端市場顧客管理其軟體授權，還能因此節省支出。另一方面，微軟也藉此蒐集到顧客購買產品的資訊，再利用這些資訊對外行銷。

舉例來說，微軟會進行產品喜好分析，藉此了解顧客購買哪些產品，以及對於某位特定顧客來說，向其推銷什麼樣的產品組合比較容易獲得成功（我在第9章會談到3種重要的資料分析技法）。微軟利用分析結果進行目標行銷，行銷活動的績效因此提升5倍以上。

請注意：以上提到的所有範例，都為顧客或經銷商提供極為明確的「價值」，鼓勵他們共享資料。以「飲酒常客」跟「我的可口可樂獎勵」這2個網站案例來說，價值在於顧客在購買產品或服務時能夠打折；至於微軟的案例，則是提供較佳的軟體授權管理，可以為顧客節省成本。你可以問問自己：「我要為顧客提供什麼樣的價值，才能讓他們提供資料？」

● Tips3：用焦點團體的訪查結果，替代顧客資料

第三種做法，是利用焦點團體訪談跟訪談後的成果，將顧客細分並進行目標行銷。這套做法透過深度市場研究，掌握終端顧客的人口結構、特色，以及購買雷同性，然後就可以鎖定個別市場，進

行以訪查資料為主的數據導向行銷，並且利用「突破障礙2」的方法，再次檢驗這些想法是否正確。

這套做法用來分析顧客交易的大型資料集，效果雖然不是很好，不過倘若你服務的是B2B公司，很難直接獲得顧客資料的話，這倒是一個適合著手之處。我會在下一章進一步討論，如何利用訪查結果跟焦點團體訪談，克服B2B公司蒐集資料的問題。

聘請專業市場調查公司，針對10到15人的焦點團體，設計、進行訪談並完成資料分析，一次可能得花費2萬美元以上。不過你倒是可以提供免費午餐或是贈品，吸引人們前來參與訪談。Invoke Solutions（www.invokesolutions.com）是一間進行「線上焦點團體訪談」的公司，你可以用10個人的焦點團體親身訪談成本，在網路上蒐集到100人以上的資料。根據我的經驗，線上訪談對於顧客購買產品，以及測試要「顯示什麼廣告內容」這方面，效果非常好。不過要讓夠多的使用者登入做訪談，仍然有些困難度，因此你蒐集到的樣本，可能會偏向於網路的重度使用者，這不見得符合你想要行銷的產品或服務。我比較喜歡先進行小規模的焦點團體訪談，如果合適的話，接下來再進行網路訪談。

● Tips4：蒐集顧客資料的道德與法律問題

蒐集顧客資料可能會很棘手，你必須要確定自己遵循最高的道德跟職業標準。有一位行銷人員曾經跟我說過，她公司的法務部門因為擔心被究責，要求他們主動刪除顧客資料，之所以會如此是因

為該公司欠缺「隱私權政策」，法務部門不知道行銷部門會拿顧客資料去做什麼事。行銷人員無論對內對外，都應該明確地說明隱私權政策，包括顧客資料會被用在什麼地方，以及「絕對不會」用在什麼地方。

在某些案例中，法律會禁止公司直接蒐集顧客資料。比方說美國《健康保險可攜與責任法》（*Health Insurance Portability and Accountability Act, HIPAA*），就禁止藥廠設法得知病患的處方箋。毫無疑問的，這些法律應當要遵守，不過總是有辦法為顧客提供附加價值，比方說，當某人面臨疾病困擾時，就可以利用提供相關資訊或有社群支持的網站，適當地為顧客提供產品資訊，藉此獲得顧客的回饋與意見。

這裡的重點是：永遠要想辦法從顧客互動裡增添價值，而不是反其道而行。你必須站在顧客的角度問自己：「這樣做對我有什麼好處？」，然後把蒐集到的資料，當成公司資產般的予以尊重。把資料守好並增添價值，能夠做到這2項，就可以在顧客心中建立起信任感。

突破障礙4：缺乏資源與工具

Key Points ▶▶▶ 建構數據導向行銷的基礎建設

行銷工作者都是大忙人，他們經常處於沒時間、沒資源、欠缺

正確工具的窘境。數據導向行銷若要發揮作用,而且做起來輕而易舉而非痛苦不堪,關鍵就在於要事先把所有的行銷活動都規劃好,讓它們的成效易於量測。這件事做起來其實沒有那麼困難。

我的經驗是,通常只要在行銷活動的規劃階段花幾個小時,就能夠訂出合適的計量指標,決定該如何蒐集資料。即使是規模非常大的行銷活動,最多也只需要1、2天就能完成。至於數據導向行銷的重要根據,則留待行銷活動的執行階段去做。下一章我會針對如何為行銷活動選擇正確的計量指標,以及如何設計出績效易於量測的行銷活動,進行系統化的探討。事先設計好量測方法,讓你能夠量化行銷活動的效果,就如同俗話說的那樣:只要1%的努力,就能獲得99%的價值。

就定義來說,數據導向行銷跟量測的絕妙之處,在於這為未來的行銷投資建立起一個商業案例,你可以依這個案例據理力爭,爭取增加支援數據導向行銷活動的基礎建設支出。

● Tips1:數據導向行銷的基礎建設

有安裝微軟Excel的筆記型電腦,是非常好用的工具。大多數的行銷人員若想要開始進行數據導向行銷,這幾乎就是他們所需的一切基礎建設。不過我還是要先說明,免得讀者期待過高:微軟Excel 2003每張試算表,最多只能輸入65,536列的顧客記錄,Excel

2007則是最多只能輸入1,048,576列跟16,384行的資料*。這意味著倘若你的顧客數量很多，Excel就無法，也不該拿它來充當你的行銷資料庫。此外，你要建立的是單一的資料版本，而不是在每位行銷人員的筆電裡，各有一部份的顧客資料。

　　Excel用來分析品牌化與顧客滿意度的調查資料、處理網路計量指標，以及計算財務ROMI都相當好用（依序於第4、7、5章介紹）。你可以用Excel處理行銷活動的評分表，我也會說明微軟如何利用Excel的近期週資料，追蹤1,700萬美元的行銷活動績效（依序於第3、8章介紹）。

　　藉由Excel來處理本書絕大多數的計量指標，都是很管用的起手式，不過當它碰上第1、9章的直接行銷資料庫、〈第6章〉的價值基準行銷，以及〈第9章〉的大型顧客群的分析式行銷，Excel就不怎麼管用了。

　　就這些應用而言，你的資料需求將會推升所需的基礎建設規模。倘若你的資料需求只是要分析數千名顧客的資料集，區分顧客群與多維度，然後再針對這些顧客設計目標行銷內容，那麼用筆電裡的Excel或SAS、JMP等統計軟體來做，不會有什麼問題，我在〈第10章〉會以IT服務公司「地球連線」的可下載資料集為例，詳細解說如何操作這些軟體。

---

* Excel 2010已取消單一試算表列數的限制，端看個人電腦的記憶體大小而定。不過要提醒讀者的是，Excel並非是單為建立行銷資料庫所設計，因此有其極限。

不過同樣的問題是，倘若你今天是要處理5,000萬名的顧客資料，利用多維度區分出前100萬名顧客，再針對這些顧客進行目標行銷，就必須用到工業等級的基礎建設。高效能資料倉儲設計專家理查‧溫特（Richard Winter）說過：「這樣的需求差異，就好比蓋一座牧場小屋，跟蓋一棟帝國大廈的差異一樣。」

除此之外，若你只打算做一次性的分析，你可以利用成本相對低廉的系統，手動完成許多資料抽取的工作。不過若你要做的是根據目前顧客購買記錄，即時計算其未來價值的事件導向行銷，那麼基礎建設的需求就必須往上擴增。

我的意思是，你公司的顧客群及相關的互動情形，會影響到資料集的大小；再加上你打算拿這些資料做什麼，就會產生相對應的行銷基礎建設需求。顧客群的大小、資料量的多寡，以及你想要多久進行一次分析，將會決定你投入行銷基礎建設的成本。我在〈第10章〉會探討投資基礎建設的利弊得失。

現在先讓我們回到本章的要旨：想法恢弘，著手務實，然後迅速地依樣畫葫蘆。當然，在想法恢弘的同時也必須理解，基礎建設不可或缺，如果你的目標是要採行數據導向行銷的策略，最終必定會推升基礎建設的需求，而且你得迅速擴增它。

● Tips2：大型公司的基礎建設

「這到底是在幹嘛啦！」一位任職於《財星》500大企業的資深業務主管，最近非常惱怒地對我大吼。他氣憤的原因在於，數據導

向行銷的基礎建設所費不貲，但是IT人員卻無法用大白話向他解釋「某某地方的作用是什麼」。還有另一位業務經理跟我抱怨：「IT人員連他們正在做的事情，自己都說不清楚。」我們先來看看數據導向行銷的基礎建設是怎麼一回事，我會先定義哪些是重要元素，並提供一個「基礎建設如何運作」的概念模型，然後就可以探討如何克服跟IT人員共事的障礙。

顧客群很大的大型公司，基礎建設如圖2-2所示，也必須要能夠跟上。你可以把圖2-2視為一個可推動數據導向行銷策略之基礎建設的「最終狀態」，右手邊是公司透過接觸顧客的各種管道，蒐集資料所用的系統。這些系統通常稱為「營運顧客關係管理」（customer relationship management, CRM），用來從銷售端、客服中心、網站、顧客回饋等地方，蒐集顧客資料。

舉例來說，提供汽車保養維修服務的捷飛絡（Jiffy Lube）公司，每當它的顧客開車駛進換油站時，該公司的營運CRM系統就會蒐集顧客的車牌資料，讓服務人員在顧客下車的同時，能夠說出「嗨，馬克，從你上次換油到現在，已經開了4,000英哩囉！」

每一筆顧客造訪資料都會做標記，輸入圖2-2底部所示的「企業資料倉儲」（EDW）。在大型企業中，EDW是一個存放所有顧客與公司互動資料的大型資料儲存空間，在理想的狀態下，公司的營運跟財務資料也應該包括在內。圖2-2的左側，是探勘EDW並產生報告所需的技術工具，報告內容包括各區每週更新的銷售額，或是取消訂單的顧客等。

圖2-2 大型公司如何把數據導向行銷策略，轉變為基礎建設

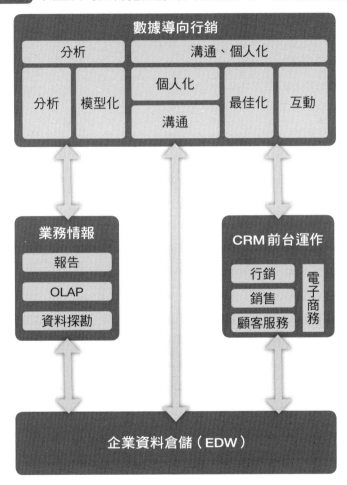

圖2-2最重要的部分，是位於EDW上方的「數據導向行銷」，也就是如何解析市場劃分、目標行銷、顧客關係等等。以捷飛絡公司為例，在銷售端對顧客說聲「哈囉」，就是個人化互動行銷的範例，只要寫個程式碼擷取車牌資料、搜尋EDW、取出顧客資料，根據業務規則決定該講什麼迎賓語，最後把迎賓語放在技師面前的電腦螢幕上，就可以做到客製化問候顧客的效果（關於加拿大皇家銀行的詳細案例，可以參考第6章）。

　　至於分析與擬定模型，需要用到目標行銷的資料探勘工具。我在〈第9章〉會列舉傾向模型（propensity modeling）、購物籃分析（market basket analysis），以及決策樹（decision tree）等這3種重要分析技法的範例。舉例來說，以出版《住家花圃修繕》（*Better Homes and Gardens*）等女性雜誌聞名的梅莉迪絲出版社，就利用模型分析，找出顧客接下來「最有可能購買哪些產品」。他們利用溝通與個人化工具，從EDW裡撈出顧客資料，用這些資料去跑購買建議預測模型，然後在每週進行的行銷活動中，針對特定顧客寄送客製化的電子郵件。我在〈第9章〉會詳細討論這個範例。

　　你要從哪裡開始著手打造這樣的基礎建設呢？首先要從小處著手：要有一個定義明確的商業案例，並指出較之目前的行銷方式，數據導向行銷如何能夠做得更好、更快、更聰明，且成本更低廉。接下來，針對每個階段的商業案例，逐步打造基礎建設。〈第10章〉我會回答「建造數據導向行銷的基礎建設，需要付出什麼代價」這個問題，並詳述哈拉斯娛樂公司的基礎建設案例，點出他們如何一

步步創造出一個價值組合，讓他們在博弈產業中獲得策略上的優勢。

● Tips3：行銷與IT部門的關係

　　許多公司的行銷部門與IT部門之間，關係經常很緊張。我的看法是，行銷部門與IT部門之間的關係，應該要像病人去看醫生一樣。比方說，你在打網球時弄傷了手肘，你不可能在就醫時對醫生說：「我要先做個磁振造影（MRI），然後你再給我一整罐的維可汀（Vicodin）止痛。」正常的狀況是，你會跟醫生說明你的症狀，醫生則負責開立處方。

　　同樣的道理，你必須清楚地跟IT部門說明行銷業務的需求及目標，以及你想要拿這些資料做什麼等等，然後IT部門才能提供解決方案，在合理的時間內，以你同意的預算為限，拿出一套能夠滿足你需求的系統。這套系統能夠為公司貢獻多少業務，責任在行銷部門而不是IT部門。

　　讀者若曾經有家人罹患重症的經驗，很自然地就會變成該疾病的「專家」。你會盡己所能的搜尋所有資訊、到處諮詢專家意見，然後對於最佳的治療方式、預測情況及相關風險等輪廓，就會變得相當清楚。而這種情況與正在進行數據導向行銷基礎建設的行銷人員，並沒有什麼兩樣。

　　身為行銷人員，你必須要對於能夠支援數據導向行銷活動的相關技術相當熟稔。你要學著如何「問正確的問題」，確保計畫不會出錯、系統能夠真正產生價值。關於這個議題，我會在〈第10章〉

做深度分析，讓你具備其中的關鍵知識，足以參與數據導向行銷的IT研發過程。總而言之，數據導向行銷的IT技術實在太過於重要，不能只交給技術人員去做。

突破障礙 5：公司其他人拒絕改變

 從自己開始，創造數據導向行銷的文化

我經常聽到「我只是區區的產品經理，人微言輕哪！」這種話。事實上，許多人低估了自己對他人的影響力，畢竟小兵有時也能立大功。我在〈第 8 章〉會解析微軟「安全性更新導覽」（Security Guidance）的活動範例，你會發現只不過是稍微調整一下曝光廣告的登錄頁面，就可以提升 400％的活動績效，由此可見星星之火足以燎原。

要知道，「你自己」就算得上是一個文化，改變可以從自己做起。我建議你可以從「對身邊的人產生正面影響」開始著手，比方說，下一章我會詳述如何在行銷活動中，系統化地應用行銷計量指標，並建立平衡行銷計分表。你可以把這些原理應用在行銷上，訓練團隊使用計分表，讓管理階層了解這套做法的價值何在。專案結果自己會說話，計分表則可讓你知道行銷方案的表現優劣。

想創造出一個數據導向行銷的企業文化，當然不是憑一人之力就能企及，你必須要說服其他人，「迅速做出令人注目的成績」是

初期能否成功的重要關鍵。倘若你在團隊裡位居基層，這聽起來可能有點強人所難，因此我詢問了一些公司主管，他們當初在公司裡是怎麼開始著手進行的？

曾任職於大陸航空的凱莉・庫克說，首先，她找出哪些業務範圍有她所需的資料，然後跟4、5個分居不同功能性業務範圍，但是想法相近的關鍵人物拉近關係，結果就說服了公司裡跟她層級相當的幾個人，組成一個非正式的團隊，共同為初步成果而努力。重點是，你必須要知道公司裡「誰是有力人士」，才知道該去說服哪些人，而最有力的人士往往並不是那些資深主管。

● Tips1：難以改變的一向是「人」

若你身在小公司，深獲老闆信任，只要讓他看到成果，要推動變革應該不難。但是在大公司就不一樣了，想要讓守舊的企業文化升級為數據導向行銷可不容易。若想要打造如圖2-2那種很可能得投資數百萬美元的基礎建設，就需要贏得老闆相當程度的信任。

企業文化可以分成3大類：很理性、很官僚，或是很政治化。我那些年輕的MBA學生經常認為公司會很理性，最理想的情況都會實現，不過只要是經驗老道的經理人，都知道壓根兒不是這種情形，實際上另外2種企業文化才是主流。

官僚式的公司有一個非常僵化的組織結構，跟資深主管溝通時，必須要嚴格遵循相關的規範。這些公司很像軍隊，將軍高高在上發號施令，底下的指揮官們負責確保前線能貫徹上級的命令。相

對的，政治化的公司有好幾個權力中心，員工在公司內部結黨結派，那些掌管預算的部門和職員通常會攪和在其中。我在大學裡工作，可以作證「大學」是地球上最政治化的地方之一。就像亨利．季辛吉（Henry Kissinger）說過的：「學術界的鬥爭之所以如此猛烈，是因為籌碼實在是沒有幾枚。」

想要在政治化的環境裡行走，需要經驗的累積，不過設法先去了解誰是公司裡頭的有力人士是一個有用的方法。找出有權有勢，且懂得欣賞行銷結果的資深主管，以及那些有先見之明的人來支持你的工作。在大公司裡若想成功推動大規模的專案，就必須要有強大的資深主管做你的後盾，幫助你協調各部門間的合作，然後由主管專案的委員會負責監督數據導向行銷的策略發展，並監控執行進度。大公司往往會把如圖2-2的基礎建設，轉為由IT部門領導的大型IT計畫，這個做法等於是對數據導向行銷方案宣告死刑——**負責領導專案方向的，一定要是行銷人員，而非技術人員。**

雖然有資深主管的支持很重要，不過你也需要博取中階經理跟產品經理的信賴，事情才能夠成功。為什麼在第一線推動改革如此困難？因為人們會高估自己既有那套做事方法的價值，並低估改變能夠帶來的價值。要推動變革最好用的動機，就是製造一個危機：

• 我們的預算要被砍掉36％了，必須極力爭取未來的行銷支出。

• 我們的市佔率正在大幅下滑。

• 我們的折扣行銷策略，已損及公司的整體獲利能力。

- 我們的顧客正在大量流失，而且還不知道哪些人是大咖顧客。
- 我們的競爭對手在行銷上老是壓著我們打。

　　這些全都是可以促使行銷組織進行變革的動機。2009年的金融海嘯與經濟衰退，造成全球企業大量裁員、大幅刪減支出。預期要花3年以上的時間，經濟才會回復到衰退前的水準，這也意味著當危機發生時，也正是扭轉公司文化、轉型成數據導向行銷的大好時機。

　　那麼要如何獲得上級注意，讓你在這場變革中占有一席之地呢？每個人都喜歡贏家，因此我要不厭其煩地再次提醒你：先從小處著手，盡快取得成果，你周遭的人就會注意到你。接下來你要再做出成績，這可以造就改變的動能，影響他人，為你在公司裡建立起聲望跟可信度。大家都想要加入連創佳績的團隊，因此務必設法讓同事們流傳你正在做的事，並且讓他們看到遵循數據導向行銷原理時，事情會變得有多麼順利。

● Tips2：創造改變的動機——量測與行為

　　我跟許多美國人一樣，都在努力維持體重。誰叫我經常旅行，三餐老是在外，結果就是讓自己的腰圍愈來愈寬。不過我一直都心知肚明，減重的方程式相當簡單：只要吃下肚的熱量比日常活動跟運動燃燒的熱量少，體重自然就減下來了。但是計算熱量實在是一件煩人的事。

後來我發現有一個名為「Lose It」的免費App，只要簡單輸入每天所吃的食物跟運動記錄，就能讓你輕鬆地計算熱量。這樣做的結果，就是讓我的飲食內容在數據導向之下一覽無遺——這下我知道我每天晚上大啖巧克力脆片餅乾，至少都會多個600卡路里，但若是我想每週減輕2磅的體重，一天就只能攝取1,600卡路里。這意味著我必須做出抉擇：繼續狂吃餅乾，不然就得找出替代品。我發現半杯焦糖果仁碎片冰淇淋只有160卡路里，吃起來還更令人滿足。這真是太划算了！

我要說的重點是：**只要你能「量測」某件事，就能夠對它加以控制**。以這個減重的例子來說，量測的是吃下肚的卡路里，以及運動燃燒掉的卡路里，而量測的結果，就是讓我在決定吃什麼時，心裡一清二楚，不但減重成功，最終還完全改變了自己的飲食習慣。此外，量測也能夠改變組織文化，當你把量測結果公諸於世時會特別有效。

美國海軍的戰鬥機飛行員，是一個競爭相當激烈的組織。在航空母艦的簡報室中有一塊計分板，上頭有每一位飛行員在各方面的評分，並且會直接跟同僚的分數做比較。這樣做的結果是讓「如何才能有效執行任務」的因素變得非常透明化，同儕壓力也能提升飛行員的個人表現。

凱洛格管理學院之所以是頂尖的管理學院，部分原因在於三十多年前，院長唐納‧雅各布（Donald Jacobs）把學生課程的評比結果，「公開」給所有學生跟教師知道。當時教師對此有所反彈，不

過在幾個月之內，全校各個課程的評比結果就大幅提升——教師不想要被同僚比下去，教學品質因而提升。

就行銷而言，讓計量指標跟量測結果在公司內部「公開」，也能夠激勵人們改變，不過前提是你所量測的東西必須正確。許多公司激勵的是多做活動，而不是多做出成果，因此重點是要量測「能夠確實衡量行銷成果」的計量指標。下一章的內容，全都是在討論要如何做到這一點。

如果你的目標是要在一個大型的行銷組織中，推動新的數據導向行銷（在主管信任你，大環境也支持你的情況下），你要做的便是跟負責行銷活動的企劃人員解釋，「他們為什麼必須這麼做」，並且讓他們看到這麼做會產生什麼結果。「訓練」是很重要的一環，如此一來他們才會具備採用新做法跟新工具的技能。倘若一切順利，你會獲得基層支持，行銷活動成功的傳聞也會產生正面的滾雪球效應。當然，在一個組織中，總是會有反應慢半拍的人，你必須要對那些擺爛的人，再次解釋這麼做的好處是什麼，並且提供激勵動機，比方說，達成績效就會發放獎金之類。我相信人人都可以擁有第二次機會，不過倘若碰上冥頑不靈的傢伙，有時候給他一頓當頭棒喝反而是最有效的方式。

哈拉斯娛樂公司在1990年代中期，從根本上改變了吸引顧客前來各個設施消費的策略。由於新的策略需要該公司旗下的各個賭場共享資料，以進行數據導向行銷（第10章將會詳述做法），而各賭場的總經理則依照個別賭場的損益獲得獎懲，但他們有些人並不

想把自家資料，交給公司其他設施的「競爭對手」總經理，因此對這套新策略相當抗拒。該公司最後開除了幾位績效名列前茅，但是不願遵從資料共享新策略的總經理，全公司上上下下馬上就知道這是玩真的。

● Tips3：克服團隊行銷技能的差距

我的研究指出，各個公司存在著相當明顯的數據導向行銷技能差距。64％的受訪者表示，他們具備追蹤並分析複雜行銷資料技能的員工數量不足；55％的受訪者表示，他們的行銷人員整體而言，對於ROI、NPV、CLTV等財務概念（第5、6章會討論這些計量指標），並沒有足夠的了解。

我的訪談對象也表示，公司人員確實存在著技能上的差距，其中有一位主管跟我說：「最大的難處之一，在於公司裡的人無法理解這個行銷新世界。真正具有深厚網路與品牌行銷背景的人，可能用1、2根手指就數完了。」另一位主管則說：「我們面臨的許多挑戰之一，在於有很多作業流程，仍然得靠人力去介入判斷。一旦發生狀況，一定都是『人』的部分出了差錯。」

這裡所說的重點是，若要讓整個行銷組織動起來，就必須進行訓練工作。你必須教導員工如何讓整個行銷系統保持在最佳狀態，並且學會可達成數據導向行銷最佳成果的新做法、新工具、新技術與新技巧。凱莉・庫克跟我說：「你不但要有良好的行銷跟業務策略，還得要搞懂模型背後的運作過程，以及運作過程背後的技術工

具。而員工，則是除此之外的第四個要素，因為對員工來說，數據導向行銷可不是什麼『弄好了他們自然會用』的模型，他們必須『主動想做出』額外的行銷績效才行。我的意思是，你知道當我『真的想要』整理自家房子時，動作可以多麼迅速確實嗎？」

在我的經驗中，「進行訓練」是令公司轉變的重要因素。員工訓練能夠使他們適應新的技術、方法跟工具，因此可別吝於付出訓練預算。請把無聊的例行公事，換成有活力的團體學習課程，激發學員們對於數據導向行銷的興趣，並在課後安排實作以增強學習效果。此外，在聘請充滿幹勁的外部講師時，還有另一個可以讓你加以利用的優點：他們會言之鑿鑿地為你的數據導向行銷方案背書，這對爭取公司的認同很有幫助，也是推動企業文化進行變革的正面力量。

● Tips4：取得主管「由上而下」的支持

本書所提供的策略，可使你在行銷組織裡穩站一席之地，對日復一日的行銷工作更加得心應手，與團隊的合作也更為順遂。根據我的經驗，採用這些原理的行銷人員，都在他們各自的公司裡獲得肯定，不但升遷速度比別人快，最終也擁有更為成功的職涯。

然而，若要扭轉大型公司的企業文化，不可能單靠「由下而上」的努力來達成。這些年我逐漸領悟到，讓第一線的行銷人員具備正確的行銷工具跟流程，只是造就成功公司方程式的其中一環。若要使公司文化真正轉變成數據導向，資深主管必須帶頭以身作則，才

能領導公司邁向成功。

　　要讓公司裡的資深主管支持並推動相關工作，難度可能堪比攀登聖母峰，因此，掌握公司的政治氣氛是非常重要的事。先找到想法相近的主管，讓他們看到運用數據的結果，有可能使行銷工作變得更好、更快、更聰明，尤其是讓成本變得更低廉後，更能促使他們大力支持配合。只要你能讓資深主管覺得，新的數據導向行銷是「他們的點子」而不是你的，那麼距離成功也就不遠了。

● Tips5：Step by Step 執行數據導向行銷的企劃

　　我們回到「我該從哪裡著手」這個問題，說明執行或升級數據導向行銷的企劃流程（請見圖2-3）。首先是「設計」通往未來大道的第一階段，也就是要訂出明確的計畫。在這個階段，對於現狀進行初步評估很有幫助。請先問問自己，目前使用哪些計量指標？如何利用數據做決策？在有數據的情況下，公司是否有「把事情做對」？接著思考就數據導向行銷而言，「你想要做到哪些事情」？

　　企劃流程的第二階段是「診斷」，目標是從現狀評估前進到下一步。此時你該問的是，公司跟競爭者的差距在哪裡？又有哪些發展機會？比方說，有一個我共事過的行銷組織，他們把注意力完全放在行銷所產生的「單位銷售額」，卻沒有量測任何具前瞻性的計量指標，這顯然是一大差距，需要採用較為平衡的做法。

　　在「診斷」的階段，很有可能有好幾個選項或路徑，能夠把你帶往下一個階段。這個時候我們就需要考量風險跟回報：在所有的

圖 2-3 執行（或升級）數據導向行銷的企劃流程

階段	1. 設計	2. 診斷	3. 機會	4. 工具	5. 流程
元素	• 訂定目標 • 量測掛勾 • 訂定範疇 • 劃分類別 • 計量指標 • 提出假設	• 追求平衡 • 評估風險 • 評估報酬	• 迅速勝出 • 臨機應變 • 進行調整	• 計量指標 • 公式 • 模型 • 樣板 • 儀表板	• 每週 1 次 • 每月 1 次 • 每季 1 次 • 每年 1 次
益處	計畫明確，之後較能取得他人理解與信任。	找出能夠進行有效決策的事實跟見解。	把診斷發現轉變成特定的行動契機。	具備可反覆進行審視的能力。	反覆進行審視，據此做出決策。

選項中，哪些是能夠以最少的努力及成本，就能達到最大影響並最容易做出成果的？這張短短的「輕鬆勝出」清單，就是企劃流程裡的第三階段「機會」。

一旦找出這些機會，就挑選最容易上手的那個去做，以便迅速獲得成果。第四階段著重於「工具」，你要找出能獲致成功的計量指標與評分表，發展出能夠支援行銷活動進行的能力。而這些能輕鬆勝出的機會，往往是曾經一度證明管用的概念，第四階段就是要把基礎建設整頓一番，使得這些成功經驗能夠重複運用。

最後的第五階段是「流程」，此時要不斷地審視、評估績效，在必要時改弦更張。你真的不需要先斥資數百萬美元搞好基礎建設，才能開始做這件事。我建議你準備一疊長3吋、寬5吋的索引卡片充當評分表，配合Excel進行績效追蹤跟初步控管。一旦做出了成績且驗證它能夠重複運用後，就可以把這個流程做成自動化。

我跟許多公司合作過，執行圖2-3所示的企劃流程圖。我們總是先進行為期30天的迅速評估，把問題跟能輕鬆勝出的機會找出來。要推行數據導向行銷需要時間，所以把重點放在能輕鬆勝出的機會，先把初步的成果做出來，就是很好的起步。我在〈第11章〉會探討重要行銷流程的研究成果（即第五階段），以及公司在通往數據導向行銷的這條路上該如何成長茁壯。〈第10章〉完全在談推行數據導向行銷策略所需的基礎建設，這屬於企劃圖裡的「工具」，也就是第四階段。

只要遵循數據導向行銷的企劃圖，就能使你的行銷績效大幅提

升，你當然也會因此受到矚目。績效會替你說話，在公司裡成為受人尊重的贏家，比起三天兩頭被人質疑你的工作價值何在，當然是有意思多了。

NOTE ▶▶▶ 本章重點回顧

◆ 從蒐集正確的資料著手，迅速獲致成功。問問你自己有哪20%的數據，會產生80%的價值。

◆ 利用正確的計量指標跟實驗測試行銷點子，突破難以辨別因果關係的障礙。只要做一些小規模的實驗，就能大幅改善行銷績效。

◆ B2B公司要為通路跟終端顧客提供價值，說服他們共享資料。

◆ 手上的資源不夠嗎？行銷量測可以為未來的行銷支出背書，等於用1%的努力，獲得99%的價值。

◆ 你需要一套搭配數據導向行銷策略的基礎建設。需要進行分析的顧客資料量與進行分析的頻率，會決定你需要多少基礎建設。

◆ 數據導向行銷技術實在太過於重要，不能只交給技術人員去做。

◆ 要獎勵有做出行銷成果的人，而不是獎勵做出很多行銷活動的人。把量測結果跟改變行銷文化的動機掛勾，並訓練員工去運用新的工具跟方法。

◆ 若要改變大型行銷組織的文化，就需要資深主管帶頭支持。

◆ 要執行或升級數據導向行銷，可以參照圖2-3。先從評估著手，找出能迅速勝出的機會，然後將之發展成一個能夠重複運用的工具，最後再加上有彈性的審視流程，根據行銷成果採取行動。

第三章
10大古典行銷計量指標

任何事物都可以量化，重點是找到正確對應它們的分析工具；
只要先釐清你的行銷類型，就能輕鬆串聯這10大古典指標。

　　在我開始教授行銷量測方法時，那些來上課的主管們一本正經地對我說：「你還沒有開竅！」由於我的背景是科技跟資料分析，我不得不承認當初自己對行銷確實一竅不通。「請告訴我哪裡沒開竅？」我說。

　　「行銷是一件有創意的事，」他們對我說，「而你沒辦法量測創意。」我當時的看法是，任何東西都可以量測，至今也仍然這麼認為。量測非常屬害，就如同我們在前一章所見，只要你能夠以正確的方式，對正確的計量指標進行量測，不但能夠大幅提升行銷績效，也能大大改變公司作為。

　　也因此，我在訪查研究裡都會問道：「你是否有把行銷的創意工作外包出去？」結果在受訪公司中，有72%的公司選擇把創意工作外包，而這個結果有一個很重要的意涵：**絕大多數的行銷組織，並不是製造創意的地方，而是負責「管理行銷流程」的地方**。把行銷流程最佳化，以及你應該要把重點放在哪4個行銷流程上，這是〈第11章〉的課題。

我很清楚大多數的公司跟行銷人員，經常得面對數百個可供選擇的計量指標，反而難以精準地量測行銷活動。比方說，我曾經跟一間《財星》百大企業接觸過，那間大公司給了我一張有50多個計量指標的計分卡，要做出這張計分卡，每個月都得花費許多時間和精力，但它能提供的效益卻寥寥無幾。這張計分卡的資料太多，卻無法為經理們提供決策所需的資訊。他們顯然需要更簡單的方法幫助自己判斷：對於某種特定類型的行銷活動來說，哪些計量指標是真正重要的？

根據行銷的類型，決定要使用哪些計量指標

　　就算一個想法不是什麼新點子，也不代表它不是一個好想法。1960年代誕生的「購買漏斗」（purchasing funnel）行銷行為影響模型指出，不同的行銷活動，可以引導顧客走過（品牌）知名度、評估、試驗、建立（顧客）忠誠度等4個階段。也就是說，經過設計的行銷活動，會像一個漏斗般地「導流」顧客，從品牌知名度開始，最終令其成為忠實顧客。隨著科技的發展，讓我們能夠以前所未有的方式量測整個過程，也因此即便這個模型已問世多年，至今仍然歷久彌新。

　　圖3-1是我對這個行銷行為影響模型的現代解讀。在這張圖中，「購買漏斗」是一個連續的循環，顧客忠誠度會回過頭來，滋養品牌知名度。我們從現代行銷量測的觀點來看這個循環，同時藉

圖 3-1 行銷行為影響模型的解讀

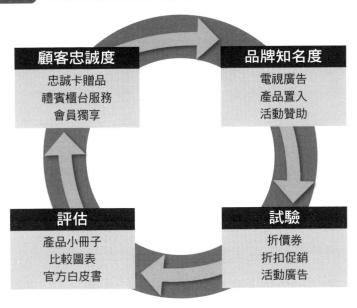

顧客忠誠度	品牌知名度
忠誠卡贈品 禮賓櫃台服務 會員獨享	電視廣告 產品置入 活動贊助

評估	試驗
產品小冊子 比較圖表 官方白皮書	折價券 折扣促銷 活動廣告

此把〈第1章〉所歸納的10大「古典」行銷計量指標串聯起來。

● Tips1：知名度行銷

　　知名度行銷（Awareness Marketing）可採取的形式有很多，像是電視／平面廣告、戶外廣告看板、運動賽事贊助與冠名，以及網路創意等等。知名度跟品牌化息息相關，簡單來說，品牌是顧客對於某種產品或服務的觀感，這份觀感可能會延伸到整間公司，如同迪士尼或蘋果所塑造的形象。這份觀感既會受到產品行銷和使用者經驗的影響，朋友跟同事的口碑推薦也有所差別。品牌化極為重

要，因為這往往會使得消費者優先注意到你的產品或服務，讓廠商擁有優勢，能夠訂出比沒有品牌化的競爭對手更高的價位。

在這個購買循環裡，品牌知名度距離顧客購買行為最為遙遠，在品牌知名度行銷跟實際銷售之間，可能會有很長一段時間差，因此財務計量指標對於量測品牌知名度行銷來說，並不是特別有用。廠商經常會對各個地區的顧客，經常性地進行追蹤品牌知名度的大型訪查。透過每個市場區段或地區，針對350人以上的大型樣本訪查，可以蒐集到這些質化資料，但是進行訪查所費不貲，而且曠日廢時，因此大型公司每年最多只會進行1到2次品牌訪查。

除了品牌知名度訪查以外，一般用來量測品牌知名度行銷效果的計量指標，還包括參與活動人數、網站瀏覽次數、媒體曝光次數等等。比方說Joyce Julius這間專門協助品牌量測它們所贊助運動賽事曝光度的公司，就運用複雜的系統，追蹤廠商透過贊助所做的品牌化廣告，什麼時候出現在電視上，然後計算購買電視廣告的時間，相當於要付出多少成本。

舉例來說，老虎伍茲贏得2005年美國名人賽，相當於耐吉（Nike）商標花了1,040萬美元的電視曝光廣告費；傑夫・戈登贏得2005年戴通納500（Daytona 500）賽事，則相當於杜邦這個品牌花了990萬美元的電視曝光廣告費。杜邦在2005年由於贊助戈登，相當於一共花了8,500萬美元在打電視廣告。然而，這些計量指標的問題在於：它們跟顧客購買意願毫無關連，也無法反映行銷成效。杜邦的行銷長大衛・畢爾斯（David Bills）曾經跟我談到，他對於

如何衡量杜邦贊助傑夫‧戈登NASCAR賽事的行銷績效，感到相當頭疼。「杜邦基本上是一間B2B公司，我們平常可不會在消費者身上，花掉8,500萬美元的廣告預算。」

　　廣告曝光跟行銷價值之間，顯然存在著落差。那麼究竟什麼才是關鍵的計量指標呢？答案是顧客「有多麼容易想起」你家的產品或服務。

▌知名度計量指標

1號計量指標：品牌知名度＝顧客有多麼容易想起某項產品或服務

　　這就是所謂的「心理前茅」（top-of-mind），意思是在購買循環中（圖3-1），顧客在考慮購買時，會率先想到你的產品或服務。有幾個比較複雜的計量指標，與這個1號計量指標有關，不過它們基本上都是在量測顧客，有多麼容易說出某間公司或某項產品的名稱。我會在下一章進一步探討品牌化的影響，以及如何實際量測知名度的方法。

　　只不過，要是你沒有大公司所擁有的資源，或是沒有時間等到全球品牌知名度訪查結果出爐怎麼辦？網路這個新媒體，以及手機簡訊的功能，都可以用來跟品牌知名度、試用、製造需求行銷掛勾。比方說，在體育館的廣告看板放上URL網址或是簡訊號碼，就可以把行銷效度加以量化。我認為所有的電視、平面與看板廣告上

頭，都應該要放上URL網址或簡訊號碼。

　　只要稍微改變一下URL網址或簡訊號碼的呈現方式，就能量化有多少人是因為受到知名度廣告的影響而採取行動。我們會在〈第8章〉回過頭來深入探討這個概念，說明你該如何運用這些技法靈活地設計、執行行銷活動，並把績效提升4、5倍以上。

● Tips2：評估式行銷

　　評估式行銷（Evaluation Marketing）是透過讓顧客比較不同的產品或服務，促進顧客的購買意願。舉凡產品白皮書、列出產品益處跟特色的平面廣告、產品說明小冊子與介紹產品的網站等，都屬於評估式行銷。

　　以戴爾電腦為例，他們擁有直通顧客的低成本管道（公司網站），以及可以用低成本生產產品、相當出色的供應鏈管理，因此具有打價格戰的優勢。產品價格在戴爾電腦的評估式行銷裡，占有相當顯著的地位，因此戴爾電腦對其產品及廣告，習慣採用商品陳列的方式，列出一張產品特色清單。倘若「價格」是顧客決定是否購買的主要判準，這樣的做法就相當不錯，因為顧客可以據此迅速評估比較產品特色，衡量是否有一分錢一分貨。

　　蘋果公司的評估式行銷就完全不同，他們強調自家的產品不但創新，而且具備很酷的設計。蘋果的iPhone廣告強調新科技帶來的創新益處，比方說App Store裡頭有數以千計的App，可滿足任何你想得到的需求。蘋果的筆記型電腦價格高於戴爾電腦，因此他們

在評估式行銷上刻意淡化價格——在蘋果的官網上，你必須在實際進入到購買程序時，才看得到產品的價格究竟是多少錢。

評估式行銷很清楚地說明了產品或服務的價值所在、利弊得失，以及成本多寡。

雖然把這些相關資訊呈現給顧客的方式有很多種，不過量測行銷有其共通之處，其中，評估式行銷的難處之一，在於「評估」與「購買行為」之間，依照產品的不同，可能會有長達數週、數個月，甚至更久的時間落差。此外，要把評估式行銷跟顧客實際的購買行為串在一起，也是另一個困難點。有鑑於此，除非你能夠追蹤到那些先看到評估式行銷，然後才去購買產品或服務的顧客，否則財務計量指標對於評估式行銷來說，並不會特別管用。

評估式行銷的標準計量指標，有網站上的產品資訊下載次數，以及平面廣告的曝光次數等等。不過這些計量指標對於量測評估式行銷的影響程度，效果並不是特別好。那麼我們該如何量化評估式行銷的效度呢？答案是要想辦法找出能夠反映「未來銷售額」的計量指標。

▌評估式行銷的計量指標

2號計量指標：試駕＝顧客在購買前預先測試產品或服務

任何人若是想買一輛車，那怕是輛二手車，往往也得先跑一趟

車商，索取幾本符合自己購車標準的車款型錄，然後逐項比較這些光可鑒人、充滿圖片的文件。這些小冊子與相關網站，是汽車業評估式行銷的範例。這些精緻的小冊子有何價值可言？這很難量化，不過我們可以定義一個叫做「試駕」的計量指標，量測評估式行銷活動對於顧客未來購買意圖的整體影響。

結果我們發現：試駕過的人，很有可能就是未來的車主。透過試駕而買車的或然率並非是100％，只是「有可能」購車而已，不過只要量測顧客試駕數與後來的訂單數，就能算出買車的「平均或然率」（購買人數除以試駕人數）。汽車展示間的人潮則是另一個值得計算的計量指標，人潮愈多，試駕人數理應也會愈多，其中一部分就會轉換成銷售數。這個概念跟美式足球教練做紀錄的情況頗為類似，其關鍵計量指標並不是計分板上的實際分數，而是第一檔進攻的次數（first down，球隊取得在球場上進攻10碼的機會）；只要第一檔的次數夠多，球隊應該就會獲得高分，贏得比賽。

「試駕」是反映未來銷售額的領先計量指標，因此在汽車業中，應當把增加汽車試駕數與展示間人潮，設為評估式行銷活動的目標。行銷人員可以設計一些實驗，量測特定評估式行銷活動所產生的人潮與試駕數，並且根據這項計量指標，把行銷活動做到最好。你也可以採用焦點團體訪談和質化方法，預估人們看到新車小冊子等不同評估式行銷的內容之後，「購買意圖」的表現如何。

我會在下一章進一步討論試駕計量指標，屆時我們會看到「試駕」這個概念，適用的可不只是汽車而已。我會以英特爾晶片、太

陽眼鏡品牌，以及醫事系統銷售額等例子加以說明。

● Tips3：忠誠度行銷

忠誠度行銷（Loyalty Marketing）活動的例子，有禮賓接待或管家服務，比方說諾德斯特龍（Nordstrom）百貨公司就為高價值顧客提供大廳經理服務；或是主動式事件導向行銷，比方說捷飛絡公司在顧客車輛的里程數超過3,000英哩之後，就會主動向顧客發送換油提醒的行銷手法。除了重複銷售的數據以外，「客戶流失率」是另一個反映顧客忠誠度的關鍵計量指標：

> ### ▌忠誠度計量指標
>
> 3號計量指標：客戶流失率＝既有顧客不再回購產品或服務的百分比（通常以1年為量測標準）

客戶流失率是一個格外有意思的計量指標，對某些產業的影響尤其深遠。比方說美國手機產業的客戶流失率，平均值是每年22%，我有一次把這個統計數據告訴南美某大電信業者的主管，他驚呼：「哇，那很厲害耶！」於是我問他南美手機產業的客戶流失率是多少，答案是每年50%。我很難想像一間公司要是在2年之內，就可能會流失掉所有的客戶，這對營運上究竟會有多麼困難。

忠誠度行銷在行銷活動跟客戶回購之間，可能會有很長一段的時間差，如果是汽車、電腦、洗衣機等相對長壽的產品，這個現象

會特別明顯。這就是客戶流失率之所以如此重要的原因之一，因為只要能夠減低產品壽命循環內的平均年度客戶流失率，就可以直接提升年度銷售額，不過這個影響要經過一段時間以後才會顯現。

不知道哪些人是自己客戶的公司，往往也不知道客戶流失率是多少，因此一旦取得這些數據，量測出來的客戶流失率，很可能會令你大吃一驚。比方說，我曾經跟某間大公司合作，他們原本並不覺得自己有客戶流失的問題，直到我們發現某些業務範圍的客戶流失率，竟然高達45％為止。我們會在下一章跟〈第6章〉看到，為了留住高價值顧客所進行的行銷活動，對於公司獲利能力會產生相當顯著的影響。

● Tips4：未來銷售額的領先指標——顧客滿意度

我們在討論品牌知名度行銷的量測時，並沒有談到要使用哪一個計量指標去代表品牌知名度，而這個重要的計量指標就是「顧客滿意度」（customer satisfaction, CSAT），它同時也是「未來銷售額」的領先指標。

CSAT並非品牌知名度，它跟品牌忠誠度的關係比較密切，不過忠誠度跟知名度卻息息相關。在圖3-2裡可以看到，在購買循環中，品牌忠誠度會增強品牌知名度。大公司確實會有一群老顧客，這些顧客使用產品或服務的經驗，會塑造出他們對於品牌的觀感。

舉例來說，有一間大車廠量測CSAT與品牌購買意願，發現兩者之間竟有著一對一的關係。有意思的是，比起車子沒出狀況的顧

客，車子有出狀況的顧客對於品牌的滿意度更高，而且回購意願也更高。怎麼會這樣呢？因為新車出狀況時，車廠提供優異的顧客服務，這使得顧客對於品牌的印象大為改善。

因此，CSAT是連接品牌忠誠度與知名度的「高含金量」計量指標，也可以用來充當未來銷售額的領先指標。量測CSAT最好的方法，是詢問顧客一個簡單的問題：你會把這項產品或服務，推薦

圖3-2 行銷行為影響模型各階段可供量測的計量指標

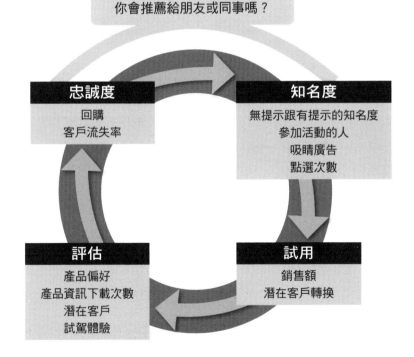

給你的朋友或同事嗎？在1到10分的標準裡，只有圈選9分或10分「一定會推薦」的顧客，才算是非常滿意的忠實顧客。

■ 黃金行銷計量指標

4號計量指標：CSAT ＝顧客滿意度
量測方式：你會把這項產品或服務，推薦給你的朋友或同事嗎？

有幾個計量指標是從CSAT衍生出來的，比方說「淨推薦值」（Net Promoter Score）就是其一，不過最重要的量測指標已如上所述，下一章我會再舉出幾個實際量測CSAT的範例。

● Tips5：量化「行銷活動績效」的計量指標

這裡先向讀者介紹一個能夠量化「行銷活動績效」的計量指標。通常我們可以訂出幾個量測活動績效的要素，比方說成本、每位員工的平均管理開支數目、預算內的準時送達率（on-budget delivery）等。其中有許多計量指標都很重要，也值得加以追蹤，不過就真正重要的計量指標來說，我把重點放在以下這個：

■ 關鍵的營運績效計量指標

5號計量指標：活動接受率＝接受行銷提案的顧客百分比

舉例來說，無論是用直郵、電話行銷、電視廣告……等方式，寄出了100個行銷提案給顧客，而收到行銷提案的這100個人裡頭，有3個人接受了，那麼活動接受率就是3％。就策略的角度而言，活動接受率可以顯示行銷活動的績效。**只要把重點放在提升活動接受率，就可以大幅改善行銷績效。**

活動接受率最常用於製造需求行銷，我們會在下一段加以討論。只不過，活動接受率也可以用在任何希望刺激顧客「採取某種明確行動」的行銷活動上。舉例來說，在做評估式行銷活動時，可能希望讓顧客下載某個軟體產品的10天免費試用版，那麼就可以用行銷曝光次數與軟體下載次數，來量測活動接受率。

就網路行銷來說，點擊率（click-through rate, CTR）乘以訂單轉換率（transaction conversion rate, TCR），就相當於用網路曝光點擊數來量測活動接受率。我會在〈第7章〉詳細討論網路計量指標。

● Tips6：製造需求（試用）行銷

圖3-2中的試用行銷，就是我們在〈第1章〉討論過的製造需求行銷的同義詞，也就是在相對較短的期間內，提升銷售額的行銷活動。舉凡30天後失效的雜貨店折價券、結帳限時9折，或是通用汽車提供員工價給所有的顧客，都是相關的例子。這類型的行銷活動可以提高營收跟單位數量，並且反映在銷售額上。「潛在客戶轉換率」是試用階段的另一個關鍵計量指標，它同樣會反映在營收上。既然所有公開上市的公司，每季都必須要公布其銷售額跟淨收

入，這類可以用真金白銀加以量化的行銷工作，是最容易量測的。換句話說，製造需求行銷可以透過財務ROMI加以量化。

我在〈第5章〉會深入探討財務ROMI，介紹其財務概念，並且詳述用Excel範本做行銷的範例。目前我們只要先列出以下4個關鍵的財務計量指標就好。若你能把這些計量指標綜合運用，就能把製造需求（試用）行銷，以及新產品上市行銷的成果加以量化。

▍關鍵的財務計量指標

6號計量指標：利潤＝收入－成本
7號計量指標：NPV＝淨現值
8號計量指標：IRR＝內部報酬率
9號計量指標：回收期＝行銷投資回收成本所需的時間

你可以回顧一下〈第1章〉，**我們在檢視行銷支出的內容時，發現平均有將近50%的行銷預算，花在製造需求（試用）行銷上。**就許多方面來說，忠誠度行銷最終造成的結果，跟試用行銷很類似，反正顧客都是回頭再度購買產品或服務，「現金入袋」，因此透過財務計量指標，忠誠度行銷的績效往往也能夠加以量化。然而麻煩的是，你必須知道先前「曾經購買過產品的人」是誰，不然所有的忠實顧客回購，看起來都會像是試用性購買。關鍵在於你必須知道「自己的顧客是誰」，這對於B2B企業來說格外有難度，我在前一章已經討論過相關的解決方案。

這裡的結論是：既然製造需求行銷、新品上市行銷，以及忠誠度行銷，都會提升可量測的銷售收入，因此，**你能夠用上財務ROMI量測行銷的時機，絕對不只50%**。這是一個至關緊要的見解：即便財務ROMI並不是所有行銷量測工作的「最終解答」，但它絕對可適用於絕大多數的行銷活動。我會在下一段主張採用多個計量指標的平衡做法，這一段的重點在於，你應該要更常把財務計量指標應用在行銷上。

圖3-2的架構提供了一個簡單好用的指引，讓讀者能夠根據行銷活動的類型，去決定要使用哪些行銷計量指標。為了簡明易懂，我們在這一章到目前為止，只討論了前9個關鍵計量指標，其他重要的計量指標則放在圖3-2的架構中。最重要的觀念在於：你必須根據行銷活動的類型，去選擇正確對應的計量指標。一個行銷活動往往會有好幾個目標，也可能會涵蓋圖3-2中若干不同的元素，因此每個個別的行銷活動，都要用上多個計量指標的計分卡，藉此評估這些行銷活動的價值何在。

建立「平衡行銷計分卡」

當我們開車上路時，大腦會同時接收到好幾項感官資訊。你會透過擋風玻璃，判斷前方的路況是否有危險；儀表板上的車速跟引擎轉速表，是為了補充行車資訊的計量指標，它可以協助你判斷自己開得太快還是太慢；後照鏡可以讓你感知車輛後方的狀況；水溫

跟油壓表則是量測引擎運轉狀況的額外計量指標，油量表則是讓你不至於行駛到車子沒油了還不自知。

在行銷這一行，若僅是量測銷售的收入，就好比開車只看後照鏡一樣，因為銷售額量測的是過去已經發生的事。我們需要的是一套類似開車所用、具備完整感官資訊的平衡式計量指標或計分卡。平衡計分卡是由羅伯特‧柯普朗（Robert S. Kaplan）與大衛‧諾頓（David Norton）率先使用而聞名，他們首創公司的4大計量指標的類別，包括：財務、顧客、內部流程、成長與創新。就行銷而言，我們可以採用類似的做法，讓前一段提到的行銷量測架構得以打好基礎。

在行銷的角度上，「顧客終生價值」（customer lifetime value,CLTV）是一個可以用來前瞻未來的關鍵計量指標範例。加上這個量化「顧客未來獲利性」的計量指標，就湊齊了10個古典行銷計量指標。

▌關鍵的顧客價值計量指標

10號計量指標：CLTV＝顧客未來價值

本書的〈第6章〉將會聚焦探討這個計量指標，還有以「價值」為基準的行銷決策。請注意：CLTV **量化了顧客的未來價值，因此它是一個前瞻性的計量指標**。在本書列舉的範例中，包括：大陸航

空、加拿大皇家銀行、哈拉斯娛樂公司等，它們都在即時的行銷決策中廣泛地使用CLTV。

「行銷計分卡」通常是給某種特定類型的活動專用，相對的，「平衡行銷計分卡」（balanced scorecard, BSC）*所使用的計量指標，可分為3大類：**戰略性指標（領先／前瞻）、戰術性指標（落後／回顧）、營運性指標（內部）。**

「戰略性指標」是前瞻的計量指標，包括品牌化、品牌知名度跟顧客滿意度在內，此外，評估行銷方案的試駕計量指標，以及評估顧客未來價值預測模型所用的CLTV，也都屬於這一類；「財務計量指標」則可用於製造需求行銷與某些顧客的行銷活動；至於「營運計量指標」是從內部去衡量行銷作用，就營運的觀點去評估行銷活動的效果會有多好。

某個特定的行銷方案計分卡，在實務上究竟要使用哪些計量指標？這取決於行銷活動的類型，以及業務本身的性質。圖3-3就以某些計量指標為例，為平衡行銷計分卡做出摘要。

行銷人員為了要做出管用的計分卡，首先應該要把行銷活動的「目標」想清楚，找出它適用於圖3-3行為影響模型的哪一個部分。行銷活動要依循大戰略進行，然後再據此選定計量指標。舉例來說，倘若行銷活動的目標是要同時提升品牌知名度和銷售收入，那

---

* 編注：BSC為一種策略管理的工具，目的在將抽象的企業策略，轉換成一組明確的績效指標，同時也可用來衡量、管理策略的執行狀況。

麼計量指標就應當著重於「品牌知名度」和「CSAT」；製造需求行銷的關鍵財務計量指標，反映營運績效的活動接受率，以及與行銷活動有關的成本與績效量測結果。

圖3-4顯示特定行銷活動的計分卡，如何跟行銷長手上的整體平衡計分卡，做出綜觀連結。這個用意是要把一般的績效計量指標，提升到主管層次。在行銷活動層次使用的計分卡，裡頭同時會有一般的計量指標，以及跟活動相關的計量指標。

我們以萬事達卡（MasterCard）為例，他們在1990年代初期的全球信用卡市場上，受到Visa卡的強大競爭壓力，因此他們選擇贊助FIFA世界盃足球賽。萬事達卡國際組織的全球宣傳副總裁麥克

圖3-3 平衡行銷計分卡的量測摘要

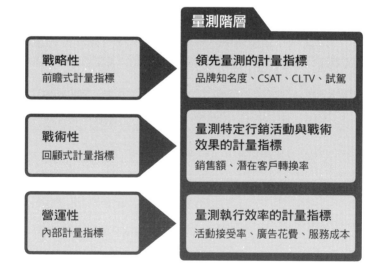

凱維尼（McKeveny）表示，這項贊助行銷的策略著眼點很明確，就是要「凸顯萬事達卡從一間以美國為主的信用卡公司，轉型成為一個真正的全球品牌」。

　　萬事達卡訂出下列與世足賽贊助策略有關的業務目標：

- **建立品牌知名度**：透過贊助活動的電視觸及，品牌在每場90分鐘的賽事轉播時間裡，會有7.5分鐘的曝光時間，預估其廣告成本是每觸及1,000名觀眾，必須花費0.4美元。
- **刺激刷卡及辦卡**：利用世足賽在全球掀起的熱潮，讓世界各地的機構會員，有機會針對特定的刷卡、開卡跟辦卡業務目標，推出

圖 3-4 行銷組織計分卡的綜觀連結

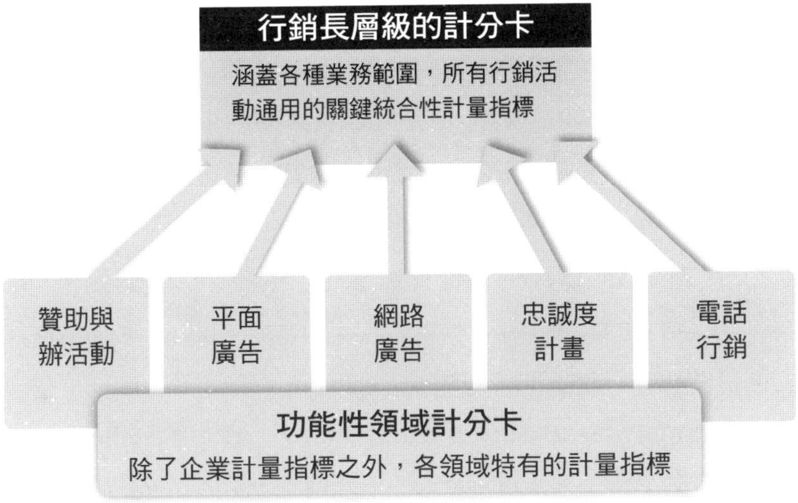

行銷長層級的計分卡

涵蓋各種業務範圍，所有行銷活動通用的關鍵統合性計量指標

贊助與辦活動　　平面廣告　　網路廣告　　忠誠度計畫　　電話行銷

功能性領域計分卡

除了企業計量指標之外，各領域特有的計量指標

客製化的行銷計畫。

- **為機構會員提供商機**：透過分支計畫建構網絡，把萬事順金融卡（Maestro）與萬事達卡旅行支票等其他產品交叉銷售出去，提升自動櫃員機（ATM）使用量，並進行貿易宣傳，以提升人們對於萬事達卡產品的喜好及接受度。
- **強化萬事達卡是全球支付系統品牌的認知**：把歷史悠久的萬事達卡，跟世界級的頂尖運動賽事連結在一起。

　　值得一提的是，萬事達卡國際組織的卡片，是授權給擔任通路夥伴的會員銀行發行，因此萬事達卡實際上是一間B2B公司。這項行銷計畫的業務目標，並不只是針對終端顧客，也包括會員銀行在內。另外必須注意的是，雖然這基本上是一項主打品牌知名度的行銷計畫，但同時也想要透過辦卡跟刷卡，提升銷售收入，因此這也是可以用財務計量指標加以量測的製造需求行銷。

　　萬事達卡根據這些業務目標所擬定的戰術性執行計畫，令其衍生出持續贊助了數屆的FIFA世界盃足球賽，而這個行銷成果就反映在贊助前後，各地區業務量變化的計分卡上。

　　計分卡上針對消費者跟會員銀行，有2組不同的計量指標。那些針對消費者的計量指標，著重於品牌知名度，以及在贊助前後進行的提問訪查，藉此量測人們對品牌的印象有何變化。贊助世足賽是否有縮短跟Visa之間的品牌知名度差距？知名度是否有提升？相較於Visa冠名贊助奧運會，萬事達卡的世足賽贊助知名度有沒有比

較高？答案是，所有的計量指標都顯示：萬事達卡在絕大多數地區的知名度，在賽事贊助的前後都有著顯著且可量測的變化。

有別於針對消費者的計量指標，針對會員銀行的計量指標則著重於量測贊助賽事對於拓展自家業務的機會，以及跟提升辦卡率與營收有多大的助益？也就是說，會員銀行的計分卡主要著重於製造需求行銷計量指標。對於各地區的會員銀行，在贊助前後進行的訪查結果，再輔以辦卡率跟營收資料，便可加以研判。

這項贊助計畫的結果相當不錯，品牌知名度在全球都頗有提升，辦卡率跟刷卡率更是大幅提升，明顯增加了萬事達卡的營收跟獲利性。會員銀行對贊助活動也有貢獻，一共有超過450間萬事達卡機構會員，多多少少參與了全球宣傳活動，排名前100名的發卡銀行，更有75％共襄盛舉，總共對贊助相關行銷活動投資了3,800萬美元。計分卡也量測了機構會員對此行銷活動的滿意度，結果有87％的會員表示，贊助活動為他們自家的行銷計畫增添了價值。

這個案例說明了在設計跟執行行銷計畫時，該如何使用計分卡。最理想的行銷設計，首先要擬出行銷活動的整體策略，再轉化成為「關鍵業務目標」（key business objective, KBO），這些目標自然就會落實到戰術執行面上。平衡計分卡提供與KBO跟戰術執行面有關的計量指標，所有的行銷活動都應該要有一個明確的願景，以及符合這個策略願景的KBO。有了行銷活動的戰術執行計畫之後，計分卡就能量測KBO的關鍵計量指標，在行銷活動前後有無變化。

「做出計分卡」的這個挑戰，是一個很有用的練習。在設計行銷活動初期，行銷團隊可以先做幾個小時的腦力激盪，發想出有哪些正確的計量指標可以為計分卡所用，接著再想清楚要如何量測這些計量指標。須注意的是，製作計分卡的重點在於要挑選出直指「價值」所在的那幾個計量指標，而每個行銷活動只需要4、5個計量指標即可，切莫超過10個。我跟主管們進行過許多次這項練習，行銷團隊總是能夠擬出一張經過深思熟慮的計分卡，每個能夠反映出真正價值所在的類別，都只用上3到5個可供量測的計量指標。

　　倘若行銷活動在量測之前，就設計得一清二楚，其效益就很容易彰顯出來。然而，倘若一開始沒有想好策略願景、KBO、計量指標，以及判斷成敗的標準，那麼行銷活動的結果就會變得模稜兩可。俗話說，1%的努力會產生99%的價值，指的就是「製作計分卡」這件事。倘若行銷活動獲得成功，計分卡就可提供實實在在的數據，為後續的行銷經費背書；就算事情進行得不太順利，計分卡也能夠提早示警，讓你知道行銷活動的狀況不妙。

　　總結來說，做出一張行銷活動計分卡相當簡單，只要花1、2個小時稍微動動腦，我相信你一定能夠擬出一張行銷活動專用的計分卡。你可以參考圖3-3，開始動手製作。在數據導向行銷這條路上，能夠進行量測並且留下記錄，是相當重要的第一步。能夠系統化進行量測工作的行銷人員，就能夠顯露自己的工作價值何在，這張記錄行銷績效的計分卡，不但能加速你的升遷，當公司碰上重大挑戰時，也會優先想到你這個人才。

B2B公司面對的量測挑戰

B2B公司跟顧客之間，比別人多了一層隔閡。它們通常把產品「賣」給OEM廠商，然後OEM廠商再透過VAR或其他管道（零售商或網路），把成品賣給最終端的顧客。透過OEM廠商進行銷售的B2B公司，通常不會知道誰是最終顧客，人們經常以此作為理由，說明B2B公司為何難以進行實驗性設計和行銷量測。

B2B公司要量測行銷，確實有其挑戰性，不過我會舉例說明這是可以做得到的。比方說，微軟絕大多數的產品都是間接銷售，它的軟體安裝在戴爾電腦、惠普、新力等OEM廠商生產的個人電腦上，然後這些OEM廠商再透過網路，或是透過百思買、渥爾瑪等零售商店，把電腦賣出去。如同我們先前提到的，微軟的困難點之一，在於它不知道究竟是誰購買了自家產品。除此之外，微軟也花了相當多的錢，跟OEM的合作夥伴共同行銷。

OEM廠商的「評估式行銷」是用來協助顧客，在許多可能的選項中，評估什麼是最適合他們的產品。OEM廠商的評估式廣告通常會列出一大串產品特色跟功能性的清單，跟微軟的共同行銷則是在廣告內嵌進一行「推薦使用微軟產品」的文字，然而這種行銷對於微軟來說，稱得上值回票價嗎？

為了找出答案，微軟會定期進行實驗，比較評估式廣告跟體驗式廣告的效益。我們以圖3-5，2009年Windows 7新產品上市的「體驗式」試驗廣告為例（右上角的ConToSo，是為了進行實驗而虛構

的一家OEM廠商名稱），新產品上市的行銷把重點放在3大訊息：

1. Windows 7可以簡化你的日常作業。
2. Windows 7可以按照你想要的方式運作。
3. Windows 7還可以變出一些新把戲。

　　圖3-5的體驗式廣告，把這3大訊息的幾個重要元素凸顯出來，也就是Windows 7的速度更快、運作更穩定，它還具有擴充無線功能、強化多媒體表現與良好的節能效率，總合來說，它會改變你的使用體驗，讓你「以嶄新的眼光看待PC」。

　　圖3-6顯示了微軟Media Center Edition（MCE）的評估式廣告，與體驗式廣告比較的實際數據。MCE軟體可以讓使用者在PC上面，管理所有的多媒體，讓你成為「媒體世界的中心」。微軟在這個實驗案例中，把受測者分成四群，每一群各有350名受測者，分別讓他們接觸不同的平面廣告，然後在受測者接觸廣告的前後時間點對其進行提問訪談。控制組的受測者，接觸到的是傳統的列舉特色廣告，另外三組受測者則分別接觸到圖3-5所示的「體驗式廣告」。這三組廣告主打的品牌不同，受測者分別接觸到：只有OEM廠商品牌的廣告、只有微軟品牌的廣告、OEM廠商跟微軟聯名的品牌廣告。

　　實驗結果就如同圖3-6所示。基於商業機密，這張圖並未顯示實際的數字，而是以「－」代表接觸廣告前後，平均有小幅的負向

圖 3-5 微軟 Windows 7 新產品上市的體驗式廣告試驗

百分比變化，「＋＋」表示有小幅到中幅的正面變化，「＋＋＋」表示有相當不錯的正面變化，「＋＋＋＋」則表示有極為顯著的正面變化。接觸廣告前後變化的量測方式，是在受測者觀看平面廣告前後，對他們進行提問後再做出比較。這些提問包括：「你有多少意願購買 Windows PC？」、「你有多少意願在下一台 PC 上使用微軟MCE？」等等。

　　實驗結果相當有意思。首先，你會發現位於資料最上方那一列的控制組，表現雖然還可以，但稱不上有多出色。問題當然是出在

顧客「難以解讀」列舉特色廣告的內容，這個類型的廣告內容著重於源料（feeds）多寡、處理速度、位元數等，卻沒有清楚說明MCE有哪些好處。相對來說，體驗式廣告則說明了這套軟體實際上會做些什麼事——它可以讓你控制生活中所有的媒體。

從接觸廣告前後的變化資料研判，體驗式廣告的表現，明顯比列舉特色的控制組來得好。不過這項實驗格外值得一提的地方，在於它還研究了「究竟要主打哪一個品牌」最有效？也就是說，只打

圖3-6 微軟體驗式廣告與OEM廠商評估式廣告的實驗數據比較

欄位	接觸廣告前後的變化				觀看廣告後的影響		
	購買Win PC的可能性	下一台PC使用MCE的意願	下一台PC使用Win XP的意願	對於Win XP的喜好度	微軟品牌的辨識度	微軟標誌的辨識度	微軟產品詳細資訊的辨識度
OEM廠商加上微軟的列舉特色廣告	＋＋	＋＋	＋＋＋	＋＋	＋＋＋	＋＋	＋＋
微軟的體驗式廣告	＋＋＋	＋＋＋＋	－	＋	＋＋＋＋	＋＋	＋＋
OEM廠商的體驗式廣告	＋＋＋	＋＋＋＋	＋＋	－	＋＋＋	＋＋	＋＋
OEM廠商加上微軟的體驗式廣告（Mercury平板電腦）	＋＋＋	＋＋＋＋＋	＋＋＋	＋	＋＋＋＋	＋＋＋	＋＋＋

OEM廠商的品牌廣告、只打微軟的品牌廣告，抑或讓微軟跟OEM廠商一起打品牌廣告，哪一種作法的效果最好？

結果很明顯，OEM廠商跟微軟一起打體驗式品牌廣告的效果最好，包括購買可能性跟使用意願的得分都最高，放送廣告後詢問受測者對於品牌跟標誌辨識度的得分也都相當高──這是一加一有時候會等於十的範例。只打OEM廠商品牌的廣告跟只打微軟品牌的廣告，在「對於Win XP的喜好度」與「使用XP的意願」這兩欄的得分不高。然而，當廣告其他的部分不變，就只是讓OEM廠商跟微軟共同亮出標誌時，消費者的觀感就有顯著提升。

這個範例說明了好幾個行銷量測與實驗設計的重點。**首先，對於一間B2B公司來說，「顧客訪查」可以用來代替實際的顧客資料；再者，也可以利用「非財務計量指標」來估算公司未來的價值。**我們會在下一章深入討論這個概念，目前就先把「有意願購買」當成反映實際購買意願，以及將之作為評估行銷功效的計量指標即可。

有鑑於這些實驗結果，微軟進一步挹注更多資金在OEM廠商的共同行銷活動上，不過他們也同時要確保錢是花在刀口上，能夠達到這些實驗所示的最佳行銷效果。OEM合作夥伴對此的反應極為良好，因為微軟這個動作為彼此的合作關係增添了價值，不但使共同行銷獲得最佳效果，也讓微軟自己跟OEM合作夥伴雙雙提升了獲利性。

我必須要承認，我最初開始進行行銷量測時，對於使用「有意願購買」這類取自訪查跟焦點團體訪談的質化資料，抱持著極大的

懷疑態度。這是因為我有來自理工科系的強大量化背景，已經很習慣非要一絲不苟地計算出「正確」答案不可。不過當我進行過更多以訪查為主的研究之後，我發現在行銷這個領域，算得「差不多正確」就可以了，總比一清二楚的犯錯來得好，而我也就此開始懂得欣賞質化資料的價值所在。

當然囉，倘若你只是問1、2個人他們的「購買意願」如何，答案不見得會有多可靠。但如果你是讓350個人分別看過同樣的廣告之後，再問他們同樣的問題，答案就具有統計上的顯著性。這裡的結論是，質化資料也可能極為有用，不過你必須要注意，樣本數得要夠大才行。

以訪查為主的研究有一個經驗法則：能夠找到上百人充當樣本就不錯了，有300人以上更好。不過如果是要做「個人深度」訪談，有6到10人組成小型的焦點團體就可以了，而在網路上找30到50人做迅速的訪查，也能夠獲得寶貴的顧客意見。

因此，即使樣本數少，也能夠有效地加以利用，迅速測試行銷概念，了解到你的看法可能有所侷限，或許無法廣泛應用在大得多的樣本數，或是應用在不同的地區。我相信與其在沒有進行任何量測的情況下，燒掉數百萬的行銷預算卻成效不彰，能夠透過實驗迅速發現失敗點，當下調整以找出管用的做法，無疑是上上之策。

NOTE ▶▶▶ 本章重點回顧

◆ 根據行銷活動的種類不同，有各式各樣的計量指標可供運用。

◆ 財務計量指標可以把50%以上的行銷活動加以量化。

◆ 當財務計量指標不管用時，找出銷售額的領先指標就對了。

◆ 進行一個計分卡大挑戰，利用平衡計分卡，把所有的行銷計劃跟活動設計成可供量測。

◆ B2B公司可以有效地利用訪查跟焦點團體訪談，找出可代替直接顧客資料的計量指標。

第二部分 / 實戰心法

第四章
5大非財務計量指標

顧客觀感、產品需求度、顧客的忠誠度與滿意度……
乃至於行銷活動的績效,都可以透過這些非財務指標加以量化。

品牌知名度是行銷最迷人、最獨特的其中一面,因為這完全繫於顧客觀感。我們以瓶裝水為例,純水是一種由2個氫原子跟1個氧原子組成(H_2O),聞或喝起來都沒有味道的液體,而地球表面有70%被水覆蓋。我的意思是就產品而言,水一點兒也不複雜,而且供給相當充沛;然而,瓶裝水品牌卻如雨後春筍般冒出來,我隨便想想都可以舉出Ice Mountain、Aquafina、Geyser Peak、Poland Spring、Dasani等牌子。

既然這些產品根本沒啥兩樣,為什麼人們寧願花2美元購買品牌瓶裝水,也不願意只花25美分購買一般雜貨店的瓶裝水呢?聽我這麼一問,我的學生們激烈地回應:「老師,真的不一樣啦!我買的水是阿爾卑斯山的高山湧泉哪!」是啊是啊,我相信一定有個傢伙守在高山上的涓涓細流旁,每個月用手工盛裝上百萬瓶水。我同意沛綠雅(Perrier)確實不太一樣,水裡不但有氣泡,而且它的綠色玻璃瓶看起來挺酷的;達沙尼(Dasani)聲稱它的水裡含有「礦物質」,因此與眾不同,而且還有漂亮的藍色塑膠瓶包裝。

瓶裝水很強調品牌的力量，產品要能傳達一種「品質保證」的感覺、經驗與觀感，顧客才願意為此多付錢。只不過，想要把品牌價值，或是把所謂的「品牌資產」（brand equity）量化成為真金白銀，是非常困難的。

量化顧客觀感：1號計量指標──品牌知名度

有時候我們會把一間公司所有的有形資產扣掉，藉此估算品牌資產。有形資產有各種估算方式，比方說用股價估算公司的市場價值，剩下來的無形價值就會被歸類為「品牌」。這套做法的困難點在於，有太多未知因素會彼此影響，最後算出來的「品牌資產」，幾乎可以說是一個隨機的數字。

比較好的做法是進行訪查，**詢問人們跟一個沒有品牌的相同產品相較之下，他們願意多付多少錢，購買有品牌的產品？然後把溢價百分比乘上產品銷售額，約略就等於品牌價值。**不過讀者應該銘記在心的是，這套做法得到的只是一個估值；在我看來，行銷可以為品牌強化多少價值，實際上根本不可能透過財務計量指標進行準確的估算。因此我採用的是另一套做法，把重點放在量測品牌行銷效果的5大非財務計量指標，並指出如何運用這些計量指標，取得最佳的品牌行銷活動績效。

● Tips1：消費性產品的品牌行銷

就購買方的角度來看，你的產品或服務若具有強大的品牌知名度，就能在顧客進入購買循環的評估階段時，率先考慮你的產品或服務（請見圖3-2）。顧客對於品牌的觀感，會隨著時間而改變，因此打品牌戰是一場必須持續進行的活動。

比方說，飛利浦（Philips）公司生產的電動刮鬍刀，可以把鬍子刮得極為乾淨，然而隨著時光流逝，電動刮鬍刀逐漸褪流行，人們開始覺得用傳統刮鬍刀刮得更乾淨，這多半得歸因於吉列（Gillette）公司的品牌戰打得很成功。吉列刮鬍刀跟飛利浦電動刮鬍刀的案例，點出了人們的「觀感」才是重點所在，產品的技術規格無關痛癢。

飛利浦在2007年的聖誕節購物季，在荷蘭展開一場新的品牌宣傳活動，主打飛利浦Nivea男性刮鬍刀。整個活動宣傳以一位賞心悅目的女性機器人用電動刮鬍刀幫一名男子邊洗澡、邊刮鬍子作為主軸，很明顯是想要取悅男性觀眾。這場活動用上了電視廣告、音樂錄影帶、火車站廣告看板、直郵明信片與一個專屬的入口網站當作媒介，圖4-1就是當時代表性的宣傳廣告。

英國的廣告研究機構Ipsos ASI，針對120名目標受眾男性，進行每週1次的訪查，追蹤品牌與特定產品的知名度，訪題包括：

- 請回想你最近在各種不同的地方，看到、聽到、或讀到關於電動刮鬍刀的事，包括各種不同的廣告、贊助商唱名，以及其他促銷

圖 4-1 飛利浦 Nivea 男性刮鬍刀的品牌廣告

(a) 電視廣告　　　　　　　　(b) 海報跟直郵廣告

資料來源：飛利浦消費者生活風格部、英國 Ipsos ASI

活動在內。請問你最近有看到、聽到、或讀到任何關於下列品牌的電動刮鬍刀嗎？

• 請問你有看到、聽到、讀到、或體驗過某個特定的電視或平面廣告嗎？

　　他們有時候也會給點提示，讓受訪者觀看各種在媒體上曝光的廣告，然後問他們：「這個廣告是哪一個牌子？」為了瞭解打廣告的特定產品，每週的知名度有何變化，他們會接著問受訪者：「你說你知道飛利浦有推出電動刮鬍刀，那麼以下這些飛利浦的電動刮鬍刀，你聽過哪幾款？」

　　至於人們的購買意願如何，則會透過下列問題詢問：「請指出在下列的選項裡，何者最能夠表示你在未來，有多願意考慮購買飛利浦 Nivea 男性刮鬍刀？」

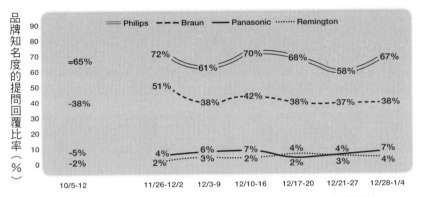

圖4-2 飛利浦Nivea 男性刮鬍刀的行銷活動樣本：每週訪查知名度追蹤資料

基準：10/5-12（313位），在11/26-1/4間，每週訪問120人的資料

資料來源：飛利浦消費者生活風格部、英國Ipsos ASI

　　圖4-2顯示受訪者對於第一個問題的答覆。以10月5日到12日作為基準線，飛利浦有65％的品牌知名度，而最接近飛利浦的競爭廠商則有38％的知名度。宣傳活動資料顯示：知名度在廣告活動一開始的時候，以及在12月中旬達到高峰；在同一時期，有86％的目標受眾在看到廣告提示時，聲稱他們看得出這是廣告活動裡的某些元素。不過受眾者聲稱的品牌整體廣告知名度，經常只不過是反映了它的市占率而已，因此觀察特定產品的品牌知名度在活動前後的變化情況，比較有意義。

　　圖4-3顯示特定產品的品牌知名度，以及在廣告活動期間「購買產品意願」的前後變化。就飛利浦Nivea男性刮鬍刀來說，特定產品的品牌知名度，在舉辦廣告活動之前是22％，之後則提升到

25％；購買意願則是從9％提升到12％。這些資料顯示：產品上市的行銷活動，在相對來說算是短期、共3個月的宣傳時間裡，確實有造成影響。此外就如同〈第3章〉討論過的，「購買意願」是反映未來銷售額的一大指標，因此這項量測產品品牌知名度的訪查，是從購買循環開頭，一直做到試用期結束為止（請見圖3-2）。

然而，若是想要得到活動前後，品牌知名度是否有所改變的「答案」，光是做訪查仍嫌不足。你必須要明瞭箇中道理：哪些因素

圖4-3 飛利浦Nivea男性刮鬍刀在廣告活動前後的產品知名度與購買意願變化

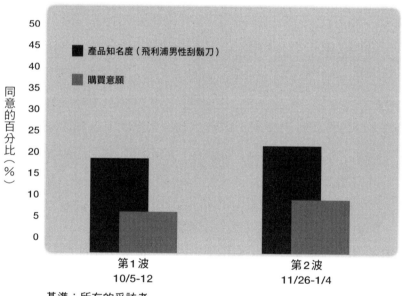

資料來源：飛利浦消費者生活風格部、英國Ipsos ASI

造成知名度有所改變？哪些招數管用？哪些不管用？

每1,000次曝光需要花費多少成本（CPM），這是量化品牌知名度廣告的一個常用方法：首先估算廣告曝光次數，然後計算在電視、印刷品、直郵、網路等每一種媒體上曝光一次所需的成本，成本最低的媒體就是比賽贏家。這套做法的困難點在於，它無法量測行銷功效，也就是行銷是否會對顧客觀感造成影響。

大多數的廣告都沒什麼用，因為人們不知道寫文案的人，是在給哪個品牌打廣告。圖4-4是在飛利浦Nivea男性刮鬍刀廣告活動中，認出接觸點在哪裡的人，以及把廣告跟正確品牌連結起來者的分佈結果。受訪者被問到他們是否見過這則廣告（沒有提示的品牌知名度，也就是品牌辨識度），以及給他們看過這則廣告之後，詢問他們「這是哪個品牌的廣告？」（有提示的品牌知名度）。

同時具有高品牌知名度與高品牌辨識度，會落在圖4-4的右上方，這是最理想的狀況。而就飛利浦Nivea男性刮鬍刀來說，電視跟網路廣告的表現特別好。如果品牌知名度低，但是品牌辨識度高，就會落在右下方；位在這一區的宣傳成分，廣告也許下對了地方，但卻可能有品牌的問題。飛利浦Nivea男性刮鬍刀的宣傳成分並沒有落在這一區，但卻有好幾個落在左上方那一區，也就是具有高品牌知名度，但是品牌辨識度偏低。這意味它的宣傳成分效果不錯，只不過有些可見度的問題，文案也許不夠強而有力，無法打動消費者；不然就是廣告放錯地方，影響廣告效力，也許該找個更好的地方下廣告。

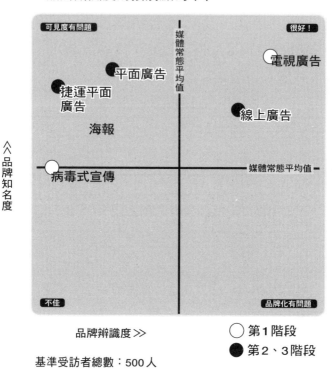

圖 4-4 知名度行銷活動績效的最佳化結果（以品牌知名度與品牌辨識度的接觸點為準）

可見度有問題　　　　　　　　　　　　很好！

媒體常態平均值

電視廣告

平面廣告

捷運平面
廣告

線上廣告

海報

品牌知名度

病毒式宣傳　　　　　　　　媒體常態平均值

不佳　　　　　　　　　　　品牌化有問題

品牌辨識度 ≫

○ 第1階段
● 第2、3階段

基準受訪者總數：500人

資料來源：英國 Ipsos ASI

　　倘若行銷的品牌可見度跟知名度都很差，問題就大了。這會落在圖中左下方處，「病毒式宣傳」就屬於這個類別。Ipsos ASI的主任傑米・羅伯森（Jamie Robertson）跟我說：「如果有某個宣傳成分的成效不彰，並不表示我們就完全不要打這個廣告了，而是必須重新評估行銷情況，看看有沒有機會改善其效果。」

圖4-5詳細分析了在知名度廣告活動中，特定的廣告媒體（電視、明信片、海報、音樂錄影帶等）對於感知產品品牌知名度的重要性，以及在這些廣告媒體上，辨識出產品品牌的情況。經過如此詳細的分析後指出，明信片、音樂錄影帶與病毒式宣傳，對於提升品牌知名度，並沒有明顯助益（它們皆位於圖4-5的左下方）。Ipsos因此建議把未來的宣傳費用，從這些接觸點轉移到網路、平面廣告與海報，這些媒體讓人感知品牌知名度的效果很好，不過在品牌辨識度方面只比平均值高一點點。

　　飛利浦消費者生活風格部全球溝通情報課的莎賓娜・圖希（Sabrina Tucci）跟我說：

圖4-5 **知名度行銷活動績效的最佳化結果（以特定行銷活動媒體，對於感知產品知名度跟辨識度的接觸點為準）**

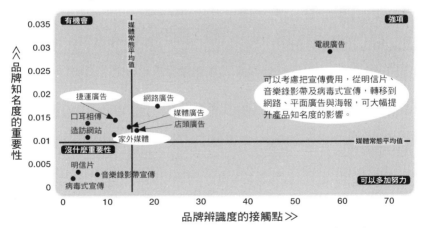

資料來源：英國Ipsos ASI

量測品牌知名度行銷，不但能夠為產品的品牌知名度與顧客的未來購買意願提供線索，還能讓我們得以把未來產品上市的行銷活動做到最好。以數據導向的做法進行品牌知名度行銷，可使我們對於特定市場及目標受眾，產生非常寶貴的見解。對於負責為產品擬定溝通策略的業務跟行銷團隊來說，這些學習經驗極為寶貴。

　　我真正佩服的是這個行銷活動經過設計，不但可供量測，也可做為未來行銷活動最佳化所用：每週進行1次訪查，可掌握到品牌與產品知名度的變化，揭露各個要素的成效如何。

　　經過這次行銷活動，飛利浦刮鬍刀的銷售額並未大幅提升，不過還是有達到預期目標。飛利浦有些業務主管，對於行銷活動進行期間未能提升財務ROI，表示感到失望，然而，這項行銷活動的目的並不在此，而是要使品牌知名度產生改變，並且刺激一群本來不考慮購買電動刮鬍刀的人，未來比較有購買飛利浦刮鬍刀的意願。就這個目的而言，這項行銷活動非常成功。除此之外，採用數據導向的做法，使得我們對於如何規劃未來行銷活動的支出項目，能夠擁有深刻的見解。

　　手頭「掌握數據」這件事有好有壞，因為無論你成敗與否，都是一覽無遺。有了這些數據，公司就可以，也應該要問一些很實在的問題，比方說「顧客觀感的變化，值得我們花這筆行銷費用嗎？」若是想要把行銷投資與業務目標健全地連結在一起，提出這些問題並試著回答，都是必須要有的寶貴討論。

只不過，我們也需要教育一下業務主管，讓他們了解到「並非所有的行銷投資，都必須要有財務ROI」，尤其是品牌化幾乎不可能以財務計量指標加以量化。但是你可以找到一些能夠反映「未來銷售額」的非財務品牌知名度計量指標，然後透過顧客觀感的變化，量測行銷所造成的影響。

要把品牌行銷活動做到最佳化（如圖4-4和4-5），這項工作看起來也許很嚇人，不過要知道你可以在局部地區，先進行一個簡單的品牌訪查，然後觀察顧客心中的品牌知名度，是否有隨著行銷活動產生變化。接下來想要在訪查裡多加幾個問題，探究特定廣告媒體對於品牌／產品知名度與辨識度的影響，就不會是太困難的事——只要利用這些資料，為你的行銷活動做出如圖4-4和4-5的歸納就行了。這麼一來，你就能看到哪些特定的媒體能夠對品牌造成影響，知道哪些事情管用、哪些事情不管用。

● Tips2：B2B產品的品牌行銷

從量測品牌的角度來看，消費性產品和B2B產品的雷同之處多的驚人。B2B產品的品牌化目的，是要改變某項產品或服務的顧客品牌知名度，然而，對於消費者來說，這麼做可能不是很有感覺。比方說英特爾以一句「Intel inside」，為PC產業帶來一場革命；杜邦則利用NASCAR賽事，為他們的車用烤漆打響品牌。

B2B跟消費性產品之間存在一個很大的差異性：B2B產品的顧客往往不只一位。也就是說，B2B產品可能會針對通路夥伴和製造

商，進行特定的品牌行銷，對最終端的消費者也會採取不同的行銷
手段。比方說杜邦每年會招待超過2萬家B2B「合作夥伴」參加
NASCAR活動，主要是為了打造品牌跟合作夥伴的關係。話雖如
此，量測品牌行銷的原理還是沒有什麼兩樣。

納威斯達（Navistar, Inc.）是一間製造18輪國際牌卡車
（International brand truck）、校車及軍用車輛的公司，年營業額達
141億美元。IC巴士（IC Bus™）是納威斯達的子公司，也是製造
校車的領導廠商。2009年經濟衰退，工業用卡車跟巴士的銷售量
明顯趨緩，嚴重影響到該公司業績。然而，儘管面臨眾多挑戰，IC
巴士仍然在行銷預算微薄的情況下，繼續進行創新跟打造品牌的工
作。全球暖化跟環保議題，在2009年成為全美矚目的焦點，IC巴
士是市場上唯一擁有插電式油電混合校車的廠商，因此占有無可取
代的一席之地。

IC巴士首先小試身手，推出一個試驗性行銷活動，它在加州
的沙加緬度買下一些電台廣告，其目的是要在25歲到49歲的地方
媽媽，這個非常有影響力的族群裡，提升自家的品牌知名度。在廣
告中它讓一個小朋友現聲強調，搭乘校車的好處在哪裡：

• 美國校車委員會指出，只要開出去一輛校車，就相當於路上減少
  了36輛車。只要讓小朋友搭乘校車，就相當於每年路上減少了
  1,730萬輛車。
• 學生搭乘校車，每年可省下31億加侖的汽油。

- 倘若搭乘校車的小朋友再多個10％，每年就能多省下3億加侖的汽油。
- 每個讓小朋友搭乘校車的家庭，據估計每年可省下663美元的燃料成本，並且少開3,600英哩的車。從幼稚園一路撫養小孩到高中畢業，這相當於少開4萬6,800英哩的車，可省下8,619美元。
- 用私家車把小朋友載到學校，平均每天得花3.68美元的燃料成本，若換成校車則只要0.73美元。

　　廣告的結尾，會以公共廣播的方式，把品牌名稱偷偷塞進來：「本節目由IC巴士贊助播出。」

　　就品牌計量指標的觀點來看，這樣做的行銷結果相當不錯。行銷團隊針對300名25歲到49歲，至少有一個小孩就學的地方媽媽，在2009年1月及4月，分別進行聽到電台廣告前後的訪查。這個訪查首先會問一個沒有提示的觀感問題：「妳最近有看過或聽過任何主打環保意識的校車廣告嗎？」結果在沒有提示的情況下，想起有看過或聽過提倡「搭校車、救環境」廣告的比例，增加了29％。這表示有將近1/3的目標受眾，不用提示也能想起來聽過這則廣告。接下來的提問顯示，受訪者也能想起這則廣告的主要訊息。

　　另一組的訪查問題，會先播放這則廣告，然後問一個有提示的問題：「你在今天之前，有在電台聽過這則廣告嗎？」結果在有提示的情況下，表示有聽過這則廣告的比例增加了32％，這表示那些聲稱聽過這則廣告的人，很可能也會想起這是IC巴士的廣告。

接下來的訪查就會進一步提問，探究這則廣告有多少影響：「你聽到的這則廣告，對於你未來可能會讓小朋友搭乘校車，有什麼影響？」這個問題相當於品牌化的「購買意願」，結果是，對於年收入在 7 萬 5,000 美元以上的家庭，願意考慮讓小朋友搭乘校車的比例，增加了 13％。

我喜歡這個行銷範例的地方在於，行銷人員先在局部地區牛刀小試，並且量測品牌化業務的主要目標，在下廣告前後的觀感變化。他們指出有 1/3 的受眾，能夠想起廣告內容，並且量測出校車「使用意願」在廣告前後，有相當顯著的觀感變化。

行銷團隊接下來想出一個學校作文比賽「美國最環保學校」（America's Greenest School, AGS）的點子，作文獲得優勝的學生可得到獎學金，而他就讀的學校則會得到一輛 IC 巴士的油電混合校車。IC 巴士行銷溝通經理戴娜・盧希特（Dena Leuchter）跟我說：

經過 2009 年好幾輪的預算刪減，我們不得不決定要砍掉哪些預算。我們需要花大筆預算，推出新的顧客品牌行銷活動。AGS 是一個全新的行銷方案跟目標受眾，本來應該是第一個要被砍掉的，然而我卻緊緊巴著 AGS 的預算不放——當你想出一個這麼簡單的點子，直覺又告訴你這會讓公司跟業界耳目一新，你是不會放手的。倘若預算砍到最後剩下 AGS，我們就得讓這個方案成真，讓它擁有未經刪減、足以克服萬難的數字。

這項品牌行銷方案的執行預算，只有相對來說少少的35萬美元。他們提供5,000美元的獎學金給作文比賽的優勝學生，捐贈給學校的油電混合校車則價值20萬美元。行銷內容主要放在媒體公關報導，以及在Discovery頻道的Education.com網站曝光（請見圖4-6）。

　　由於這項行銷方案含有教育成分，Discovery Education特許該活動透過自家網站發送電子郵件給9萬4,000名教師，其中有13％的信件被開啟、16％的連結被點擊。這項競賽大受小朋友、家長、教師、學校，以及校董會的支持，這些人全都對於校區的校車購買決策有影響力，因此產生搭乘校車對環境有益的印象，毫無疑問

圖4-6　IC巴士AGS競賽的網路曝光廣告

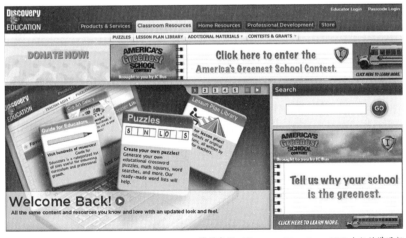

資料來源：Discovery Education、IC巴士行銷溝通部

的，對IC巴士的油電混合校車特別有印象。

從2009年1月1日開始，到6月12日宣布優勝者為止，這項行銷活動製造了將近3億次的媒體曝光，包括在全美10大都會型市場的電視新聞中播放、《今日美國》（*USA Today*）報導，以及在許多線上網站跟地方媽媽的部落格中曝光。只不過，顧客「願意參與」行銷活動才是最重要的：寫一篇作文很費工夫，全家人都得動員起來。參與作品票選的人數超過2萬人，前10名的得票數更是超過3萬張（可重複投票）。此外，AGS網站的瀏覽數將近8萬次，其中有超過40％勾選未來願意收到IC巴士的電子郵件。盧希特跟我說：「我們本來希望能夠收到100篇作文就不錯了，結果收到將近2,000篇，我們就知道這個活動大獲成功。」

AGS行銷活動顯示出：**活動設計的創造性與執行力，如何能夠大幅提升行銷績效。這項品牌化行銷方案經過設計可供量測，顧客參與程度也很高，這兩點綜合起來，就是數據導向品牌化行銷的勝利保證。**

總而言之，詢問顧客以下2個簡單的問題，無論是消費性產品還是B2B產品，都可以量測其品牌知名度。

■ 1號計量指標：品牌知名度

問題1：提到某項產品或服務，你會最先想到哪間公司或產品？
問題2：提到某項產品或服務，你還聽說過哪些公司或產品？

這些問題可以揭露你的產品或服務，在沒有提示情況下的顧客印象，以及與競爭廠商相較之下的品牌排名。這些問題可以當成起手式，也應該要依據個別行銷活動稍做修改。後續的提問可以探究在有提示情況下的品牌知名度、揭露品牌與發送訊息的影響，以及顧客採取行動的意願。

實際上你應該要怎麼做呢？只要利用成本相對低廉的電話訪問跟訪查蒐集資料，就很容易完成品牌知名度的量測工作。倘若行銷結合網路，就可以掌握到「行動呼籲」（call to action），AGS行銷活動就是一個範例。行動呼籲與顧客參與程度有關，是另一個量測品牌行銷影響的指標。

到了下一個層級，你就可以比較輕鬆地應用飛利浦Nivea男性刮鬍刀案例中的那些原理，把品牌行銷最佳化，並且確保品牌行銷的每一分錢都花得很值得。如果你現階段沒有資源可以這樣做的話，那麼我會建議你把廣告支出砍掉10％，把省下來的錢投資在量測工作上——若你使用最佳化做法，績效提升絕對遠超過10％。比方說，根據Ipsos的記錄，飛利浦Nivea男性刮鬍刀的未來品牌行銷績效，就提升了超過20％。

量化產品需求度：2號計量指標——試駕

2009年3月9日，道瓊工業指數下探至十二年以來的新低6,547點。在同一週的3月6日，保時捷汽車北美分公司推出了一項很積

極的行銷活動。「保時捷的品牌形象，是有自信又能掌控局勢，保時捷的車主同樣也有這種自信的精神。我們希望『保時捷第一哩』（Porsche First Mile）這個活動，能夠讓潛在顧客建立來試駕的信心。」保時捷北美分公司的行銷副總裁大衛‧普瑞奧（David Pryor）說：「我們知道潛在買家只要開到了保時捷，就很有可能出手買一輛。我們也深知，許多人覺得我們家的汽車可望而不可即，摸都摸不著。」

這個在美國進行的行銷活動，截至2009年4月，網路廣告的曝光超過2億4,100萬次，平面廣告的曝光則有1,700萬次，廣告內容請見圖4-7。這些曝光帶來超過2,000次的試駕預約。「保時捷的經銷商一開始還對行銷效果抱持懷疑的態度，不過在3、4週內，他們的銷售額就達到在未做任何活動時，不可能達到的數字。這樣的結果讓經銷商對於試駕行銷的重要性完全改觀。」普瑞奧說。

「保時捷第一哩」的行銷活動，是數據導向行銷原理的最佳實作案例。行銷活動的所有元素，全都可以透過像是圖4-7(a)平面廣告裡的SMS簡訊號碼與URL網址進行追蹤。行銷活動會按照地區，追蹤每週產生的潛在客戶，並且進行動態調整以提升績效，這也是〈第8章〉敏捷式行銷（agile marketing）的重點。

舉例來說，行銷團隊根據整體銷售額分布情形，發現美國南方各州的潛在客戶，數量比應該有的來得少，因此他們在2009年5月，運用鎖定目標受眾的網路跟平面廣告，把這個區域的潛在客戶數字拉升起來。保時捷汽車北美分公司的行銷溝通經理史考特‧貝

克（Scott Baker）說：「其他車廠的行銷預算，比保時捷多了5倍到50倍不等，因此我們必須要把效率提升到最佳狀態，做出高價值的行銷活動。」

圖4-7 「保時捷第一哩」活動的廣告曝光範例

Instead of waiting around for good
news, make some of your own.

The Porsche First Mile. Porsche dealers welcome you to experience
the unequaled exhilaration of driving the new 2009 Porsche models.
Visit porschedealer.com/firstmile1 to secure a personal invitation to
a test drive experience and see how easy it is to get into a Porsche.
Porsche. There is no substitute.

The First Mile will change everything.

Text "FIND" to 72579 to find the participating
Porsche dealer nearest you.

＊秀出URL網址與SMS簡訊號碼

(a) 平面廣告

(b) 網路廣告

資料來源：保時捷汽車北美分公司

試駕計量指標對汽車銷售來說，關聯性固然顯而易見，不過實際上試駕跟所有的購買決策都有關係。比方說，英特爾在Windows PC跟伺服器的中央處理器（CPU）市佔率超過80％，這種幾近獨佔的市場力量，塑造出英特爾的銷售模式——它有規模龐大的直接銷售團隊，能夠把更多英特爾的主機板晶片賣給OEM合作夥伴。英特爾的銷售循環通常需費時18個月，他們會先跟OEM廠商討論，然後再生產裝在OEM廠商主機板上的新晶片。這個為時相對較長的銷售循環，對於激勵銷售團隊與量測評估行銷效力方面，會造成一些麻煩。

　　不過，英特爾跟OEM廠商經過幾個月的討論後決定，為了要推動業務，OEM廠商就必須建構一支團隊，研究把英特爾產品整合到自家主機板上的可行性。這對英特爾來說構成了「設計勝出」（design win），是可以作為未來收入參考的試駕指標。怎麼說呢？OEM廠商也許跟英特爾談過很多次了，但卻還不敢投入生產，因為成立一支團隊負責研究產品上市的可行性，需要人力跟財力，倘若不是已經有人表示有意購買，是不可能這樣做的。英特爾從營運CRM系統裡頭蒐集到資料之後，就能夠量測設計勝出、變成銷售額的轉換率，並且藉此預測未來12個月以上的銷售獲利性。所以對於英特爾的行銷團隊而言，重點應該放在改善評估式行銷，藉此促成更多的設計勝出。

　　飛利浦醫療系統（Philips Medical Systems）是另一個案例，這個部門負責把他們製造的大型磁振造影（magnetic resonance imaging, MRI）與斷層掃描（computed tomography, CT）等昂貴儀器，賣給各大醫院。由於醫院的採購是採團體決策，通常需要醫生、護理師、管理階層、技師等各方人士的認可才能通過。飛利浦注意到MRI跟CT掃描器，也有相當於試駕的行為——為了促成各方人士同意採購，醫院經常會要求廠商提供試用機，讓醫師跟技師等人試用產品——這就是未來幾個月內，可能會有採購意圖的訊號。

　　網路為評估階段的行銷量測，提供了獨特的新契機。比方說，納威斯達公司會去追蹤透過網路設計虛擬卡車的使用者數目，這就是虛擬的試駕行為，這個計量指標若有提升，就可以量化網路評估式行銷的改善程度。羅薩奧蒂卡集團（Luxottica）這間位於義大利米蘭、年營業額90億美元的全球性時尚公司，運用網路進行試駕的手法就相當有創意。

　　羅薩奧蒂卡集團在全球高端太陽眼鏡產業穩居龍頭地位，其產品的價位從幾百美元到1,500美元的都有。該集團旗下的品牌有雷朋（Ray-Ban）、歐克利（Oakley）、茂宜睛（Maui-Jim）、普拉達（Prada）、杜嘉班納（Dolce & Gabbana）等，此外，它還垂直整合了美國的Sunglass Hut與亮視點（LensCrafters）等品牌。

　　傳統的太陽眼鏡購買體驗，通常都是讓顧客走進店家、在鏡子前試戴不同款式的太陽眼鏡。羅薩奧蒂卡集團藉由評估式行銷方案，把這樣的購買體驗在網路上模擬出來。比方說，在雷朋的網站上有一個創新的網路應用程式，顧客只要透過網路視訊鏡頭，就可以在「虛擬鏡子」前試戴太陽眼鏡，瞧瞧自己戴上眼鏡的效果如何，

搖頭晃腦的感覺跟在店實體店面裡試戴差不多（請見圖4-8）。使用者還可以把自己戴上最終選定的太陽眼鏡的模樣列印出來，而這個列印次數就是該集團的關鍵試駕計量指標。

　　太陽眼鏡的試駕計量指標，不但可以揭露評估式行銷的效力，而且對於供應鏈管理有很重要的意涵。太陽眼鏡產業的挑戰性，在於銷售期僅限於夏季的7個月；此外，新產品的生命週期只能維持

圖 4-8 雷朋的虛擬鏡子，可透過網路模擬試駕結果

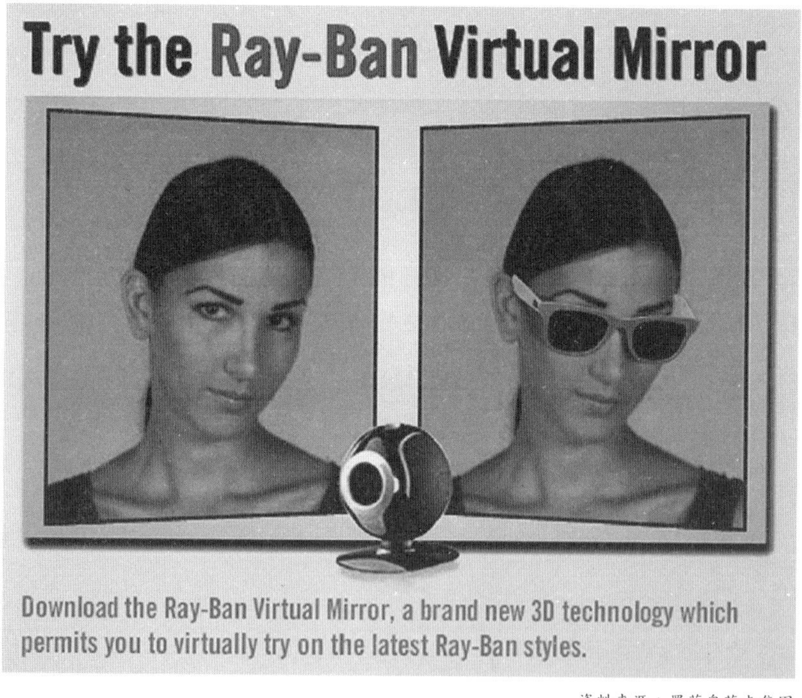

Try the **Ray-Ban** Virtual Mirror

Download the Ray-Ban Virtual Mirror, a brand new 3D technology which permits you to virtually try on the latest Ray-Ban styles.

資料來源：羅薩奧蒂卡集團

一季，明年的流行**趨勢**必須要有所不同。既然生產太陽眼鏡的前置期是4個月，羅薩奧蒂卡集團在產品生命週期裡，只有兩次機會可以猜測市場需求：一次是在銷售季開始時，一次是過了幾個月之後。

羅薩奧蒂卡集團在把新產品鋪貨到店面之前的幾個月，先把新設計的款式放在網站上，並量測某特定設計被列印出來的次數，就可以估計需求量有多少，然後據此調整生產數量。該集團透過這個好用的領先計量指標，可確保他們在銷售季鋪貨到各店面的產品組合跟數量是正確的，並把產品獲利性提升到最大。

然而，這種做法有其侷限性，因為以網路為主的評估式行銷，其族群似乎會有所偏頗。X世代跟Y世代在網路上預覽產品的可能性比其他世代高得多。雷朋這個應用程式對這些族群來說感覺很夯，擁有超過300萬名的個別使用者；相對的，杜嘉班納的太陽眼鏡頗受40歲以上的女性歡迎，但這個客群在購買之前，幾乎不會先上網評估產品，因此「虛擬鏡子」的評估式行銷對她們並不管用。

如果你能夠量測到誰做了試駕之後購買產品，就能夠計算出轉換率。**試駕轉換率等於「購買數」除以「試駕數」，我們假設試駕轉換率是20%，也就是每100次試駕會增加20次產品購買，那麼試駕就能夠跟現金產生關聯，不過你必須要能夠同時追蹤特定顧客的試駕跟購買行為才行。**

總而言之，試駕是購買循環的評價階段中，一個很重要的計量指標。你應該要訂出你產品或服務的試駕內容，然後設計出一個能夠激勵試駕的評估式行銷活動。根據這個計量指標所產生的變化，

就可以評估行銷活動的效度，並且作為未來銷售額的領先指標。

量化顧客忠誠度：3號計量指標——客戶流失率

我住在一棟車庫門相當狹窄、屋齡已有75年的老房子。某個星期六，我把家裡那台凌志（Lexus）汽車的左車門刮傷了，3天之後，我把車開到經銷商那兒修理。雖然我的修車經驗不多，但也知道就算只是一個小凹痕，通常也得花費1,000美元才能處理，所以已經做好最壞的心理準備。

凌志的接待人員笑容滿面地接過車鑰匙，交給我一輛免費的代步車。我開了一整天之後，把車開回去還。

「車子還好嗎？」我問車商，伸手準備掏出信用卡。

「先生，不用錢喔！補漆免費。」

這真是意外的驚喜啊，我完全無法置信。我怎麼會知道車子的側邊大多是塑膠材質、3吋長的刮痕可以「磨砂」磨掉呢？我滿懷欣喜地回家，跟妻子分享這份好運。

「客戶流失率」是用來量化顧客忠誠度的關鍵計量指標。客戶流失率是既有顧客選擇不再跟你做生意的百分比，通常是1年計算

1次。舉例來說，假設你的客戶流失率是1年20%，倘若你在年初時有100名既有顧客，若你沒有設法留下那20名離開的顧客，到了年底就會只剩下80名顧客。

凌志在汽車產業擁有一群相當忠誠的顧客，大約有70%的凌志車主，下一台車還是會繼續購買凌志這個品牌。我們假設以平均來說，人們每5年要買一輛車，這表示凌志每5年的客戶流失率是30%。客戶流失率通常是以1年為基準，這樣算下來，凌志的客戶流失率大約是6%（也就是每年6%的客戶流失率，乘以5年，得出5年的客戶流失率為30%）。

減低客戶流失率，對於損益底線的影響相當顯著。其他豪華轎車品牌的回購率大約是50%，假設採購循環是5年，那麼50%的回購率就相當於每年10%的客戶流失率。客戶流失率是每年10%或6%可是天差地遠，這表示相較於某些競爭車廠來說，凌志的回購銷售額多了將近20%！*

凌志的忠誠度行銷方案，內容包括：提供免費代步車、免費洗車，某些經銷商還提供週六早餐、免費訂閱凌志生活風格雜誌，以及像是LS 450等新車上市時，邀請車主參加「drive tee to green」高爾夫球活動。當然啦，忠誠度行銷方案也提供免費補漆服務。

事實上，「免費補漆服務」對於凌志自己也大有好處。由於自

---

* 這個範例是為了解說方便，將市場假設為靜態，相關假設也設為高標準。減低客戶流失率後會造成哪些實際影響，端視你的公司及顧客群的詳細情況而定。

家的顧客忠誠度很高，絕大多數的既有車主都會用舊車折抵換購新車，因此對凌志來說，提供免費補漆也可以預防車輛生鏽，增加這些因折抵而收進「二手車」的再銷售價值。這個案例顯示出忠誠度行銷的最佳類型：提供對你來說成本相對低，但是對顧客來說覺得很有價值的「免費」產品或服務。透過跟顧客的反覆互動，有助於多賣掉一些高利潤的產品或服務，建立起顧客忠誠度，並且提升留住顧客的比率。也就是說，忠誠度行銷可降低客戶流失率。

這些原理並不是只有大公司才能應用。「牙科夥伴」（Dental Care Partners, DCP）是愛德華・梅克勒博士（Edward H. Meckler）在1981年創立的服務模式，他在俄亥俄州的克里夫蘭擁有一間牙科診所，多年來執業都很順利；不過儘管治療自己的病人極有成就感，他對於許多人未能接受到所需的牙科治療，始終感到耿耿於懷。他也深知要開設一間既賺錢又能確實治療病人的牙科診所，是一件多麼有挑戰性的事。

梅克勒想出一個一箭雙鵰的解決辦法。他設計出一個商業模式，可以提供牙醫所需的設施、裝備，以及行政跟行銷支援，讓他們沒有後顧之憂，可以花更多時間在病人身上。採用這套商業模式所造就的成本效益，可以轉移到許多原本無力負擔專業牙科治療的病人身上。DCP在2009年負責管理162間牙科診所，其中包括80間DentalWorks旗下診所，以及分散在10個州的Sears Dental辦公室，年營業額超過1億美元。

DCP透過「終生免費牙齒潔白」計畫，推行他們的創新式忠誠

度行銷。這個計畫在第一次為病人進行牙齒潔白之後，提供終生免費牙齒潔白服務。DCP牙科長查爾斯・札索博士（Charles Zasso）跟我說：「我們把牙醫師的指導、客製化器械與專業產品結合起來，提供優質服務。病人覺得後續的牙齒潔白服務的價值很高，但這並不需要牙醫師花太多時間去做，額外的牙科用品成本也不高。」病人受此激勵，就會定期回到診所報到，因此DCP就能一直為他們進行治療。

就忠誠度行銷而言，DCP使得客戶流失率大幅降低，這對於損益底線具有重要意涵。只不過，客戶流失率降低除了增加收入以外，牙科服務的行銷重點，往往放在低成本的價格促銷上。DCP行銷主任布萊恩・科瓦奇博士（Brian Kovach）說：「這項計畫對於『獲取率行銷』（acquisition marketing）跟『留存率行銷』（retention marketing）都很管用，也能讓我們著重牙科服務的價值，而非成本。」

雖然客戶流失率通常以1年為基準，不過以高客戶流失率行業的「顧客留存率」而言，真正要緊的是主動積極地對「快要流失」的顧客進行行銷。舉例來說，地球連線是一間提供撥接跟寬頻網路服務、營業額9億5,500萬，規模中等的公司，其商業情報資深經理山姆・麥克法爾（Sam McPhaul）為我點出重點所在：「我們要在最短的時間內，出現在顧客面前，免得他們流失。」地球連線特別針對減低30天與90天的客戶流失率，進行忠誠度行銷，詳情請待〈第9章〉分曉。

圖4-9是用來計算減低客戶流失率對於公司營收影響的Excel範本。這個範本假設客戶流失率為每年30％，每位顧客的年營業額為1,000美元，公司有10萬名顧客，這些變數都可以根據你公司的實際情況，在範本中進行變更。這個範本分別計算了客戶流失率減低5％、10％與25％，對於年營收的影響。若要計算30天或90天客戶留存率的行銷影響，只要把「年客戶流失率」除以12，就能

圖4-9　減低客戶流失率對公司營收影響的Excel範本

輸入變數	
顧客基數*	100,000
每位顧客的年營業額*	$1,000
年客戶流失率*	30.0%
客戶流失率減低5%	28.5%
客戶流失率減低10%	27.0%
客戶流失率減低25%	22.5%
年客戶流失率分析	
總營收（無客戶流失率）	$100,000,000
客戶流失的顧客數	30,000
客戶流失的營收損失	$30,000,000
客戶流失的總營收	$70,000,000
客戶流失率減低5%的營收損失	$28,500,000
客戶流失率減低5%的營收影響	$1,500,000
客戶流失率減低10%的營收損失	$27,000,000
客戶流失率減低10%的營收影響	$3,000,000
客戶流失率減低25%的營收損失	$22,500,000
客戶流失率減低25%的營收影響	$7,500,000
*根據你公司的情況，更改這些欄位的數字	

Excel範本檔下載：www.agileinsights.com/ROMI

得到月客戶流失率；除以4就能得到90天客戶流失率。

　　大多數的B2C公司，都能直接取得顧客資料。這些公司通常可以透過忠誠卡或聯名信用卡，量測並追蹤客戶流失率，再利用飛行常客點數或刷卡才有的折扣，激勵顧客持續購買。不過要量測客戶流失率可能有其挑戰性，對於那些不知道自己的顧客在哪裡的B2B公司來說，尤其是如此。你可以透過訪查開始嘗試估算客戶流失率，比方說取樣300名顧客，過了6個月或1年之後，再量測他們有多少人不再跟你做生意，這個比例就可以拿來粗估整個顧客群的客戶流失率。

　　對於B2B公司來說，你也可以把重點放在通路夥伴的客戶流失率，因為通路夥伴就是你把產品賣給最終顧客之前的顧客，在1年內不再幫你銷售產品或服務的通路夥伴比例，就等同於B2B公司的客戶流失率。B2B公司可以透過舉辦高爾夫球敘、主管高峰會議、獎勵計畫等，進行通路夥伴的忠誠度行銷，確保他們把你的產品或服務放在合適的銷售點，並且減低通路夥伴客戶流失率。

　　總而言之，客戶流失率就是監控一段時間之內（通常是1年、90天或30天），顧客不再跟你做生意的比例，它是透過顧客的回購行為，量測顧客忠誠度的關鍵計量指標。減低客戶流失率可以大大影響損益底線，因此忠誠度行銷應當要把重點放在這個至為關鍵的計量指標上面。

你該從哪裡開始著手呢？首先你應該要量測客戶流失率，這可以透過追蹤顧客回購記錄直接量測，或是用顧客訪查的方式間接量測。一般來說，量測出來的客戶流失率都會比你原先設想的來得更高。接下來就要針對那些最高價值的顧客，進行忠誠度行銷活動，並且針對小範圍的樣本進行實驗，藉此量測忠誠度行銷方案的效力如何。〈第6章〉會更深入探討以價值為基準的行銷範例。

量化顧客滿意度：4號計量指標——CSAT

我小時候戴的眼鏡，鏡框厚得像可樂瓶底一樣。沒錯，我看起來就像是一個怪胎。2002年我參加了一個派對，主人賈姬滔滔不絕地述說她去做的「準分子雷射原位角膜磨鑲術」（LASIK），我們聊了一下，我跟她解釋我的問題在於近視度數太深（1,100度），所以就算去做LASIK也沒有用。但她跟我說，她一位朋友的近視度數跟我一樣深，也去做了LASIK；那位朋友當天也有參加派對，同樣滔滔不絕地在談論手術結果跟她的那位妙手神醫。結果原來是賈姬把自己的醫師推薦給那位朋友，而賈姬當初也是別人把這醫師推

薦給她的。

我對凡是跟醫師扯上關係的事，都會覺得很不自在，但我已經厭倦了每天早上起床，眼前一片模糊的日子，所以我還是去找了賈姬推薦的醫師，最後也做了同樣的手術。現在我的視力超過1.0，這真是一段改變人生的體驗。這段我個人的親身故事告訴我們：某個你信任的人推薦某項產品或服務給你時，這個影響力會有多大。

我要公司主管跟MBA班上的學生，舉出他們曾經把什麼產品或服務推薦給朋友。他們推薦的品牌有：捷藍航空（Jet Blue）、藍色尼羅河（Blue Nile）、網飛（Netflix）、凌志、Shutterfly等。MBA學生蠻常提到捷藍航空的，他們喜歡這家航空公司的皮椅跟個人電視。藍色尼羅河在網路上販售高品質的鑽石，並保證若不滿意可以100％退費。其中一個學生說，他在該網站買了訂婚戒指，對於他們良好的顧客服務與合理的價格，印象十分深刻。他還把那枚訂婚戒指拿去其他機構鑑定估價，確認品質跟價值無誤，後來他還跟好幾百個人轉述自己的購買經驗有多棒。

「你會把XXX推薦給朋友嗎？」這是一個定義顧客滿意度的重要問題。在1分到10分的尺度下（10分代表我真的覺得很滿意，一定願意推薦），只有回答9分或10分的顧客才算數。弗瑞德・瑞赫海德（Fred Reichheld）就用這個問題來定義「淨推薦值」，也就是推薦人數（回答9分或10分的人）減掉負評人數（回答0分到6分的人），占全體受訪樣本數的比例。

瑞赫海德認為，比起問他們「你是否感到滿意？」，問他們「你

會推薦給朋友嗎？」要來得更為理想，不過學界對此並不贊同，對於他把推薦人數減掉負評人數的做法也有意見。我的看法則是，在訪查過程中把這2個問題都問清楚，並不會多花你1毛錢，而且這2個問題的答案應該有其關聯性。只不過，我大致上認同瑞赫海德的想法——若想要得到管用的計量指標，最好只要問幾個能夠讓受訪者集中注意力的簡單問題就好。

你問什麼樣的問題，就會影響到答案。舉例來說，美國有一間很大的廢棄物處理公司，曾經進行過一系列的提問訪查，想要量測顧客滿意度。這些問題落落長地討論顧客家裡的垃圾狀況、收取垃圾的時間、垃圾車是否乾淨、工作人員是否態度良好，最後才問顧客有多滿意。經過這些鉅細靡遺討論垃圾的問題，毫無意外的，大多數的顧客滿意度只是「還好」。事實上，只要在訪查一開始就問「你是否會推薦給朋友」，就能夠讓這間公司很清楚地知道顧客是否滿意。

DSW是另一個顯示出CSAT有多重要的實際案例。DSW是一間年營業額14億美元的名牌鞋折扣零售商，女鞋是其主要業務，不過它也有在賣男鞋。它提供2,000種以上的洋裝鞋、休閒鞋跟運動鞋，此外還有賣手提包、針織襪跟配件。DSW在超過35州共擁有300間店鋪，同時也在網路上進行販售。這間公司在2010年，以每年大約10家店的速度擴張，並且在其他零售商營運的店鋪內，租用超過375個櫃位。DSW為了量測CSAT，提出以下的訪查問題：

- 你有多麼願意把DSW推薦給親友或同事？
- 整體來說，你對於DSW覺得有多滿意？

為了跟未來收益做出連結，DSW還問到：

- 請回想在過去4個月內，你在DSW跟其他店家大約花了多少錢，為你自己購買鞋子？
- 現在再請你試想，在未來4個月內，你打算在DSW跟其他店家花多少錢，為你自己購買鞋子？

以第一個問題「你是否會推薦給親友？」來說，DSW的顧客有37％回答「非常推薦」。CSAT之所以表現不錯，部分原因在於DSW有一個得過獎的顧客獎勵計畫，所有曾經到店消費或網路買家都可以免費加入。顧客每次消費都會累積獎勵點數，在DSW「顧問」等級的顧客訪查樣本中，有整整68％的人，對於DSW獎勵感到非常滿意。最重要的是，這些買家覺得他們在未來4個月內，會在DSW花更多錢（請見圖4-10）。

這個結果相當重要，這點出顧客滿意度跟未來銷售之間的關聯性。當然，對這項訪查結果你還是必須謹慎看待，因為有些顧客會把他們未來花錢的意願講得比較誇張，不過這畢竟指出了DSW的行銷方向是正確的。

DSW執行副總裁兼行銷長德瑞克‧翁格里斯（Derek Ungless）

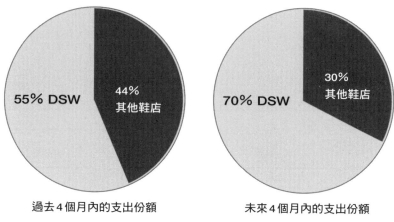

圖4-10 DSW公司的高滿意度顧客,他們的CSAT與未來購買意願之關聯性

55% DSW　44% 其他鞋店

70% DSW　30% 其他鞋店

過去4個月內的支出份額　　　　未來4個月內的支出份額

資料來源:DSW研究部

跟我說:「我們的顧客都是愛鞋之人,他們頗受我們的產品吸引,對品牌也有認同感。我們一直都在觀察顧客滿意度跟他們花多少錢之間的關聯性,並且據此採取行動。顧客感到愈滿意,就會買愈多鞋。」

就我看來,「終極行銷」就是顧客對於你的產品或服務極為滿意,還會推薦給他的朋友或同事。翁格里斯說:「顧客跟粉絲會展現出他們投入這個品牌的情感,變身成為你的行銷部門,走到哪都在幫忙你宣傳。更棒的是,這股熱情會增加可信度——顧客願意推薦,是他們能夠給予你的品牌最棒的讚譽。」

顧客滿意度也可以反過來使用,比方說,把問題改成:「哪一

項產品或服務，你不會推薦給朋友？」這個問題可能會引發顧客強烈的反應。我的學生曾經碰到過豪華車商無法解決簡單的維修問題、電話公司無法把帳單搞清楚、航空公司的顧客服務很差，他們就把這些糟糕的經驗告訴更多人。因此，倘若顧客滿意度開始下滑，這就是未來銷售額減低的領先指標，顯然也會損及品牌形象。CSAT把品牌跟顧客忠誠度在行銷行為影響模型中串連起來，因此我把它視為黃金行銷計量指標（請見圖3-2）。

總而言之，CSAT是未來銷售額的領先指標，可以透過詢問「你會推薦給親友嗎」這個簡單問題來加以量測，相關問題則可以跟未來購買意願產生關聯。很明顯地，CSAT走勢隨著時間往上提升是好事，但若往下沉淪就不妙了。最後總結一句話：你必須要主動管理CSAT，就像主動管理銷售額一樣。

■ 4號計量指標：CSAT

量測顧客滿意度，必須詢問一個重要問題：
你有多願意把XXX產品、服務或公司，推薦給朋友或同事？

倘若你目前並沒有在量測CSAT，只要針對你提供的某些產品或服務，對某些顧客群進行訪查，很容易就能夠有所進展。我認為CSAT對於你的公司來說，是最重要的行銷計量指標之一；只要你跟財務長與執行長說：「我有一個能夠預測未來財務表現的黃金計

量指標」，現成的英雄必定非你莫屬。

量化行銷活動績效：5號計量指標——活動接受率

　　本章要介紹的最後一個計量指標，是非常重要的營運計量指標——活動接受率。這個計量指標是用來量測行銷活動的內部績效，可以跟活動成本產生關聯。活動接受率就是接受行銷提案的顧客百分比，比方說，若你把製造需求的行銷提案寄給 1,000 個直郵顧客（或是打 1,000 個電話行銷），有 50 個人接受行銷提案，那麼活動接受率就是：**50／1,000 ＝ 5%**。

　　以這個例子來說，我們假設每個直郵包或每通電話行銷的接觸成本是 5 美元，既然我們進行了 1,000 次接觸，行銷成本就是：**1,000×5 ＝ 5,000 美元**。有 50 個人接受了行銷提案，因此每位顧客的取得成本（acquisition cost, AC）就是：**每位顧客的 AC ＝ 5,000 美元／50 ＝ 100 美元**。也就是說，顧客 AC 等於行銷總成本除以接受行銷提案的顧客數。

> ▌ **5號計量指標：活動接受率**
>
> 活動接受率（行銷績效）的計算方式為：
> 活動接受率＝接受行銷提案的人數／接觸數
>
> 每位顧客的取得成本（AC）計算方式為：
> AC ＝每次接觸成本 × 接觸數／接受行銷提案的人數
> 　　＝每次接觸成本／活動接受率

我們會在下一章討論獲利性，目前你只要先知道，倘若銷售產品或服務得到的淨利，低於100美元的AC，這就等於是一場失敗的的製造需求行銷活動。

AC方程式相當簡單，但是對於你的行銷成本績效，具有極為深遠的意涵。請注意：**AC等於每次接觸成本除以活動接受率，因此，若你能夠減低每次接觸成本，AC就會下降；若你能增加活動接受率，AC也會下降。**這意味著什麼？這表示有乘數效果存在。我們假設每次接觸成本減少1倍，活動接受率增加1倍，那麼AC就可以減少到1/4（計算方式為：$0.5／2 = 0.25$）。

減低接觸成本並提高活動接受率，就可以大幅減低每位顧客的AC，這可以為你省下大筆的行銷費用。另外我再舉一個例子，倘若活動接受率是6%，接觸成本是4美元，那麼1,000次接觸的顧客AC就是：**1,000 × 4美元／60 = 66美元**。這跟接觸成本為5美元、活動接受率5%時，AC是100美元相較之下，等於減低了33%。圖4-11是一個可供你做參考的Excel範本檔，透過這個範本，你可以把活動接受率、接觸成本，以及顧客取得成本串聯起來。

無論你的行銷預算是多是少，圖4-11範本檔裡各項變數的關聯性，都具有很重要的意涵。這裡的重點顯然在於要盡可能壓低接觸成本，並且提高活動接受率。就製造需求行銷而言，你應當小心追蹤AC，並且在AC比你銷售產品或服務所得金額還要大的時候，

停止行銷活動*。我有時候會聽到有人主張「為了品牌化著想，即便行銷活動在虧錢，還是應該要繼續行銷下去」。倘若你的目的是要做品牌化，那麼我認同在這種情況下，不適合使用財務計量指標。但倘若行銷的目的是要製造需求，而行銷活動卻在虧錢，這個時候一個理性的行銷經理應該要喊停，換一個新招式看看效果如何。

倘若行銷預算很多，只要活動接受率有小小的改變，就會造成巨大的影響。舉例來說，美國的電信業者每年透過直郵或電話行銷，可以接觸到超過 1 億名顧客，倘若每次的接觸成本是 5 美元，這就相當於每年的直接行銷費用高達 5 億美元！活動接受率若是從 3％提升到 3.5％，就意味著你接觸到同樣數目的顧客，卻有更多顧客接受你的行銷提案，而這個數字是多少呢？一共多出了**1 億人×0.5％＝50 萬名顧客**。

不然你也可以接觸比較少的顧客，然後得到同樣的顧客數。以活動接受率 3％來說，接觸 1 億名顧客，其中會有 300 萬名接受行銷提案；不過倘若活動接受率提升到 3.5％，你只需要接觸 8,571 萬名顧客（計算方式為：1 億人×3％／3.5％），就能同樣獲得 300 萬名顧客（請見圖 4-11）。你可以檢查一下這個答案是否正確：**8,571萬人×3.5％的活動接受率＝有 300 萬人接受行銷提案**。

---

* 本書所述的另一個指標──顧客終生價值（CLTV），也包括「顧客取得成本」在內，是估算一名顧客是否有利可圖，是否應該對這名顧客進行行銷，以及要進行什麼行銷的最佳計量指標，操作細節請見〈第 6 章〉。

圖4-11 活動接受率分析的Excel範本

輸入變數	
活動接受率*	3.00%
每次接觸的成本*	$5.00
新的活動接受率*	3.50%

(a) 行銷接觸數固定分析

總行銷接觸數*	100,000,000
取得顧客數	3,000,000
總行銷成本	$500,000,000
每位顧客取得成本（AC）	$166.67

活動接受率為3.5%時	3.50%
取得顧客數	3,500,000
每位顧客取得成本（AC）	$142.86

(b)取得顧客數固定分析

活動接受率為3.5%時	
取得顧客數（目標固定）*	3,000,000
總行銷接觸數	85,714,286
總行銷成本	$428,571,429
每位顧客取得成本（AC）	$142.86
總接觸成本節省金額	**$71,428,571**

根據你公司的情況，更改這些欄位的數字

Excel範本檔下載：www.agileinsights.com/ROMI

　　這一切代表什麼意思呢？這表示，倘若你想要同樣有300萬名顧客接受行銷提案，3%跟3.5%活動接受率的差別，就相當於1億次接觸跟8,571萬次接觸，也就是可以少接觸1,429萬次；以每次接觸成本5美元計算，這相當於幫你省下7,100萬美元的行銷成本，還能達到同樣的成果（請見圖4-11）。

　　當然啦，你手頭上大概不會有好幾億美元的行銷預算可以運用

（我習慣以大格局思考），不過這道練習題的重點在於讓你看到：**改善活動接受率對於行銷成本的績效，能夠產生多麼巨大的影響**。對於顧客群很龐大的直接行銷來說，效果還會再放大。你可以把自家公司的相關數字，輸入到圖4-11的範本檔，看看會有什麼結果。

請注意：活動接受率可以應用在品牌化、評估，以及忠誠度行銷活動上。在這個案例中，接受行銷提案相當於顧客對某個行動呼籲產生反應，比方說，跑去下載某個免費試用軟體，或是看到體育館品牌化廣告上的文案，就跑去傳上頭的簡訊。

這裡的結論是：提升活動接受率並減低每位顧客的接觸成本，能夠對行銷績效的成本面產生巨大影響。這就是為什麼針對提升活動接受率的行銷分析，能夠產生非常高的投資回報。我在〈第6章〉跟〈第9章〉會探討如何運用解析學與事件導向行銷，提升活動接受率並降低客戶流失率，藉此把行銷績效放大5倍以上。

把行銷成本降下來是一個很棒的開始，這麼一來你就能夠省下一筆現金，拿去做其他的數據導向行銷方案。這也是為什麼了解活動接受率跟接觸成本之間，存在著這種簡單的關係如此重要，因為只要能夠同時提升活動接受率並降低接觸成本，就能夠為你的行銷工作，產生省錢的乘數效果。

NOTE ▶▶▶ 本章重點回顧

◆ 品牌知名度（1號計量指標）：擁有一個很強的品牌，不但能夠使消費者在做購買決策時，優先想到你的產品或服務，還能使你收取比沒有品牌的競爭者更高的溢價。利用訪查得到的非財務計量指標，可以追蹤品牌知名度與品牌行銷造成的影響。

◆ 試駕（2號計量指標）：評估式行銷的關鍵計量指標。設計出能夠刺激消費者試用你的產品或服務的評估式行銷，然後量測銷售額轉換率。

◆ 客戶流失率（3號計量指標）：評估忠誠度的關鍵計量指標。減低客戶流失率可對公司獲利性產生深遠影響。

◆ CSAT（4號計量指標）：這個黃金計量指標把品牌化跟顧客忠誠度串聯起來。CSAT應該要像營收一樣，要主動對它進行管理。

◆ 活動接受率（5號計量指標）：行銷營運的關鍵計量指標。提升活動接受率並減低顧客取得成本（AC），可大幅改善行銷的成本面。

第五章
嘿，把行銷計畫的 ROI 給我！

利潤、淨現值 NPV、內部報酬率 IRR 與回收期……
要贏得高層信任，必先熟稔這些財務 ROMI 分析的關鍵指標

　　「財務分析」是商學的語言，懂得說這種語言的行銷人員，在董事會上說的話可是能夠擲地有聲。我認識一位行銷長，有一次他衝進執行長（CEO）的辦公室，說明如果進行某個行銷方案，就可以把公司股價拉抬40％。這句話引起執行長的注意，那個行銷方案很快就獲得所需的資金。

　　就如同我們在〈第1章〉提過的，財務ROMI可應用於50％以上的行銷活動，包括：試用、製造需求行銷，以及新品上市行銷在內。我們在本章會深入這些領域，說明如何利用財務計量指標，將行銷成果予以量化。

　　在我的研究訪查中，有55％的行銷長表示，他們的員工不懂財務計量指標。我知道數學跟財務分析也許不是你的強項，因此我會盡可能讓這一章的內容輕鬆愉快。對於財務分析很熟悉的讀者，可以跳過「行銷經理必懂的7、8、9號財務計量指標」這一節，直接去看範例詳解。

量化行銷帶來的營收：6號計量指標——利潤

簡單來說，利潤的定義就是：

▌6號計量指標：利潤

利潤＝收入－成本

利潤的定義並沒有什麼學問，不過根據我們在〈第1章〉的討論，有幾個重點必須掌握。首先要知道的是，由於有些公司會選擇在製造需求行銷與促銷活動等這些可推升營收，但會損及利潤的活動上投資比較多的錢，因此存在著行銷區隔。領先廠商會在品牌化跟顧客資產上投資較多，因此能夠收取溢價，利潤也比較高。這就是為什麼我沒有把營收納入15個「關鍵的」計量指標之中，不過行銷帶來的營收成長，當然極為重要。

削價競爭通常是一場必輸的遊戲，因為這會損及獲利性。像是沃爾瑪跟戴爾之類的廠商，採取價格戰的策略很有效，那是因為這些公司擁有極佳的供應鏈管理能力，可以把成本壓到最低。倘若「營運效率」是你的核心策略，那麼就儘管放手去打價格戰吧；但是對於其他公司來說，最好是用行銷來提升利潤。

這就把我們帶到「利潤」跟「市場佔有率」的話題上。我在跟大公司打交道時，經常聽到「緊抓」市佔率是最重要的事。你擁有

多少百分比的市場當然很重要，但倘若你一直是用犧牲利潤的方式去獲取市佔率，這個策略長期下來還是會輸。

行銷跟銷售之間具有衝突性，因為銷售通常會提升「銷售量」而非「利潤」。如果針對銷售團隊的效率進行分析，往往會發現表現最好、每年都可以去夏威夷度假的業務員，往往是獲利最差的，甚至可能還讓公司虧錢。

為了解決這個問題，馬克‧赫德（Mark Hurd）在2005年出任惠普執行長時做的第一件事，就是改變惠普企業銷售團隊的激勵系統。他依據業務員賣出產品的「利潤」提供獎勵，而非依據銷售額。由於這項變革，再加上企業內部成本管理顯著改善，惠普的整體營收在2005到2007年間提升了20％，但是淨收入從24億美元成長到73億美元，這使得公司股價上漲了243％。

要找出使利潤跟營收最大化的「正確」價位，是一門定價的藝術，為了要找出那個價位在哪裡，你很容易就會陷入複雜的數學計算。不過到頭來，價格是由市場決定，端看市場願意為你的產品或服務所提供的價值「支付多少金額」。在某些情況下你可以硬幹，每個月加價5％到10％，然後觀察銷售額什麼時候開始下滑，那就是使銷售額跟利潤最大化的最佳價位。不過本書並不是要教你如何定價，而是聚焦在行銷計量指標，對此有興趣的讀者，可以另外參考跟定價策略有關的書籍。

我要提出的見解是，若公司處於艱困時期或面臨競爭壓力時，往往會削價競爭，因而損及獲利性。這會造成大多數的行銷活動，

「錢虧得愈來愈多」的惡性循環。比較理想的策略是打造品牌跟顧客資產，這麼一來你就可以跟別人競爭價值，而非價格。以「價值」為基礎的行銷，是〈第6章〉的主題。

行銷經理必懂的7、8、9號財務計量指標—— 淨現值NPV、內部報酬率IRR、回收期

　　隨便問一個有高爾夫球差點（handicap）*的人「有沒有在計分」，那個人通常會大笑：當然有囉。為什麼他或她要計分呢？答案通常是：「這樣我才知道自己有沒有進步。」本書的宗旨就是要明確說明：如何為行銷工作計分，藉此改善行銷績效，這跟運動賽事有好幾個雷同之處。

　　高爾夫差點的計算方式，是取最近10回高爾夫比賽的平均桿數，差點就是超出標準桿的平均桿數。你如果沒有打高爾夫的經驗，總聽說過高爾夫有18洞吧，其中包括：短洞（par 3）、中洞（par 4）跟長洞（par 5），而標準桿（par）是指「專業」高爾夫球手預期會打出的桿數（包括揮長桿跟推桿）；18洞加起來，通常是72桿。要知道高爾夫是一項極為困難的運動，比方說老虎伍茲在2001年的大師賽，揮出低於標準桿16桿的成績，這就意味著他平均每4回都能揮出低於標準桿4桿。

---

* 　編注：意指計算距離標準桿72桿的差距。

為什麼話題突然轉到高爾夫的複雜細節去了？因為我想要拿高爾夫跟行銷做個對比，拿高爾夫做比喻，說明財務分析的重要性。若你不喜歡高爾夫也沒關係，用你最喜愛的運動代替就好了。愛因斯坦以「思想實驗」著名，也就是做些跟現實世界有關的白日夢，藉此闡述物理原理。現在就讓我們做個高爾夫的思想實驗，不過別擔心，財務分析其實遠比愛因斯坦的相對論來得簡單。

　　我們假設你的高爾夫差點是10分（沒錯，這對我來說可真是一項夢幻般的思想實驗哪），這表示你經常性地保持平均打82桿，或是超出標準桿10桿的成績。現在你生平第一次有機會在加州蒙特雷郡（Monterey County）的圓石灘（Pebble Beach），這個世界頂級球場出賽，你真的會在圓石灘打出剛剛好82桿嗎？恐怕不會。你很有可能會揮出更多桿數，比方說90桿，不過你真的會剛好打出90桿嗎？其實也不會，而是一個介於82到100之間的數字。

　　這代表什麼意思？我們歸納出下面幾件事情：第一，好的高爾夫選手會自己計分，才知道他們表現如何；第二，他們會計分好幾次，才能算出差點，也就是說他們會有趨勢資料，才能預測未來。不過當他們到新的高爾夫球場打球時，就會有風險；第三，既然有風險存在，就不可能完全準確地預測未來，而是會出現好幾種可能的結果。就財務ROMI而言，這就是你該知道的3大結論，我們會在後續的段落中，舉出相關範例。

　　圓石灘在每年2月都會舉辦一場業餘好手高爾夫錦標賽，麥可‧喬丹、比爾‧莫瑞、凱文‧科斯納等許多名人都是常客，老虎

伍茲跟菲爾·米克森（Phil Mickelson）之類的職業選手有時也會出席。我們假設你跑去參加這場錦標賽，而且揮出4回相當漂亮的好球，贏得這場錦標賽。你非常興奮地抱回獎盃，還拿到一張100萬美元的支票，結果卻失望地發現在那張支票底部的小字，有兩個領取這筆獎金的選項：

a. 每年領取10萬美元，連續領取10年
b. 今天就一次提領52萬美元

當你非得做出抉擇時，你會選擇哪一個？這顯然是個財務決策，要回答這個問題，就要知道每年10萬美元連拿10年，實際上等於今天的多少錢？直覺告訴我們：今天的1塊錢，跟1年過後的1塊錢並不等值，那麼到底值多少呢？我們今天手頭上若是有1塊錢，可以拿去投資，因此過了1年之後：

今天投資1塊錢，過1年之後相當於 → 1塊錢 × (1 + r)

r等於「預期報酬率」，所以今天的1塊錢，過1年之後應該會增長到（1 + r）塊錢。這是一個方程式，所以我們把兩邊都除以（1 + r），就能得出1年後得到的1塊錢，相當於今天的 1／(1 + r) 塊錢（請見圖5-1(a)）。倘若r等於10%，那麼1年後你拿到的1塊錢，就相當於今天的91分錢。

就這個思想實驗來說，倘若我們每年年底領取10萬美元，連拿10年，這筆錢今天的價值等於：

$$PV(現值) = 10萬 ／ (1+r) + 10萬 ／ (1+r)^2 + 10萬 ／ (1+r)^3$$
$$+ \cdots\cdots + 10萬 ／ (1+r)^{10}$$

PV叫做「現值」，也就是把金錢的「時間價值」折現後的「現金價值」，所以未來的錢比較不值錢。不過到底有多不值錢呢？只要把每個時期，分別除以（1＋r）、（1＋r）²，以此類推下去就行了。所以我們把未來拿到的錢，換算成今天的價值，然後把它們全部加起來就是了。圖5-1(b)就是整個換算過程的圖解。

在這個計算式裡，r是預期投資報酬率，也叫做「折現率」（discount rate）、「資本成本」（cost of capital）或是「停止投資率」

圖5-1 金錢的時間價值概念

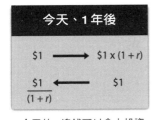

今天、1年後

(a) 今天的1塊錢可以拿去投資，會賺到利息（1＋r），這意味著1年後的1塊錢，在今天只值1／（1＋r）塊錢。

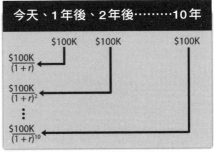

今天、1年後、2年後⋯⋯⋯10年

(b) 每年年底拿到的10萬塊，都要以（1＋r）、（1＋r）²等因子折現，才能換算成在今天 Time 0 等於多少錢。

（hurdle rate）。在2008年之前，許多公司主管經常在私底下跟我說，他們預期每年的r在12％以上；如今景氣不怎麼好，我聽到的數字已經變成5％以下。

我們暫時假設自己是在商學院唸書，他們通常把r設為10％，比較方便計算。倘若我們把這些數字輸入Excel，點擊正確的函數（NPV的r等於10％，再點擊拖曳到10萬那一格），然後按下Enter鍵，就會得到PV = 614,457元。計算過程請見圖5-2。

這就是每年10萬塊連拿10年，假設折現率r = 10％，折現成今天的現金價值。所以你會選擇哪一個方案呢？今天就一次拿走52萬的現金？還是分10年拿取相當於今日61.4萬的現金？*以今日現值來算，61.4萬元顯然比較多，不過這個決定還是端看個人而定。也許你10年之後就退休了，每年拿個10萬能夠讓你的退休生活無虞，這麼說來年領10萬就是最佳選擇。不過如果你想買房子，今天就需要這筆錢，那麼一次拿52萬就是比較好的選擇。

這個範例點出了在做管理決策時，計算「數字」只是第一步。考量整體情況極為重要，而且有許多因素都會影響到決策。管理學跟物理學不同，沒有什麼答案是錯誤的，不過我相信還是有「比較好」的答案。總結來說，我們討論到除了「計量指標」的數字以外，

---

* 學生通常會說，他們今天就要把這52萬拿去投資，最後會比61.4萬來得多。不過當你在做財務決策時，你應該要假設投資報酬率跟折現率是相等的，這麼一來它們在未來的相對價值也會相等。倘若你在r=10％的情況下投資，今天的52萬在10年後，就會比61.4萬來得少。

圖5-2 利用NPV函數計算現值的Excel範本

年數										
	1	2	3	4	5	6	7	8	9	10
現金	$ 100	$ 100	$ 100	$ 100	$ 100	$ 100	$ 100	$ 100	$ 100	$ 100

r:	10%
PV:	$614.46	(000's)

Excel範本檔下載：www.agileinsights.com/ROMI

決策還要考量很多其他的事。我們也定義了金錢的時間價值、報酬率r，以及現金流的現值。這些都是行銷經理必懂的財務計量指標的元素：

▌7號計量指標：淨現值（NPV）

NPV＝PV（現值）－成本

　　就高爾夫的思想實驗來說，參加錦標賽的費用、搭乘私人飛機的費用，以及能夠俯瞰圓石灘18洞的套房房價，都是沉沒成本。這跟一次拿52萬，還是分10年拿100萬的選擇，是同樣的道理——NPV可讓你比較成本不同的行銷活動或方案，把活動成本從現值裡扣掉。更精確來說，行銷成本是攤分在一段時間之內，因此7號計量指標就可以寫成以下的算式：

$$NPV = -C_0 + (B_1 - C_1)/(1 + r) + (B_2 - C_2)/(1 + r)^2 + (B_3 - C_3)/(1 + r)^3 + \cdots + (B_n - C_n)/(1 + r)^n$$

這個算式看起來很複雜，不過原理直截了當，跟圖 5-1 如出一轍。在時間 0 期時，會有一個開辦活動的**行銷成本 C_0**，之後每一期都會有行銷帶來的**現金收入 B_n**，以及**行銷成本 C_n**。因此我們只要去計算每個時期的收入扣掉成本，就可以算出 6 號計量指標「利潤」，然後再用（1 + r）的因子去折現，就能算出這筆錢的現值。這裡的重點在於：**未來的利潤比較沒那麼值錢**。如何計算行銷活動 NPV，範例請見圖 5-3。

所以一間公司的折現率 r 等於多少？答案是投資人把這筆錢拿去投資其他類似的公司，預期能夠得到的報酬率。比方說，製造業公司的投資報酬率通常是 12%，軟體公司則有將近 18% 的水準，因為比起製造業公司，軟體公司不但風險比較高，相對的成長潛力也比較高。重點是投資人有選擇把錢投資在哪裡的自由，因此你公司的報酬率，就應該要能夠跟同產業其他類似的公司一較高下。

就管理決策而言，倘若 NPV 大於 0 就應該投資，小於 0 就要避免投資*。怎麼說呢？NPV 若大於 0，即使把未來利潤「比較不值錢」納入考量之後，每個時期的平均利潤仍然大於成本。

---

* 這是教科書式的答案。在現實狀況中，資金總是有限或是受到配給的。我們會在〈第 11 章〉討論到資本配給，以及行銷投資組合觀點的重要性。

NPV這個重要的7號行銷計量指標，其意涵不只是用來做投資決策而已。舉例來說，只要去估計一間公司未來會產生的淨現金收入，再把這些錢折現、換算成今天的價值，就可以計算出這間公司的價值是多少。倘若公司沒有負債，這個數字除以在外流通的股數，就可以算出股價*。這就是為什麼本章開頭提及的那位行銷長，能夠放話說「只要進行某個行銷方案，公司股價就會上漲40％」。

我們舉一個例子，假設你有一本電子書的新產品要上市，這項新科技需要1年才能完成，把行銷跟研發電子書的成本算進去之後，NPV是5,000萬美元**。在公司透過媒體宣布，打算推出這項新產品之後，世界各地的財務分析師就會評估這項投資案；倘若他們認同你的估算，就會開始買進該公司的股票。假設公司沒有負債，在外流通了1億股，宣布研發新產品的消息放出去之後，就會使股價上升50％（5,000萬／1億股）。由於宣佈了新產品的展望，股價「現在」就溢價了50％。

現在，我們假設你距離新品上市還有6個月，但是產品研發進度卻嚴重落後，結果產品上市多拖了1年，你就得多付1年的研發費用，同時少賺了1年營收。我們假設因此NPV從5,000萬美元降到2,500萬美元，這會對股價造成什麼影響呢？股價當然會下跌，但是會下跌多少？2,500萬／1億股，等於是下跌25％。

---

* 倘若公司有債務，計算股價時，就要先把公司的市值減掉債務，然後再除以在外流通的股數。

** 這個範例完全是假設性的，數字僅供說明使用。

這就是為什麼投資NPV為「正數」的行銷計畫與活動，股價就會上漲，反之則會下跌。資深業務主管都非常清楚NPV跟股價之間的關係，主要是因為他們的紅利跟上市公司的股價息息相關，因此會說財務分析語言的行銷人員，在董事會上說話就擲地有聲。

這段討論是假設股票市場是理性而有效率的，不過經歷過2008至2009年金融海嘯的人，對這個假設顯然會存疑，因為市場有時候真的會瘋狂到無以復加。就現代金融危機的案例來說，經濟前景跟公司未來價值存在著極大的不確定性，市場恐慌時會導致人們大量拋售股票。

我要先聲明一點：計算NPV是一門不精確的科學，因為我們所做的假設、利潤、成本，以及折現率r，通通都有風險存在。然而，這並不是說在景氣不佳的時候，我們就該把NPV拋諸腦後，相反的，這個時候行銷經理們就需要更好的工具，才能做出更為深思熟慮的管理決策，而NPV正是其中一項很好用的工具。

那麼什麼是ROI呢？就我的經驗來說，若你要行銷經理去定義什麼是ROI，大概會聽到7種不同的定義。這不是行銷人員的錯，而是大多數行銷學教科書跟文章對於ROI的定義不清不楚，他們大多會採用下面這個定義：

$$ROI ＝（利潤－成本）／成本 \times 100\%$$

利潤等於行銷導致的「淨收入」，成本則是指「行銷成本」。請

注意：這正好就等於6號計量指標的利潤除以行銷成本。

　　這個定義有兩個問題，而且都跟時間有關。首先，這個算式定義的ROI，並未把金錢的時間價值也算進來。我們已經討論過，未來的金錢比不上現在的金錢值錢，然而，這個ROI定義卻對所有時期都一視同仁。另外一大難題則是時間長短，比方說一個為期9個月或3年的行銷活動，ROI都可以是100％，但這兩個行銷活動顯然完全不同，這就是為什麼上述定義的**ROI並非**本書採用的關鍵行銷計量指標之一。比較好的計量指標應該是：

▌8號計量指標：內部報酬率（IRR）

IRR＝金錢在行銷活動或計畫內部的複利率

　　比方說，第一期的行銷活動利潤有10萬，IRR為25％，那麼到了第二期，這10萬就會增長為12.5萬；接著加上第二期的10萬，到了第三期就會有：**22.5萬×（1＋0.25）＝28.1萬**。

　　IRR的計算方式，通常是把NPV方程式設為0，算出來的r就等於IRR：

$$0 = -C_0 + (B_1 - C_1) / (1 + IRR) + (B_2 - C_2) / (1 + IRR)^2 + (B_3 - C_3) / (1 + IRR)^3 + \cdots + (B_n - C_n) / (1 + IRR)^n$$

我知道這看起來真的很複雜，不過只要在Excel中用滑鼠點個幾下就能搞定了，IRR跟NPV都是Excel的標準財務函數。圖5-3是計算行銷活動範例IRR的Excel範本檔。

把IRR跟折現率r（又稱為停止投資率）比較過後，就可以做出財務決策。倘若IRR比r大，照理說就應該投資；IRR比r小，就不該投資。圖5-3給了兩個範例：(a)是為期3年的行銷計畫，(b)則是為期9個月的行銷活動。這兩個案例的總成本跟總營收，都要先輸入進去，計算出每個時期的6號計量指標「利潤」。接下來假設年折現率r是15％，把這些利潤數字折現。這兩個範例的NPV都大於0，年IRR都大於15％，這表示這兩個行銷計劃跟活動，都是很不錯的潛在投資機會。

最後一個關鍵的財務ROMI計量指標是回收期。回收期通常不會做折現處理，不過會用來充當決策的經驗法則：

■ 9號計量指標：回收期
回收期＝「現金利潤」等於「成本」所需的時間

圖5-3計算了為期3年跟為期9個月的行銷活動範例回收期，計算方式很簡單，只要把利潤那一欄的儲存格加總起來就行了。

回收期就是利潤「由負轉正」的時間，到了那個時候，行銷活動或計畫就會把你先前付出的成本全數奉還。圖5-3(a)的回收期大

圖 5-3　計算涵蓋4大關鍵財務計量指標的Excel範本

	Year 0	Year 1	Year 2	Year 3
行銷與所有其他成本	$ (100)	$ (250)	$ (250)	$ (250)
收入	$ -	$ 300	$ 300	$ 300
利潤（收入－成本）	$ (100)	$ 50	$ 50	$ 50
r	15%			
NPV	$12.31			
IRR	23%			
現金流增長	$ (100)	$ (50)	$ -	$ 50
		回收期 ==>		

金額單位：1,000美元　18個月

(a) 為期3年的行銷計劃

Month	1	2	3	4	5	6	7	8	9
行銷與所有其他成本	(60)	(20)	(20)	(10)	(20)	(20)	(10)	(20)	(20)
收入	-	25	25	15	30	30	20	30	30
利潤（收入－成本）	(60)	5	5	5	10	10	10	10	10
每年r	15.0%								
每月r	1.25%								
NPV	$1.04	(000's)							
每月IRR	1.6%								
每年IRR	19.21%								
現金流增長	(60)	(55)	(50)	(45)	(35)	(25)	(15)	(5)	5
							回收期 ==>		

金額單位：1,000美元　滿8個月

(b) 為期9個月的行銷活動

Excel範本檔下載：www.agileinsights.com/ROMI

　　約是18個月，(b)的回收期則是滿8個月，這兩個數字都還不錯。我會再舉了一個更詳細的範例，把接下來章節裡所有這些行銷計量指標全部串連在一起，不過目前你只要知道，透過本書所下載的Excel範本檔，就能簡單計算出這些計量指標就行了。

　　總而言之，行銷投資的財務報酬率不是只看單一計量指標，而是要看3個關鍵計量指標：7號計量指標NPV、8號計量指標IRR，

以及9號計量指標回收期。用這3個計量指標去量化行銷的價值，我把它們稱之為ROMI（行銷投資報酬）。

就直覺來說，NPV就是每個時期收入減掉成本（也就是利潤）的折現價值；IRR是金錢在行銷活動內部的複利率；回收期則是行銷活動投入的金錢，能夠回收所需的時間。就管理決策而言，倘若NPV＞0，IRR＞r就很棒，NPV＜0，IRR＜r就很糟；回收期愈短愈好，拖長了就不是件好事。把這些財務ROMI綜合觀之，比起傳統的ROI計量指標，更能夠幫助我們做出良好決策。

ROMI的管理決策架構

實際上，你要如何算出行銷活動或新品上市的ROMI呢？圖5-4是ROMI的系統化架構。ROMI分析的做法直截了當，無論是新品上市、產品線延伸、製造需求行銷或計畫，進行的方式都一樣。首先第一步要做「業務發現」，了解既有行銷與產品的影響，並且研究新的行銷方式或產品上市可能會造成的影響。接下來就要計算假如業務跟眼前一樣沒有變化，預期未來的基準情境跟成本是多少。倘若公司先前有「計分」，基準情境就很直截了當；不過，倘若過去的行銷影響未曾被清楚定義過，可能就需要額外進行一些處理。

圖5-4的「成本」，是要算出新方案的完整成本。就既有產品或服務進行新的行銷方案來說，這些成本包括：研發推廣品、接觸成本、職員薪水，以及外包成本等等。新品上市還得把產品研發成本、

圖5-4 製造需求行銷或新品上市的ROMI架構

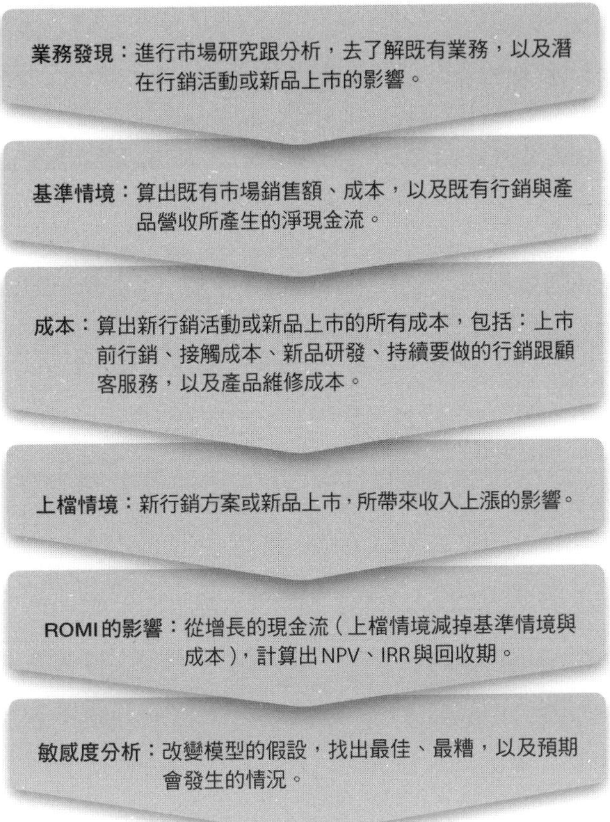

業務發現：進行市場研究跟分析，去了解既有業務，以及潛在行銷活動或新品上市的影響。

基準情境：算出既有市場銷售額、成本，以及既有行銷與產品營收所產生的淨現金流。

成本：算出新行銷活動或新品上市的所有成本，包括：上市前行銷、接觸成本、新品研發、持續要做的行銷跟顧客服務，以及產品維修成本。

上檔情境：新行銷方案或新品上市，所帶來收入上漲的影響。

ROMI的影響：從增長的現金流（上檔情境減掉基準情境與成本），計算出NPV、IRR與回收期。

敏感度分析：改變模型的假設，找出最佳、最糟，以及預期會發生的情況。

上市前行銷，以及持續要做的行銷與顧客服務等這些在基準情境以外的成本給算進來。

　接下來則要計算「上檔情境」，也就是新行銷活動或新品上市後對於營收造成的影響。最後我們就會得出ROMI，也就是將新計

畫的預估現金流（上檔情境的淨利潤），減去基準情境的現金流（淨利潤），結果就是新產品或行銷活動帶來的現金流增長，並且據此計算出ROMI（IRR、NPV、回收期）。圖5-4的最後一步是「敏感度分析」，找出最佳、最糟，以及預期會發生的情況。我們會在本章稍後詳細探討敏感度分析。

圖5-5是一張可用來計算行銷活動ROMI的泛用型Excel範本檔，圖5-6則是用來計算新品上市的ROMI。試算表頂部計算基準情境，底部則計算新行銷活動的上檔情境。在這個範例中，COGS是「銷售貨品的成本」，EBIT則是「息前稅前利潤」。上檔情境的現金流減掉基準情境的現金流，就可計算出增長的現金流量；這也就是平常口頭上所說的「損益底線」，相當於有無推動行銷方案的利潤差異。接下來，只要點擊拖曳試算表上損益底線的增長現金流那一行，就可以透過Excel的標準函數，得出NPV跟IRR。

圖5-5的試算表是給多年期的行銷計畫用的，不過也可以用來評估每個月的行銷活動，只要把年換成月，再把r除以12就行了。請注意：你計算出來的IRR是以月為單位，要再乘以12才能回答「年度IRR是否大於r，我們是否應該投資」這個問題*。圖5-3(b)的範本檔，就是一個如何進行分析的範例。

---

* 如果要算得正確無誤的話，r月度＝$12\sqrt{(1+r)}-1$，r是年度報酬率。不過我想要把事情弄得單純一點，就決策來說，r月度＝r／12的結果已經夠接近了。用年度IRR計算月度IRR，也是相同的道理。

圖 5-5　計算行銷活動 ROMI 的 Excel 範本

		基準情境	Year 0	Year 1	...	Year N
市場區隔產品或行銷活動收入		*行銷活動1*				
		行銷活動2				
		...				
		行銷活動n				
		總收入				
		COGS				
		行銷成本				
		EBIT				
		稅額				
		基準情境現金流				
		上檔情境				
市場區隔產品或行銷活動收入		*新行銷活動1*				
		新行銷活動2				
		...				
		新行銷活動m				
		總收入				
		COGS				
		行銷成本				
		EBIT				
		稅額				
		上檔情境現金流				
		增長現金流				

Excel 範本檔下載：www.agileinsights.com/ROMI

　　另一個相當於圖5-4架構的做法，是直接計算出行銷活動的額外利潤，得出增長的現金流。不過當已經有類似的產品或行銷活動時，要在有多種變數的情況下，把額外利潤分離出來比較困難；直接計算新產品、產品線延伸，以及行銷活動的總現金流量，再扣掉基準情境的總現金流量，還比較簡單一點。

　　就如同先前討論過的，倘若現金流增長計算出來的IRR大於預估的折現率，這相當於NPV是正的，就該考慮投資新產品或行銷活動。麻煩在於要如何準確整合基準狀況下的各個業務變因，以及所有的成本跟潛在營收利潤，因為這些事情往往都有很多其他假設。

我碰過好幾間公司，在進行過行銷活動之後，都想要知道行銷的ROMI是多少。他們通常都想要藉此為未來的行銷支出背書，直覺地覺得行銷一定有做出一些成績，但是這往往就宛如考古挖掘工作，或是《CSI犯罪現場》的劇情，都必須要就著有限的量測結果去重建基準情境，結果便是需要大費周章去做訪談跟分析，才能算出基準線在哪裡。

只要在展開行銷活動之前，簡單做個量測，就可以避免掉很多麻煩。具體的做法是追蹤在既有行銷活動之下的產品或服務的銷售額，然後再量測新行銷活動所造成的銷售額增長幅度。計分作業是ROMI的重要元素之一，深植在行銷績效很高的公司文化裡。

除了先量測基準線以外，另一種做法是設立未受到行銷活動影響的控制組，然後量測行銷活動相較於控制組所提升的銷售額。舉例來說，日產汽車（Nissan）從2005年2月14日到3月31日，在全美跟地方性媒體上，進行了一場「駛向百萬大獎」（Drive to a Million）一人獨得的行銷方案。為了創造出「錯過可惜」的感受，這項互動式行銷在3月31日的截止期限屆臨前，開始在付費搜尋、網路廣告、直郵行銷計畫等地方，進行倒數計時的宣傳。然後他們量測每一種行銷通路的銷售額，相較於控制組提升了多少。結果是：直郵提升了10％，電子郵件在某些案例中甚至提升了50％。而控制組就是圖5-4裡的基準情境，上檔情境則是新的「駛向百萬大獎」行銷方案造成的結果。只要有行銷成本，就可以利用圖5-4的架構，計算出這個範例的財務ROMI。

圖 5-6　計算新品上市 ROMI 的 Excel 範本

		Year 0	Year 1	...	Year N
	基準情境				
市場區隔產品或行銷活動收入	*市場區隔產品 1*				
	市場區隔產品 2				
	...				
	市場區隔產品 n				
	總收入				
	COGS				
	行銷成本				
	EBIT				
	稅額				
	基準情境現金流				
	上檔情境				
市場區隔產品或行銷活動收入	*市場區隔產品 1*				
	市場區隔產品 2				
	...				
	市場區隔產品 n				
	總收入				
	COGS				
	行銷成本				
	新產品研發成本				
	折舊				
	EBIT				
	稅額				
	淨收入				
	加上折舊				
	上檔情境現金流				
	增長現金流				

＊假設基準情境產品已完全折舊

Excel 範本檔下載：www.agileinsights.com/ROMI

　　日產汽車的這項行銷方案只進行不到2個月，金錢的時間價值影響不大，因此可以採用簡單的ROI公式來計算。不過就如同我們討論過的，麻煩在於這個公式本身有模稜兩可之處，比方說，倘若一個行銷活動持續18個月，一個持續6個月，就無法拿來在同樣的立基點上進行比較。就如同我先前所說的，如果行銷活動的時間相對較短，就可以用圖5-3(b) Excel範本檔裡的月增長額，計算出IRR跟NPV。只要把年折現率除以12，就可以得到月折現率，這麼一

來你就可以隨意計算出月度或年度ROMI。

贊助運動賽事的ROMI分析

我們在〈第1章〉討論過，又名試用行銷的製造需求行銷，定義是在行銷活動期間或結束不久之後，直接導致銷售額增加的行銷方案。先前舉出的範例包括：折價券、打折促銷，以及「限時搶購，要買要快」的活動。這些行銷活動會直接導致銷售額上升，因此可以用財務ROMI加以量化。

我們來看ROMI分析法，在包括好幾個行銷活動的實際行銷計畫中，如何發揮作用。這是贊助歐洲某支大型球隊長達3年的實際案例（客戶身分基於保密原因經過偽裝）。這項贊助內容屬於第三級贊助，這表示客戶的商標會出現在球隊網站、促銷資料跟活動海報上，但不會出現在球員的球衣或裝備，這些很容易被觀眾看到的地方。這項行銷投資的ROMI如何呢？若想知道答案，必須先多了解一點關於運動賽事贊助行銷的事。

如同〈第4章〉討論過的，賽事贊助通常會被視為品牌化跟知名度行銷，可以用非財務計量指標加以量化。不過這項贊助案是一個結合知名度跟製造需求行銷的案例，我看過好幾次這種雙軌並行的做法，透過賽事贊助同時提升品牌知名度跟銷售額，絕對是有可能辦到的。不過這裡的關鍵在於，賽事贊助的成本並非重點，重點是結合贊助所造成的促動行銷效果。

依照定義來說，該客戶的賽事贊助預算算是少的，不過由於促動效果極佳，因此造成很大的影響，這是因為受贊助球隊的某一名運動員，在東歐極受歡迎的緣故。為了善加利用這位運動員廣受歡迎的事實，該公司就跟一間羅馬尼亞製造商合作，負責打廣告與經銷其產品，並且在店鋪舉辦贏者全拿之類的活動。這項贊助方案每年的成本是85萬美元，那位運動員簽了約，同意拍攝一支廣告。合作的經銷商同意支付在電視上跟店鋪內播放廣告的費用。

　　贊助廠商扮演協調者的角色，主導促銷活動，並且以產品製造商的身分從中獲利。結果銷售額跟利潤都有顯著提升，分別增長了108％跟164％，行銷活動也收到7,870則與促銷活動有關的簡訊。有鑑於行銷成果相當正面，贊助廠商把行銷活動擴大到波蘭跟英國，這些行銷活動就可當成控制組實驗。英國的行銷方案也有類似的正面效應，在試驗店面提升了20％的銷售額與獲利性。

　　圖5-7是這個3年期運動賽事贊助的ROMI分析摘要。這是實際運用行銷計畫ROMI的最佳範例：為期在1年以內的個別行銷活動與方案，可作為規模更大的3年期行銷計畫的組成成分。在這個案例中，圖5-7的基準情境部分被拿掉了，只留下每一項行銷活動所造成的銷售額增長情形，這些數字同樣基於保密原因有稍作更動，不過大致上還算正確。

　　在圖5-7中，營收增長減掉COGS、贊助成本與促動行銷成本，會得到NPV等於91萬7,000美元、IRR等於132％，以及不到2年的回收期。這是一個相當不錯的ROMI計畫，絕對值得評估是否要

再增加投資金額。

不過就我的經驗來說，每當你拿出像是圖5-7這樣的ROMI分析時，會議室裡總是會有人質疑：「你怎麼知道羅馬尼亞那150％的增長額是真的？」這等於是在質疑：「你怎麼知道是行銷活動導致銷售額的提升？」每當你提出實實在在的數據時，總是會有人問這個問題，不過會有這些疑問是正常的，所以在會議前你就必須要把答案先想好。比較好的答案是：該公司在羅馬尼亞並沒有進行其他行銷方案，所以這150％的銷售額提升，一定是因為賽事贊助行銷的關係。英國的行銷活動透過〈第2章〉討論過的實驗設計，可用來當成剔除混合效應的控制組。

我的經驗是永遠都會有人質疑、對你的分析提問，所以你必須

圖5-7　運動賽事贊助ROMI分析的Excel範本

	Year 0	Year 1	Year 2	Year 3
與贊助相關的銷售額		$ 500,000	$ 750,000	$ 1,000,000
羅馬尼亞行銷活動		$ 2,500,000	$ 2,500,000	$ 2,500,000
英國行銷活動			$ 2,500,000	$ 2,500,000
保加利亞行銷活動			$ 2,500,000	$ 2,500,000
波蘭行銷活動			$ 2,500,000	$ 2,500,000
總收入		$ 2,500,000	$ 10,000,000	$ 10,000,000
COGS		$ (1,750,000)	$ (7,000,000)	$ (7,000,000)
淨利潤		$ 750,000	$ 3,000,000	$ 3,000,000
贊助成本	$ (250,000)	$ (850,000)	$ (850,000)	$ (850,000)
行銷促動成本		$ (250,000)	$ (600,000)	$ (750,000)
總成本	$ (250,000)	$ (1,100,000)	$ (1,450,000)	$ (1,600,000)
EBIT	$ (250,000)	$ (350,000)	$ 1,550,000	$ 1,400,000
稅額	$ 96,250	$ 134,750	$ (596,750)	$ (539,000)
稅後淨利（或淨損）	$ (153,750)	$ (215,250)	$ 953,250	$ 861,000

IRR	132%
NPV	$916,813
回收期（年）	1.4

Excel範本檔下載：www.agileinsights.com/ROMI

要備妥一些好答案。接下來，我們要更深入探討管理決策ROMI計量指標的相關假設與解讀方式。本章的最後一部分，則會討論敏感度分析的工具與技法，好讓你在開會時看起來胸有成竹，讓那些質疑你的人不敢正視你。

新產品上市的ROMI分析

在經過本章前面的討論之後，你現在已經全副武裝，要應付占所有行銷50％的製造需求行銷的財務ROMI不是問題。無論是負責數個為期僅1個月的行銷活動，還是為時數年、同時有好幾個行銷活動進行的大型計畫，前面舉出的範本檔跟案例，都可以讓你直接把財務ROMI應用於行銷工作。只要你能夠用財務分析的語言說話，我相信一定可以讓董事會上那些大人物眼睛一亮。本章剩餘的部分，將會把你打造成一名真正的行銷財務天才。我在這個部分會深入分析一個新品上市的財務ROMI案例，我也知道內容可能會有點艱澀，不過一旦談到ROMI，魔鬼總是藏在細節裡。（倘若你對於新品上市行銷或是財務ROMI的細節不是很感興趣，第一次閱讀本書時可以先跳過這個章節沒關係。）

接下來我要舉的案例，是把ROMI分析應用於一個新入口網站的產品，以及相關的行銷活動上頭。請注意：雖然這個案例的產品是入口網站，不過其方法完全可以適用於任何的新品上市，或是既有產品的產品線延伸。最佳做法同樣也適用於我在先前段落裡所討

論過的，用來提升營收的行銷活動。

案例中的入口網站是一個網路銷售管道，顧客不必透過傳真或電話，可直接在網路上購買產品，行銷活動的目的，就是要讓使用者體驗這個新的虛擬通路。這個新入口網站產品，是為一間規模中等的B2B電子產品經銷商設計的，不過案例中的數字基於保密原因，同樣經過更動，內容也經過簡化以便於討論，因此，這些成本與收入的數字，僅供舉例說明之用。這個案例的目的，是要闡述圖5-4的架構，以及計算圖5-6 ROMI範本檔的重要機制，而不是要計算出網站產品上市的精確成本與利潤數字。

● Tips1：基準業務情境

要建構任何ROMI分析，第一步便是要了解基準業務情境，也就是要知道倘若該公司「沒有推出」這個新的網路銷售通路，繼續維持營運現況的話，主要的成本跟收入是多少？若要回答這個問題，就該把重點放在預期新產品會對主要成本與收入，產生什麼樣的影響。這個嘗試了解既有業務現況的過程，就叫做「業務發現」，這也是圖5-4ROMI架構的第一步。

業務發現的最佳做法，是去了解在某一特定市場中，推動業務的主要因素，以及跟產業競爭對手較之下的基準點。倘若不知道基準點在哪裡，就必須要進行市場研究。以這個入口網站產品的案例而言，我們可以假設業務發現得到了一些情報，可以做成圖5-8跟5-9的摘要。

圖 5-8(a) 的最佳狀況假設，是從第 0 年的既有市場銷售額，拓展到 4 個市場區隔：鑽石、白金、黃金，以及白銀。其他的業務發現內容，則有年度營收增長幅度、稅率，以及折現率 r（或稱為投資停止率）。這些數字是既有銷售團隊與行銷方案在沒有推出網路訂購方式、市場滲透有限的情況。

● Tips2：整合新品研發與行銷成本

　　新產品會有研發跟持續維護成本，此外還有產品上市的行銷成本與持續行銷成本，如此才能把使用者帶到網站上。這些成本總結在圖 5-8(b)，其中包括入口網站研發與年度維護成本。成本通常是最容易量化的，至於要預測新品銷售與行銷能夠帶來的上檔營收，就比較具有挑戰性。

● Tips3：上檔情境假設

　　進行業務發現時會找出 ROMI 的 2 大因素。第一個是市場滲透率上升，由於入口網站可以進行產品搭售跟目標行銷，每位顧客帶來的營收就會隨之增加，這是推升營收的第一個因素。預期營收增長幅度總結在圖 5-8(c)。

　　這間公司的直接銷售人員不多，市場佔有率有限。網站能夠推升營收的第二個因素，就是增加市佔率，然而這個網站能夠增加多少市佔率卻很難說。圖 5-9 總結了市場研究指出在未來 3 年內，市場滲透的最佳、最差跟預期狀況。業務發現指出，B2B 顧客的市佔

圖5-8 入口網站新品上市的ROMI假設（根據市場研究結果）

(a) 基準情境（單位：1,000美元）	
收入	第0年
鑽石	554
白金	252
黃金	103
白銀	55
總收入	964
單位：1,000美元	
年度行銷成本（單位：1,000美元）	80
基準情境年度通貨膨脹因子	3%
稅率	38%
折現率	12%

(b) 上檔成本（單位：1,000美元）	
新品上市研發	275
產品上市行銷	100

(c) 上檔營收成長		
訂單規模增長	預期幅度	最佳幅度
第1年	5%	10%
第2年	10%	20%
第3年	13%	25%
最差狀況：營收毫無增長		

率若是增加1％，就相當於某條特定產品線多了10萬5,000美元的銷售額。

● Tips4：預擬現金流

一旦得出基準情境的營收與成本、新品研發與上市行銷成本，以及上檔營收估計值，就可以把這些數字填入圖5-6的Excel範本

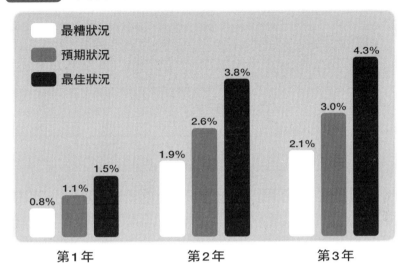

圖5-9 市佔率成長的假設分析

最糟狀況
預期狀況
最佳狀況

第1年　　　　　　第2年　　　　　　第3年

檔，結果就如同圖5-10所示。這是新品上市的預擬（pro-forma）現金流，上方的基準情境就是圖5-8假設的第0年，以每年3％成長，對這間公司來說是正常的業務成長。上檔假設包括：預期會有的市佔率、預期會增長的營收，以及新品研發跟上市行銷成本。

● **Tips5：新品研發的折舊**

　　為了讓這個討論具有完整性，我們還得談談新品研發成本的會計處理。我知道一談到會計，大多數的行銷人員都會變得意興闌珊，但是一談到ROMI，魔鬼往往就藏在細節中。此外，在《薩班斯－奧克斯利法案》（*Sarbanes-Oxley lagislation*）通過之後，國營企

圖 5-10 **入口網站新品上市 ROMI 分析的 Excel 範本**

基準情境		Year 0	Year 1	Year 2	Year 3
市場區隔產品或 行銷活動收入	鑽石		571	588	605
	白金		260	267	275
	黃金		106	109	113
	白銀		57	58	60
	總收入		993	1023	1053
	COGS		-675	-695	-716
	行銷成本		-82	-84	-87
	EBIT		236	243	250
	稅額		-90	-92	-95
	基準情境現金流		146	151	155
上檔情境					
市場區隔產品或 行銷活動收入	鑽石		755	1080	1183
	白金		438	727	812
	黃金		277	553	629
	白銀		225	497	570
	總收入		1704.00	2857.00	3193.00
	COGS		-1159	-1943	-2171
	行銷成本	-100	-82	-84	-87
	產品維護		-50	-52	-53
	新產品研發成本	-275	–	–	–
	折舊		-92	-92	-92
	EBIT		322	687	790
	稅額		-122	-261	-300
	淨收入		199	426	490
	加上折舊		92	92	92
	上檔情境現金流	-375	291	517	582
	增長現金流	-375	55	275	331
	累計現金流		-320	-45	286

NPV	129.3	
IRR	27%	
回收期	2.2 Years	
折現率	12%	單位：1,000 美元

Excel 範本檔下載：www.agileinsights.com/ROMI

業倘若沒有遵照會計規則作帳，相關人員是有可能去坐牢的，因此
這段與會計有關的內容還是值得一讀。你若是管事的人，這段內容
說不定能讓你不必去蹲窯子哩！

「行銷成本」可以在發生的當年度列舉為費用，不過在美國基
於稅務原因，除了 2008 到 2010 年間，由於聯邦政府的經濟刺激方
案，或許可以例外，否則新品研發成本無法在實際上花掉的當年度

列舉為費用。

若要計算圖5-10的淨收入，我們就要減掉產品研發的折舊費用。我們假設這3年期間，每年的折舊費用都相等，那麼軟硬體跟專業服務的成本，就必須用5年的「修正成本加速回收法」（modified accelerated cost recovery schedule, MACRS）予以折舊，任何一本還不錯的會計教科書，都會談到這種加速折舊法。雖然教科書中可能會用MACRS，不過ROMI分析的折舊，通常都會混用3年或5年的「直線折舊法」，也就是把新品研發支出在幾年內平均攤提，通常是分成3年攤提。

直線折舊法是一種保守的妥協做法，每年攤提的支出都相等，而加速折舊法在頭幾年攤提的資本支出，比最後幾年來得多一些。一旦系統開始上線營運，像是維護成本、專業服務支援，以及行銷成本等持續產生的成本，就可以在發生的該年度提列。

因此，若要計算新入口網站產品的自由現金流，圖5-10的最後一步，就是把折舊費用加回到稅後淨收入，才能把這項費用的稅務優勢正確地納入計算。不過若要算出最終的自由現金流，就要把總折舊費用加回到淨收入，因為折舊除了稅務原因以外，並不是實際會影響到現金流的「真正」費用。

我知道這段關於折舊的討論有點難懂，不過總而言之，**你必須要把新品研發的折舊納入考量。你不能在你進行研發的年度，把產品研發成本全部提列為費用，而是得要把這筆費用攤提在產品壽命期內，以獲得稅務減免。**行銷也是一種費用，這些成本可以在產生

時予以扣除。倘若你還是搞不清楚，我建議你可以找專業會計師做相關的諮詢。

ROMI計量指標——實際上的NPV、IRR與回收期

好啦，我們幾乎要說完了。預擬基準情境跟新計劃的自由現金流一旦計算出來後，要算出NPV跟IRR就很簡單。把新網站計畫的現金流減掉基準情境現金流，得到的就是增長現金流（請見圖5-10底部）。增長現金流是每個時期流入或流出基準情境的淨現金，從這些增長現金流就能計算出IRR。

利用Excel計算這項計畫的NPV跟IRR，可以得到在預期情況下，NPV等於12萬9,000美元，IRR等於27％。倘若假設無誤，NPV是正數，IRR比該公司12％的折現率高，表示該公司應該考慮投資這項產品。回收期是另一個要考量的計量指標，經驗法則指出：新產品的回收期，應該要落在1、2年內，不過依產品跟策略不同，還是有例外的情形。比方說微軟的Xbox就花了好幾年才回收成本，這是微軟為了在居家市場取得立足點，所採取的一項策略性投資。

圖5-10底部的累計現金流那一行，可以算出這項產品的回收期，累計現金流（先前現金流的總和）「由負轉正」的那個時間點，就是回收期。就這個案例來說，累計現金流是在第3年的第3個月由負轉正，因此預估的回收期超過2年；這個時間拖得有點久，因

此可以考慮調整計畫總費用，以便能夠提早回收成本。圖5-10總結了新品上市案例的完整分析，這張Excel試算表可用來計算任何新品上市的ROMI。

新產品會在未來很長一段時間裡不斷地產生營收，因此重要的問題是：「要計算某特定的ROMI，時間應該要抓多長？」分析用的時期，應該要跟計算該公司其他類似投資案ROMI所用的時期一樣。通常要做投資決策時，會分別計算1年、2年，以及3年的ROMI數字，然後管理階層要根據公司的實際情形，決定採用哪一組數字，跟其他行銷與產品方案進行比較。

通常會根據新產品到下一次重大升級之前的有效壽命期，去計算產品的ROMI。以入口網站產品為例，我們選擇用36個月做為分析時期；在比較科技產品計畫時，即使計畫過了3年可能還可以帶來利潤，不過我們通常不會考量超過3年以上的ROMI。不過倘若新計畫是比電子產品更耐用的汽車，那麼ROMI就會以汽車的產品壽命進行計算，通常是將近7年，再加上2年研發期，一共是為期9年的分析。

請注意：在範例中計算出的IRR等於27％，並未包括顧客因為隨時都可以下單訂購、隨時可獲得最新產品資料，因而顧客資料與顧客滿意度得到改善的額外好處。你可以嘗試把這些好處加以量化並納入模型之中，然而，想要利用財務計量指標，把顧客滿意度提升、擁有更多資訊等軟性益處加以量化，是一件極為困難的事。

最常用的做法，是了解到計算出來的ROMI並沒有包括這些好

處，因此新產品實際上的ROMI應該會更高一些。此外，這個案例也不包括方案具備的策略價值，比方說，這個入口網站可能是為了留在特定產業，必須要進行投資的「桌面籌碼」，因此即使IRR低於該公司的停止投資率，管理階層仍然必須要投資該產品，不然就有可能把市佔率拱手讓給競爭廠商。不過話還是要說在前頭：即使你不得不做這件事，也不表示你就必須要按照原定計畫去進行，所以我會建議你在NPV等於負數時，尋找其他的替代方案，然後選擇「錢虧得最少」的方案去執行。

對數據進行壓力測試──敏感度分析

如果你曾經跟公司財務長（CFO）開過會，做爭取行銷活動預算的報告，往往你的報告開始沒多久，會議室裡就會有人提問：「不好意思，這個行銷活動要花多少錢？」

但是問題可不會就這樣結束，接下來往往會導致一連串的問題：「這個活動要搞多久啊？」、「什麼時候才看得到回收？」然後還有一個非常尖銳的問題：「請告訴我，你做了哪些假設？」就我的經驗，這些問題基本上都沒什麼兩樣，而且蠻煩人的，因為財務長等人可能根本搞不清楚你的行銷活動內容。不過你還是可以像學生在準備考試一樣，只要有考古題，就能針對這些問題準備答案。

就本章前面討論過的部分，你應該要知道根據ROMI計算結果，得知行銷方案的成本是多少，以及製造需求行銷或新品上市的

回收期有多長。*在參加「考試」之前，最重要的是要能夠回答最後一個問題——倘若你的假設改變了，會發生什麼事？

要回答這個問題，你必須要對自己的ROMI模型Excel試算表，進行某種稱為「敏感度分析」的工作。這件事在概念上很簡單：把你對於變數的假設做些更動，然後看看這會造成什麼不同的結果，經過分析後的答案，就會讓你對於是否有機會實現行銷活動報酬，擁有更深入的見解。換句話說，敏感度分析可以讓你回答行銷活動或計畫，最佳、最差，以及預期情況的ROMI分別是多少。

即便這個部分真的很專業，不過用Excel做起來倒是非常輕鬆愉快。只要用滑鼠點擊個幾下，你就可以把本章提供的Excel範本檔，發揮到另外一個境界。敏感度分析是那些從小拿第一名的財務長使用的工具，倘若你拿來用在行銷工作上，保證下次開會時會讓所有人眼睛一亮。

表格功能是我最喜歡的Excel功能之一（我知道我很宅啦），這個功能讓你可以更改模型裡的數字，然後看看結果會變得如何。比方說圖5-11是先前段落裡，新品上市的範例表格，我們改變了市佔率跟營收增長的假設，然後計算出IRR。每個參數都從0％到100％，0％是最糟狀況，100％則是最佳狀況。我特別喜歡這個工具的一個特色，在於它可以給儲存格上色：綠色表示很好（IRR大

---

* 如果財務長想要看到品牌行銷活動的財務ROMI，你需要相關的知識，才能跟他解釋為什麼非財務的計量指標不管用，請詳見〈第4章〉。

圖5-11 進行敏感度分析的Excel範本

				訂單規模（％）				
		100	83	67	50	33	17	0
市場佔有率（％）	100	68	64	60	56	52	48	44
	83	59	55	51	47	43	39	35
	67	49	45	41	37	33	29	25
	50	38	35	31	27	23	19	15
	33	27	23	20	16	12	8	4
	17	15	11	8	4	0	-4	-9
	0	2	-2	-6	-10	-14	-19	-23

Excel範本檔下載：www.agileinsights.com/ROMI

於投資停止率），紅色表示不好（IRR低於投資停止率，在圖5-11裡深灰色的格子）。

我相信一張圖表比得上一大票的分析師，圖5-11就是一張可以提供關於ROMI寶貴見解的圖表。在「行銷經理必懂的7、8、9號財務計量指標」那一段，我們討論過高爾夫好手會自己計分、有可以預測未來的趨勢資料、知道自己不可能完全準確地預測未來，所以會有好幾種可能出現的結果。圖5-11是新品上市範例的各種可能結果，而這張表我花幾分鐘就做出來了，真心不騙！

圖5-11真正的威力在於，你可以據此客觀討論行銷活動或新品上市方案的最佳、最糟跟預期狀況。敏感度分析讓你可以改變假設，了解這樣做會產生什麼影響，這也有助於確認模型的關鍵假設。

表格功能可用來更動1、2個參數，不過倘若ROMI模型裡有很多參數，更好的做法是進行「蒙地卡羅分析」（Monte Carlo analysis）。這聽起來或許很複雜，不過實際上做起來還是非常容易，而且還能提供許多寶貴的見解。

　　以下是整個操作流程。首先，你要知道 Excel 試算表模型裡的每個參數假設，都有各種可能結果。這些結果通常會形成一個接近「鐘形曲線」的型態，頭 5% 是最佳狀況，最底部的 5% 是最糟狀況，預期狀況則是平均值。最佳跟最糟的狀況距離平均值都有 2 個標準差，標準差是一個評估曲線「展開度」的量測值。接下來，就是擲骰子隨機決定要更動哪些參數，然後輸入各種參數的假設值，最後利用這些隨機選定的參數，計算出更動假設後的模型結果。

　　就直覺來說，一次蒙地卡羅循環（給每個變數擲一次骰子）就是 ROMI 模型用某一套特定參數變化，所得到的一組可能結果。這是在模擬倘若執行行銷活動，在參數假設分布產生隨機變化的情況下，會造成什麼影響。現在你只要擲上數千次的骰子（執行數千次蒙地卡羅循環），就相當於找出同樣的行銷活動，在各種不同參數變化了幾千次之後，各自會造成什麼影響。這些結果可以繪製成條狀圖，形成可能結果的分布情形。

　　蒙地卡羅模擬的主旨，在於為模型裡的關鍵變數，產生一組亂數。過往經驗、市場研究，以及管理團隊的判斷，全都是在定義輸入變數的統計數據時，必須要考量的因素。接下來這些亂數就會輸入到分析試算表中，計算出 IRR 跟 NPV。然後再根據每個輸入變數的統計函數，產生一組新的亂數，重新去計算結果。這個過程大量重複進行之後，就能計算出結果的分布情形。

市面上有可以執行蒙地卡羅模擬的試算表套裝軟體，比方說 Palisades@RISK 跟 Crystal Ball。這些軟體很容易使用，只要圈選特定儲存格，並且指明變數的分布函數，軟體就會以亂數更動選定儲存格的值，然後自動計算出經過大量循環之後，可能會產生的結果統計數據，在這個案例中就是 IRR 跟 NPV。

你可以到 www.palisade.com 下載「RISK 蒙地卡羅模擬軟體」的 10 天試用版。圖 5-12 就是圖 5-10 的案例，輸入變數經過 5,000 次擲骰之後的蒙地卡羅模擬結果。計畫成本、市佔率增長幅度，以及訂單規模增長幅度，這幾個變數會同時變化；這些輸入變數的分布函數，全都選定為常態分布，標準差則定義為每個變數最佳跟最糟的大致狀況。NPV 的平均值為 17 萬 1,000 美元，標準差則為 15 萬 3,000 美元。

不過最酷的是，這些數字都會在螢幕上即時變化，因此你可以看到模型的儲存格跳動個 1、2 分鐘，像是圖 5-12 之類的「答案」就會跳出來。我曾經在跟行銷主管開會及接洽客戶時，現場跑過這些模擬，最後總是會聽到觀眾驚呼連連。我用 @RISK 這套軟體，不消 10 分鐘就把圖 5-10 的範例給跑完了，它讓我看起來真像是一個天才。

這套做法的強項在於，你可以在視覺上「看到」ROMI 模型的最佳、最糟跟預期狀況，並且估計每種狀況發生的或然率。以這個案例而言，有 12.8% 的機率 NPV 會是負數，IRR 小於停止投資率（見圖 5-12），這個時候管理階層就可以實實在在的問道，「這樣的

圖5-12 新品上市ROMI範例的蒙地卡羅模擬結果

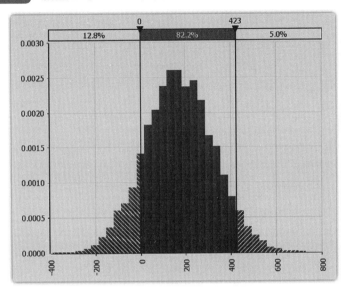

Excel範本檔下載：www.agileinsights.com/ROMI

風險是否可以接受」，並且改變輸入變數假設，以決定是否要採行風險管理策略，以降低下檔風險。

總而言之，我在本章裡討論到財務ROMI分析，可以應用在50％以上的行銷活動。這種分析方式用到4個關鍵的行銷財務計量指標，包括：6號計量指標的利潤、7號計量指標的NPV、8號計量指標的IRR，以及9號計量指標的回收期。你有可以計算特定製造需求行銷活動或計畫，以及新品上市行銷ROMI的範本檔。圖5-4的架構是一套蒐集範本檔重要輸入變數，並據此計算ROMI的系統化做法。我也討論到如何根據重要財務計量指標，解讀「答案」並

做出行銷活動投資決策。一旦行銷活動完成之後，你就該積極做個記錄，把實際數字輸入到試算表內，看看自己的表現如何。

關於在執行行銷活動之前，用試算表計算出來的數字，你可以很清楚地知道一件事：估算出來的那一個數字，保證是錯的。我從沒見過有哪一次行銷活動，實際結果跟當初估算的財務ROMI的數字完全吻合，因為這個世界充斥著風險與變異性。因此對於任何ROMI都一定要提出質疑，並且試著回答：在各種可能的結果中，什麼是最佳、最差，以及預期狀況？倘若我們改變模型裡的假設，答案會產生什麼變化？在最後一段討論的敏感度分析，就是我們用來回答這些關於財務ROMI問題的重要工具，而且還可以讓你在會議室裡看起來像一個天才。

NOTE ▶▶▶ 本章重點回顧

◆ 6號計量指標「利潤」很重要，要管理得當才能長期維持營運。

◆ ROI的傳統定義模稜兩可，並不是最佳的行銷計量指標。

◆ ROMI的關鍵財務計量指標，有7號計量指標NPV、8號計量指標IRR，以及9號計量指標回收期。

◆ 財務ROMI分析可應用於50%以上的行銷活動，包括製造需求行銷與新品上市方案在內。

◆ 敏感度分析對於已知市場風險之下，找出各種可能結果相當重要，而且用Excel做起來極為簡單。

◆ 對於任何ROMI分析，永遠要問到什麼是最佳、最糟，以及預期情況，並且質疑假設是否合理。

第六章
顧客，並非生而平等

你的顧客群是高含金量的真鐵粉？還是「來亂的」負價值顧客？
透過CLTV這個計量指標，就能讓顧客的未來價值一一現形。

　　幾年前我的手機壞了，我到某個品牌的門市想買支新手機。我在早上8點55分走到門市外頭，卻發現該門市已經大排長龍。等到9點營業時間一到，我簽了名，跟店員解釋我上午要趕飛往華盛頓特區的航班，現在就需要一支手機。他們很有禮貌但堅定地跟我說，必須要等到輪到我為止，要過45分鐘才會有人跟我接洽。

　　我試著跟他們解釋我真的急需一支手機，而且要趕飛機，得到的答覆是：「但是先生，這些人都排在你前面，他們跟你一樣重要。」

　　我是這間公司長達7年的忠實顧客，但是由於這次經驗，我從那趟旅程回家之後，就把這間公司提供的手機服務、數據服務、家庭服務，以及居家市話服務，通通退光光。門市的顧客服務代表遵循公司政策，給我的答案「很正確」，但結果是把一位高價值的顧客拱手讓給競爭對手。

　　採取平等主義行銷跟銷售的，可不只是B2C公司。我曾經跟一間《財星》前500大企業的B2B公司合作，他們擁有一個非常龐大的直接銷售團隊。他們在進行分析後發現，公司有93%的營收，

來自於8%的B2B客戶，然而，他們給每一家B2B客戶的待遇卻如出一轍。這8%的客戶顯然比其他92%更重要，倘若這8%客戶跑掉了，就會造成毀滅性的影響。比較好的做法是：體認到並非所有的顧客都是生而平等，然後根據這個事實，研發出一套行銷跟銷售策略。

量化顧客終身價值：10號計量指標——CLTV

本章的焦點會放在「顧客終生價值」（CLTV）這個重要的計量指標上。*這是本書最先進的計量指標，而且價值基準行銷策略通常需要用到產業級的基礎建設（詳見第10章）。大多數的公司通常會先查看最單純的銷售額，把行銷跟銷售團隊的精力，導向能夠產生最多營收的顧客。但這個做法的問題在於，它沒有把服務這些顧客的成本納入考量，而這些成本可能相當可觀；此外，一名顧客今天產生的營收，並不能準確地反映他在未來的價值多寡。CLTV一次解決這2個問題，在我看來它是最重要的行銷計量指標。即使你沒有在使用CLTV，我也相信每個行銷人，都應該要了解價值基準的行銷概念。

讀者倘若沒有相關的技術背景，可別被下面這個方程式嚇著

---

* 傳統上這個議題屬於「顧客關係管理」（CRM）的範疇，不過CRM這幾年有點褪流行，我認為用價值基準行銷更為準確。

了！10號計量指標CLTV看上去非常複雜，但原理其實直截了當，只要用上〈第5章〉介紹過的財務分析方法，就不難搞懂。

■ 10號計量指標：顧客終身價值（CLTV）

$$CLTV = -AC + \sum_{n=1}^{N} (M_n - C_n) p^n / (1 + r)^n$$

AC＝顧客取得成本

M_n＝顧客在每個時期n產生的利潤

C_n＝行銷跟服務該名顧客的成本

p＝該名顧客在1年內不會落跑的或然率

N＝總年數

希臘符號 $\sum$ ＝總和

想要搞懂10號計量指標，只要把CLTV想成是顧客的NPV就得了。我們在〈第5章〉定義過NPV，現在把10號計量指標寫成下列形式，就看得出來了：

$$CLTV = -AC + (M_1 - C_1) p / (1 + r) + (M_2 - C_2) p^2 / (1 + r)^2$$
$$+ \cdots\cdots$$
$$+ (M_n - C_n) p^n / (1 + r)^n$$

把這個算式跟上一章定義的NPV比較一下，就會發現第0期的成本就是顧客取得成本（AC），接著在第1、2、3期、一直到第n期，

都是用利潤減掉成本，相當於該名顧客在該期貢獻的淨利潤，然後再用（1＋r）因子折現，反映未來的利潤比較不值錢的現實。

CLTV方程式跟傳統NPV方程式的差別，在於顧客是否「會留下」的或然率p，又叫做留存率。留存率相當於1減掉顧客跑掉的或然率：

$$p = 1 - c$$

c是4號計量指標的「客戶流失率」。也就是說，顧客在1年內會留下的或然率p，相當於1減掉客戶流失率。所以我們可以把CLTV重新寫成：

$$
\begin{aligned}
CLTV = &-AC + (M_1 - C_1) \times (1-c)/(1+r) \\
&+ (M_2 - C_2) \times (1-c)^2/(1+r)^2 \\
&+ (M_3 - C_3) \times (1-c)^3/(1+r)^3 \\
&+ \cdots\cdots \\
&+ (M_n - C_n) \times (1-c)^n/(1+r)^n
\end{aligned}
$$

這看起來還是有夠複雜，不過總歸來說，我們只是把每個時期的淨利潤予以折現處理，而（1－c）因子則是顧客在1年內會留下的或然率。第0期會有個取得這位顧客的成本AC。CLTV並不是Excel的標準函數，不過可以用圖6-1這個範本檔，計算這個關鍵的

圖6-1 計算顧客終身價值（CLTV）的 Excel 範本

		Year 0	Year 1	Year 2	Year 3	Year 4	Year 5
折現率 r	12% *						
取得成本（AC）	$100 *						
客戶流失率	15% *						
留存率 p＝（1－客戶流失率）	85%						
收益*			$ 60	$ 55	$ 75	$ 95	$ 100
行銷成本*		$ (100)	$ (10)	$ (10)	$ (15)	$ (15)	$ (15)
其他服務成本*			$ (5)	$ (7)	$ (6)	$ (7)	$ (8)
顧客利潤		$ (100)	$ 45	$ 38	$ 54	$ 73	$ 77
利潤×p^n／$(1+r)^n$		$ (100)	$ 34	$ 22	$ 24	$ 24	$ 19
CLTV	$23						

*輸入你公司顧客的相關數字

Excel 範本檔下載：www.agileinsights.com/ROMI

單一顧客計量指標。

　　你很自然會想要問：「要用多長的時間來計算 CLTV 才好？」我曾經看過一個非常極端的例子，按照每名顧客的自然「壽命」，計算他們長達 85 年的 CLTV。不過採用這個時間長度並不實際，最好用 3 到 5 年的時間即可，理由跟〈第 5 章〉計算 ROMI 類似：未來非常難以預測，因此縱然一名顧客的價值可能超過 3 到 5 年，不過做決策時最好把重點放在近期，讓分析看起來至少有點可靠性。

　　不過請留意，圖 6-1 的範本檔是假設你知道取得成本、服務成本，以及這位顧客在每個時期所產生的利潤，然而要取得這些資料，可能非常具有挑戰性，對於大企業來說尤其如此。就成本面而言，我們必須知道這位顧客使用過電話客服、網站客服、行銷溝通等所有業務的成本；就利潤面而言，我們則必須知道我們賣給這位

顧客什麼東西，以及每一項產品的利潤是多少等資訊。

　　也因此，縱然使用Excel計算CLTV很容易，但是要取得資料就沒那麼輕鬆，對於大公司來說，可能需要用到企業資料倉儲，以及產業級的解析學基礎建設。本書的〈第10章〉將會討論此一基礎建設的相關挑戰，並且針對顧客群規模的大、中、小等各種情況，詳細回答「你需要付出什麼代價」的問題。在本章剩下來的部分，我會把重點放在如何運用CLTV進行行銷管理並擬定策略。

採用嶄新的行銷策略：價值基準行銷

　　價值基準行銷可以顯著提升績效；有在採用行銷區隔的公司，會把重點放在所有行銷活動的「顧客價值」上頭。舉例來說，圖6-2是一個價值基準直郵行銷策略，在郵寄行銷資料之前，每位個別顧客的價值都用10號計量指標CLTV加以計算。

　　圖6-2是以CLTV跟回應率構成。CLTV跟回應率低或中的顧客，就不要寄信給他們。這些顧客的活動接受率很低，因此ROMI也會很低，甚至可能是負的，何必在他們身上浪費成本呢？CLTV高但是回應率低的顧客，寄信給他們同樣不符成本，所以也要避免寄信給他們。我們要把重點放在CLTV跟回應率中或高的顧客身上。

　　請注意：**CLTV跟預期回應率都很高的顧客，只給他們第2昂貴的提案，CLTV高、回應率中等的顧客，給他們價值最高的提案。CLTV中等、回應率高的顧客，給他們第3昂貴的提案；至於CLTV**

圖6-2　價值基準的直郵行銷策略

	預估價值高	預估價值中	預估價值低
預期回應率低	不發送信件	不發送信件	不發送信件
預期回應率中	寄送信件，提供最昂貴的提案	不發送信件	不發送信件
預期回應率高	寄送信件，提供第2昂貴的提案	寄送信件，提供第3昂貴的提案	不發送信件，或是寄送信件，提供成本低廉的提案

低、回應率高的顧客，要不就完全不給他們提案（反正他們很可能無論如何都會來），再不然就給他們成本最低廉的提案。直郵策略集中化之後，我們就把資源集中在低於50％的潛在顧客群身上，行銷成本就可以因此砍半；但是由於這麼做是著重獲利性，績效反而會大幅提升。

　　圖6-3是一間提供無線數據服務的公司，其顧客的CLTV分布情形。我們發現80／20法則在這個案例中發揮作用，也就是18％的顧客貢獻了55％的價值，這些高價值顧客非常重要。高價值顧

客的取得成本非常高，倘若他們跑掉了，會對公司營收與獲利性造成嚴重影響。

高價值顧客有哪些特質？這個問題對於你的業務很重要，也許需要進行焦點團體訪談分析，才能回答這個問題。銀行的高價值顧客會有各種業務，包括大筆現金存款、信用卡服務、汽車貸款，也許還有房貸。管理這類型顧客的首要策略，就是要確保他們「絕對不會跑掉」，其次則是要把其他產品跟服務，盡量增售跟交叉銷售給他們。比方說，銀行會想辦法把退休跟投資服務賣給高價值顧客，把業務的餅做大。

在無線服務產業，高價值顧客可能會在同一家公司辦好幾支手機、一個家庭計畫、一個數據服務，可能還會拉一條市內電話。若是針對這些客戶進行高速網路跟電視服務的目標行銷，還有可能賣掉更多服務。倘若客戶買了電視服務，你就還有機會再增售高畫質影音、進階頻道套餐、租用數位視訊錄影機（DVR）等服務給他們。

把產品綑綁銷售給高價值顧客，還有把他們綁住的好處——倘若顧客想要換到競爭廠商那裡，轉換成本就變得很大。不過要當心「綁顧客」也會有反效果，倘若你的服務不佳，就會導致顧客滿意度（CSAT）變成負的，只要有競爭廠商夾帶轉換成本低的替代方案進入市場，就會導致你的顧客大量落跑。所以把顧客服務做好，對於留住高價值顧客極為重要。

接下來的價值基準行銷策略元素，重點要放在那些只要做一次交叉銷售成功，就能晉升為高價值顧客的人。這群顧客位於圖6-3

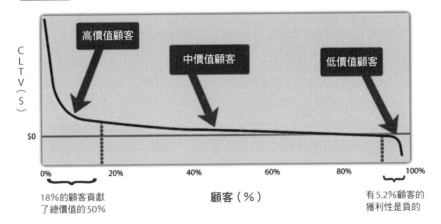

<figure>

圖6-3 既有無線服務顧客的CLTV分布

CLTV($)

高價值顧客

中價值顧客

低價值顧客

$0

0%　　　20%　　　　40%　　　　60%　　　　80%　　100%

顧客（％）

18%的顧客貢獻
了總價值的50%

有5.2%顧客的
獲利性是負的

</figure>

的中間部分，其中接近那18%高價值顧客的人格外重要。我們的
目標是要針對這些顧客進行增售跟交叉銷售，好讓他們在顧客價值
鏈中能夠更上一層樓。

　　我們現在把眼光放到圖6-3的另一頭，請注意：有5.2％的顧
客，實際上獲利性是負的。負獲利性顧客跟CLTV高的顧客同樣重
要，因為這些顧客會把公司的血給抽乾。以下我舉幾個例子，說明
管理這些負獲利性的顧客有多麼重要。

　　百思買分析各店鋪的獲利性之後，發現有某一群顧客經常會在
打折時購買產品，然後退貨領取全額退費；這些顧客不久之後又會
回到店裡，購買完全一樣的產品，而這時候因為這些產品是「開箱
品」，就有8折的折扣，因此這些顧客的CLTV是負的。請注意：若
是沒有進行價值基準分析，這些負獲利性的行為往往會被忽略。那

麼要怎麼樣做，才是對付這些負CLTV顧客的最佳方法？難道你還能夠趕跑這些顧客嗎？

在百思買的案例中，該公司知道問題不是出在顧客身上，而是處理過程。也就是說，因為該公司的政策是不囉嗦，保證100%退費，然後再把退貨品打折出售，他們領會到這個處理過程必須要加以改變，才能阻止顧客鑽漏洞。因此百思買對所有開箱商品，收取15%的重新裝箱費，並且對各店鋪進行分析，把退貨率特別高的店鋪開箱貨物，送到其他店鋪或是透過內部管道重新銷售。

各行各業都會出現負CLTV顧客。我們舉另一個例子：大多數航空公司會對有家庭成員過世的乘客，提供最後一刻訂票的喪親折扣票價。大陸航空對顧客價值進行分析後，發現有位顧客在1年內，用喪親折扣票價飛了44趟；還有一個例子是提供稅務服務的財捷（Intuit）集團，發現他們有一間小公司客戶，只是買了一個單機用的Quickbooks授權服務，1年之內就打了800次客服電話。

這裡的主旨在於找出會造成負CLTV的處理過程，然後加以改變。在銀行面對面見一次櫃員進行交易，成本大約要6美元，然而，使用自動櫃員機（ATM）的成本還不到25美分，因此你可以加收服務費，讓低CLTV的顧客必須付費才能找櫃員服務，但是使用ATM跟網路服務就免費。

在無線服務產業，有3個因素會導致負獲利性。最明顯的因素當然就是顧客不繳帳單，對付這些顧客，公司可以加收滯納金，或是在帳單未繳過了一段時間之後中斷其服務。無線服務業者通常會

補貼顧客的手機費用，倘若顧客早早解約，就會造成負的CLTV，因此提早解約要付150美元的違約金。

不過最要命的負CLTV因素，是顧客致電客服：每一個客服人員都有其間接成本，包括付給他們的薪水與接通電話的成本，每通服務電話的成本在2.5到7.5美元不等，端看客服有沒有外包給印度或亞洲其他國家等海外地區而定。客服電話之所以要外包，是因為每個人每天能夠回覆的服務電話就是那麼多，因此每通電話都得花上不少成本。有些低CLTV顧客會打一堆電話給客服中心，但可能只是想要知道手機有哪些功能，或是抗議帳單上有哪一筆費用不算數；這些電話累積起來，真的會讓某些顧客產生負獲利性。那麼你又要怎麼應付呢？

一旦找出這些顧客，就要想辦法把他們轉移到服務成本較低的管道，比方說，讓他們打電話給客服中心時，要等待相對較長的時間，同時會一直聽到提示語音，叫他們到網站上去反應。相對地，高CLTV顧客則理應盡速幫他們接上客服中心，實際上領導廠商也確實會根據顧客的CLTV，進行即時的轉接決定。這項提議聽起來好像所費不貲，需要花費大筆基礎建設的投資，不過航空公司倒是有一個低成本的替代方案：高價值顧客可以撥打一個特別的電話號碼，馬上就能把他們接通到客服中心。

總而言之，新行銷策略首先是要搞清楚顧客群的終生價值分布情形，大致上最有可能分成3大區間：高、中，以及負數。對於那些負價值的顧客，要想辦法把他們移往成本較低的服務管道，並且

積極管理服務成本；對於那些高價值的顧客，就要想辦法留住他們，並且對其進行增售跟交叉銷售。至於那些中價值的顧客，則是要找出可以使他們成為高價值顧客的交叉銷售項目，並且把行銷重點放在這上頭。價值基準管理有超出傳統行銷的意涵：在績效很高的公司，價值基準管理會滲入公司的各種營運過程之中。以下讓我們再舉幾個例子加以說明。

● Tips1：森寶利連鎖店的案例

森寶利（Sainsbury's）是英國第二大的食物零售連鎖店，全國展店超過400家。這些店鋪每週要處理1,000萬筆交易，資料超過2億筆，可掃描的庫存量單位（stock-keeping unit, SKU）一共有7萬5,000個。森寶利使用資料倉儲分析大量顧客交易資料，根據顧客支出與選購的食物種類，將顧客區分為10類。

這樣做的結果便是，森寶利能夠把顧客分成2大類：「品質導向」跟「較不富裕家庭」。屬於後者這種「基本食物」類別的顧客，對於用合理價格購買基本食物很有興趣，然而，前者那種被森寶利稱之為「美食咖」的類別才是關鍵。這些顧客對於美食很有熱情，人數雖然只占21％，支出卻占24％。不過請注意：就價值觀點來說，這些顧客會在店內購買高利潤食品，因此相當具有獲利性。

有這2大類型的顧客會在雜貨店裡買東西，這個概念並不令人驚奇，不過有趣的是，森寶利根據這些分析結果，竟然能夠知道這些顧客實際上住在哪裡。比方說，他們發現在倫敦某些分店，美食

咖的比例高達70％，西密德蘭郡（West Midlands）的某些分店卻只有6％。我正好是西密德蘭郡出身，可以作證當地人都吃傳統道地的英國食物。我還記得奶奶曾經充滿驕傲地說，等到她「煮到焦黑就能吃了」！

森寶利根據這些資料，重新客製化調整分店販售的內容。那些美食咖分店經過調整，提供更多美食跟天然食品的選擇，創造出更高檔的食品購物體驗；而那些「基本食物」分店也同樣經過調整，囤積那些顧客主要會購買的食品。經過這樣的分析，森寶利發現在7萬5,000項SKU裡，有3萬項的營收總和還不到1％。

你可能會想把這3萬項SKU全部砍掉，不過你必須分析哪些SKU真的很重要。這種分析工作叫做「市場購物籃分析」，或是「群聚分析」（cluster analysis），目的在於找出顧客在購物時，會把哪些相關產品放進購物籃裡。比方說在芝加哥，倘若有個人喜歡在馬丁尼裡面加橄欖，但是店裡並沒有賣橄欖，那麼當他到市場去買製作馬丁尼的材料時，就很有可能不會到店裡購物。橄欖的利潤可能很低，但是伏特加可是高利潤產品。

森寶利做了這些調整之後，結果令人印象深刻，它的總營收增加了12％。不過由於他們現在能夠把正確的產品，提供給美食咖這些高價值顧客，整體利潤增加的幅度更是高出一大截。此外，他們也找出可以砍掉的1萬4,000項SKU，使得店裡的暢銷品業績再提升1,200萬英鎊。

● Tips2：3M集團的案例

並非只有B2C公司，才能對銷售跟行銷進行價值基準分析。
3M在1990年代中期曾經面臨重大困難——它無法跟沃爾瑪之類的
主要通路夥伴，準確地敲定價格。3M的營收有250億美元，員工
超越7萬9,000名，它最著名的產品是便利貼跟Scotch膠帶，不過
他們也生產數千種其他產品，包括手術用手套、面罩、紙膠帶、汽
車零件等等。

3M在1995年之前的營運十分產品導向：他們能夠得知哪一家
通路夥伴賣掉最多的Scotch膠帶跟便利貼，卻無法得知哪些顧客購
買的產品最多，因此無法計算出通路價值跟獲利性，也就無法為巨
量合約定價。

他們解決這個困難的方式，是把公司改造成市場導向，並且將
資料集中處理。3M建構了一個單一的中央化全球資料倉儲，取代
原本的30個分散式資料系統。這樣做一開始就帶來了一些好處，
例如在讓數10個小型資料庫退役之後，馬上就能節省成本；然而，
真正的益處在於如此一來就可以從利潤的觀點，了解整個企業的顧
客價值何在。

明確的說，3M因此得以為通路夥伴，畫出一個類似圖6-3的
獲利性分布情形。這項分析讓3M得以對高價值顧客（通路廠商）
進行重點行銷跟銷售，並且對負獲利性的通路夥伴進行成本管理，
結果推動這項方案的ROMI是56％。

● Tips3：大陸航空的案例

大陸航空把價值基準行銷與管理的藝術，發揮到最高境界。我在〈第2章〉提過，大陸航空在1990年代中期，在每個你想得到的航空公司計量指標中全都敬陪末座，但是到了2005年卻已排名第一，甚至還從所有產業別中脫穎而出，獲頒Gartner商務智慧獎。這個鹹魚翻身的轉型案例，為我們提供了價值基準數據導向行銷的寶貴見解。

大陸航空在1990年代中期的營運跟系統，簡直是一團糟。他們不知道誰是公司的最佳顧客，資料既不完整也不準確，面對產業或市場變化無法迅速反應，也無法在顧客服務跟產品上做出區別化。他們沒有任何計算出價值的辦法，再加上公司資料散布在45個各自獨立的顧客資料庫，行銷資料還外包出去，讓問題更形複雜，行銷人員很難去確定顧客價值何在。

大陸航空的做法是從小處著手，先對顧客進行焦點團體訪談。大陸航空有大約80％的顧客，每年搭機次數低於3次，對這群顧客來說，「價格」是其主要考量。行銷團隊針對這些顧客進行焦點團體訪談，發現他們不斷地提出同樣的訴求：乾淨、安全、可靠的空中運輸，而且成本要低廉。乾淨、安全、可靠都是衛生因素，這些都是顧客預期產品或服務該有、覺得理所當然的明確訴求。只不過，大陸航空在對高價值的「菁英」顧客進行焦點團體訪談時，卻發現除了衛生因素以外，他們還希望員工臉上要有笑容，能用名字稱呼他們，不要把他們當成「只不過是另一名顧客」。他們想要覺

得自己有所不同，很特別，很重要，比方說可以從「菁英通道」的藍地毯優先登機。這些都是良好顧客服務的元素，也是公司跟顧客進行任何互動時，相當重要的人性因素。

我家中的小朋友，他們都還在很愛搭飛機的年紀。不過對於大多數的成人來說，「抵達目的地」才是搭機的目標，焦點團體訪談就凸顯出，顧客只是想要一趟沒有困擾的搭機體驗。不過顧客也知道並非事事盡如人意，航班有時候就是會延誤或取消、錯過轉機時間，或是丟失行李。一旦出了狀況，補救服務（service recovery）就非常重要。這就讓行銷團隊想出在發生狀況的12小時之內，寄送「我們感到十分抱歉」信函的點子，使顧客觀感得以改觀（請詳見第2章）。

接下來，該公司開始計算顧客獲利性，這是CLTV計量指標的第一因素，也就是一名顧客搭機的利潤。比方說他們發現按照「飛行哩程數」，把顧客由高至低排名的傳統方式，是完全不準確的計量指標；然而，一旦把顧客購買的機票種類（頭等艙、經濟艙折扣價，或是在最後一刻以全價購票），以及服務顧客的成本納入考量，排名結果就大不相同—— 有些「白銀」等級的顧客會突然躍升為「白金」等級，反過來的情況也有。在進行初步分析後，行銷團隊也發現公司有大量負價值的顧客。

舉例來說，倘若顧客航班延誤或取消，或是行李丟失，顧客就會得到補償。圖6-4是補償100名顧客的樣本圖，淺色點是低價值顧客，深色點則是高價值顧客。其中竟然有1名顧客，花了300美

元購買機票，卻得到800美元的補償。請注意：低價值顧客收到的補償，平均而言遠高於高價值顧客，為什麼會這樣呢？因為有些深諳「會吵的孩子有糖吃」的顧客，已經知道怎麼玩弄公司系統，他們會不斷地打電話去客訴抱怨，希望能夠得到補償。相對的，高價值顧客比較不會打電話去抱怨，也比較不會期待獲得補償，但他們跑去競爭廠商那裡的可能性就大多了。

圖6-4(b)是進行價值基準管理的100名顧客補償樣本圖，補償金額如今是根據顧客價值跟意外事件的嚴重性而定。大陸航空的平均補償金額，過去是每次事件300美元，如今降到195美元，這可是省下了幾百萬美元的成本。不過要注意的是，圖6-4(b)裡深色點所代表的高價值顧客，跟淺色點所代表的低價值顧客相較之下，如

圖6-4 大陸航空100名高價值與低價值顧客的補償樣本

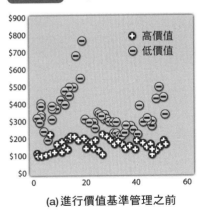

(a) 進行價值基準管理之前

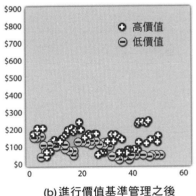

(b) 進行價值基準管理之後

資料來源：大陸航空

今會持續收到更高的補償金額。而這樣調整的結果是：高CLTV顧客的CSAT提高了，因此導致客戶流失率明顯地降低。

大陸航空的麥克·戈曼（Mike Gorman）指出：「我們家最棒的顧客，似乎很少抱怨。倘若他們連續3次搭機的體驗不佳，那就相當危險──對這名顧客來說，我們並沒有做到『乾淨、安全、可靠』，因此他就有可能會跳槽到競爭對手那裡。我們對這些顧客必須要積極行銷，並改良服務系統。」

如何平衡短期與長期的顧客獲利性？

更進一步的CLTV策略思維，是要知道如何平衡短期與長期的顧客獲利性。為什麼這一點很重要？僅僅著重於短期獲利性，對於每一季都必須要賺錢的上市公司來說，並非可行的經營策略。比方說，一間大型能源公司若是有系統的趕跑低價值跟負價值顧客，結果便是會大大損及未來成長所需的顧客群，進而損及營收。

圖6-5是加拿大皇家銀行的短期與長期顧客獲利性資料，這些資料基於保密原因經過特殊處理，不過大趨勢是正確的。這些顧客分成3大類：關鍵顧客、成長型顧客，以及大戶。每一類顧客的短期（年度獲利性）價值百分位畫在圖6-5(a)，長期（5年期CLTV）價值百分位畫在圖6-5(b)。年度獲利性就是〈第5章〉的6號計量指標「利潤」，計算1年得出的結果；長期獲利性CLTV則是根據圖6-1的範本檔，計算5年得出的結果。

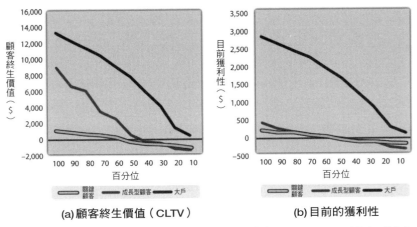

圖6-5 加拿大皇家銀行短期與長期顧客獲利性分析

(a) 顧客終生價值（CLTV）　　　(b) 目前的獲利性

資料來源：加拿大皇家銀行的凱西‧布羅絲（Cathy Burrows）與 Agile Insights LLC 的馬克‧傑佛瑞

　　圖6-5之所以採用百分位，是要把每一類的顧客按照價值高低排名。比方說，每一類的100名顧客，把他們在Excel裡按照短期跟長期顧客獲利性，從高到低排列然後繪圖。如果顧客超過100名，要把他們每個都點出來是不切實際的，所以你可以用10名或100名顧客為單位去繪圖，同樣從高到低排列，然後把平均顧客價值繪製出來。倘若你有1萬名顧客，在試算表內按照順序排列，再以100名顧客為一組，就可以繪出總數為100個點的圖。倘若你的顧客群非常龐大，在PC上安裝的Excel軟體可能不敷使用，不過改用SAS之類的軟體就能輕易地辦到。

　　加拿大皇家銀行把顧客區分為關鍵顧客、成長型顧客，以及大戶，主要是根據其年齡而定。關鍵顧客是18歲到29歲的年輕族群，

這些人的人生才剛開始起步，通常沒有什麼錢；成長型顧客通常是30歲到49歲的壯年人；大戶則是50歲以上、財力雄厚，通常已經退休的人。請注意：圖6-5裡有將近50%的顧客，無論就短期跟長期來說，獲利性都是負的！有意思的是，這些獲利性是負的顧客，也是最死忠的，為什麼呢？因為他們得到的服務，比他們付出的費用還多。

那麼你該怎麼辦？把這些顧客趕跑嗎？有一個做法是對這些負獲利性的顧客收取高額費用，不過若是用高額費用或其他手段把顧客趕跑，可能會被媒體批個滿頭包，導致顧客觀感變得非常負面，使得整體品牌知名度跟CSAT都大為下降。比方說，英國就有法律規定銀行不能收取高額費用，理由在於這樣是歧視比較沒錢的客戶。此外，倘若你把負獲利性的關鍵顧客都趕跑了，未來成長型顧客就沒剩幾個人了。

圖6-6中的2×2矩陣可以幫助你思考：什麼是平衡短期跟長期顧客獲利性的最佳策略。位於圖6-6的左下角，是目前價值低、未來價值也低的顧客，屬於負價值的關鍵跟成長型顧客。我們會想要積極管理這些顧客的成本與風險，鼓勵他們採用像是網路之類的低成本服務，同時也應該要找尋讓他們轉型成為高價值顧客的機會。

對於目前價值高、未來獲利性也高的顧客（基本上都是大戶），最佳的策略顯然是要想辦法留住他們，並且對其進行交叉銷售，進一步提升其價值。位於圖6-6的右下角，目前獲利性高，但是未來價值低的顧客，這一塊就很有意思了，怎麼會發生這種情形呢？答

案是這種顧客在銀行裡，只有申辦車貸之類的單一產品，不過對銀行來說，這類型的產品卻很有賺頭，然而，這些顧客除此之外什麼業務都沒有辦，所以未來獲利性很低。對於這類顧客的最佳策略，是維持住顧客關係，同時找尋讓他們轉型成為具有高CLTV的機會。至於圖6-6的左上角，則是未來價值高，但是目前獲利性低的顧客，我們必須要想辦法讓這些顧客成長，同時主動控管成本及風險。

　　加拿大皇家銀行在年輕族群的「關鍵顧客」裡頭，發現有另一種可能會產生關鍵轉型的「連結顧客」。這種顧客即將經歷大學畢

圖6-6 CLTV跟目前獲利性的策略矩陣

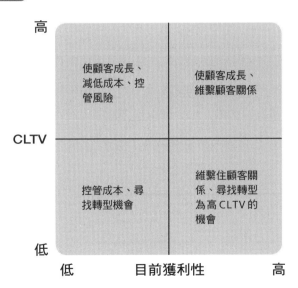

業、結婚、購車、買下第一棟房子等，伴隨著「初次體驗」金融產品的人生重大事件，比方說，買房子需要房貸、買車子需要車貸，或是首度開設投資帳戶。

加拿大皇家銀行跟不動產仲介網站，以及 wedingbells.com 之類的婚配網站合作，為即將結婚或買房的連結顧客，提供財務規劃工具。這樣做的行銷成果令人印象深刻：了解連結顧客的需求，並提供他們完整的服務規劃，在某些案例中讓帳戶餘額增長了 200％，並且在發現客戶需求之後的交叉銷售機會大增。精確一點來說，連結顧客的新辦房貸成長了 30％、一般貸款成長了 21％；除此之外，36％ 的連結顧客在接下來的 2 年內，轉移成為獲利性跟終生價值更高的顧客群。

圖 6-7 顯示了加拿大皇家銀行如何將短期跟長期策略，轉化成為實際上可執行的戰術。這個決策樹是一套業務規則，每當顧客跟加拿大皇家銀行往來時，該行都會透過這個決策樹在顧客背景進行分析。也就是說，當顧客跟銀行櫃員交談、打電話給客服中心，或是在網路上檢視自己的帳戶時，加拿大皇家銀行的資訊科技（IT）系統，就會提出下列問題並試圖解答：該名客戶的短期獲利性如何？風險有多大？流失率有多高？5 年 CLTV 長期價值是多少？顧客最後會出現在決策樹底部的哪個位置？而該行就會據此採取行動。

也就是說，圖 6-7 的底部就是行銷的各種範圍，以及加拿大皇家銀行根據利潤、風險、客戶流失率、CLTV 等關鍵變數，所採取

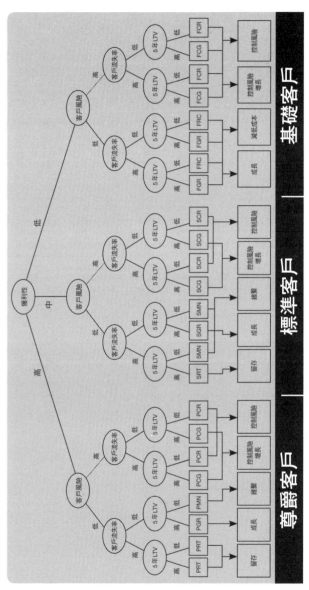

圖 6-7　把價值基準策略轉化成實際戰術的決策樹

的顧客關係策略。決策樹底部的每一個籃子，都是特定的行銷活動，以及預先決定好的顧客互動方式。舉例來說，倘若有名顧客的獲利性跟CLTV都很低、風險跟客戶流失率卻很高，他就會落在決策樹的最右邊，銀行必須對其進行基礎風險控管——這些顧客不會收到任何行銷資料，而且要鼓勵他們使用成本最低的服務管道。

目前獲利性跟CLTV都很高、風險跟客戶流失率卻很低的顧客，會落在決策樹最左邊倒數第二籃的「尊爵客戶成長型」，銀行會對他們採取交叉銷售跟增售的行銷互動。倘若高價值顧客的客戶流失率高，就會落在最左邊那一籃，接收到尊爵客戶留存的行銷活動，比方說銀行會指示客服中心專員，為該客戶出問題的帳戶表示歉意，並且立刻提供補償方案。

你公司的決策樹，看起來不會跟這張圖長得一模一樣，不過重點在於如何把價值基準策略，轉化為實際戰術。在已經有顧客關鍵價值基準計量指標的情況下，使用決策樹可以幫你找出特定的行銷策略。另外還有一點要指出來的是，原本把顧客區分為關鍵顧客、成長型顧客跟大戶，這並不是最好的顧客區隔方式。圖6-7根據價值基準，把顧客區分為尊爵、標準跟基礎3大類，這些分類依據顧客的特定利潤、風險、客戶流失率、CLTV等計量指標，找出適合為他們提供的顧客服務與行銷互動方式。就我看來，圖6-7也許是本書最重要的一張圖表，它點明了如何把價值基準行銷策略，落實在公司營運層面。

如何管理顧客生命週期？

　　所謂的「顧客生命週期管理」，指的是在顧客生命週期的期間，利用行銷取得、增長並留存顧客。CLTV為價值基準顧客生命週期的管理，增添了很重要的面向。在理想狀態下，進行這項管理有幾個目的：1.是要取得高價值或中價值的顧客，盡量避免取得負獲利性的顧客；2.接下來透過行銷，針對這些顧客進行交叉銷售跟增售，讓他們隨著時間成長；3.最重要的是別讓這些高價值顧客跑掉，所以留存率極為重要。我會在〈第8章〉詳細舉出一個地球連線公司的顧客留存行銷案例，現在我們先把重點放在如何讓「高價值顧客」成長，這往往也是最容易開始著手之處。在這節結尾時，我也會談一下「如何取得顧客」的問題。

　　嘉年華郵輪集團（Carnival Corporation）是世界排名第一的郵輪業者，年營收達到146億美元，旗下至少有85艘郵輪，總載客量將近17萬人。該集團在北美主要經營公主郵輪（Princess Cruise Line）、荷美航運（Holland America）、璽寶郵輪（Seabourn luxury brand），以及旗艦品牌嘉年華郵輪。為了發展出數據導向行銷策略，該集團採用我們在〈第1章〉提過的策略架構（請見圖1-7）。

　　嘉年華郵輪集團的行銷團隊，首先試著找出高價值的顧客，並且思考有哪些行為需要改變。他們發現重要的不是旅客個人，而是旅客的家庭；倘若沒有很好的家庭資料，就無法知道一名顧客真正的價值是多少。比方說家庭裡的某位成員，可能會來電詢問並訂購

旅程，但是該集團的顧客都是結伴或闔家出遊，因此顧客價值是跟「家庭價值」密切相關（而非顧客個人的價值）。因此，建立一套清楚明瞭、可供行銷區隔的家庭資料，對於該集團來說，是初期相當重要的一步。

對於其他 B2C 公司來說，家庭資料同樣很重要。零售業通常是從信用卡交易跟購物記錄中取得這些家庭資料。不過家庭會搬來搬去，其價值也會增減變化，因此必須要持續更新。嘉年華郵輪集團每天都會跑 20 多條更新家庭資料的業務規則，每一季還會把資料庫寄給外包廠商，交叉比對全美所有的郵寄地址記錄，確認有哪些顧客搬家了。

一旦有了家庭資料作為基礎，嘉年華郵輪集團就能根據家庭價值跟潛在獲利性（CLTV），對顧客進行區隔。在郵輪業，顧客的目前獲利性來自於 2 大因素：訂位的實際價值，以及旅程途中的船上消費。該集團對超過 1,000 萬名顧客，進行先前數年歷史資料的價值基準區隔分析。請注意：你沒有辦法用 Excel 2007 進行這項分析（Excel 2010 或許可以），而該集團用的是 SAS 企業探勘工具，這套軟體有一個名為 Proc Univariate 的功能，可以針對多變數資料集，進行自然斷點分析。這有點像在學生考試成績的資料裡，找出一個把學生分成 A 級跟 B 級的斷點，Proc Univariate 這個功能會在家庭價值資料中，尋找自然形成的區隔點。

根據分析結果，嘉年華郵輪集團就能進行詳細的價值基準區隔，把顧客分為高價值、中價值跟低價值。比方說，他們發現有超

過50％的顧客，占營收還不到50％，這些人就會被歸類為低價值顧客。這項分析指出，雖然找出最佳顧客很重要，不過更重要的是找出「最差顧客」，這樣就可以不必再把行銷費用花在他們身上。

在建立價值區隔時，嘉年華郵輪集團也深思過：什麼是預測顧客行為的重要決策計量指標？既有的思路認為，行銷必須著重於「如何讓人們願意搭乘郵輪」，不過根據分析顯示，真正重要的行為是「訂購旅程」，這會在啟程之前幾個月提前發生；也就是說，行銷應當把重點轉移到「如何讓人們願意訂購旅程」。該集團查看銷售循環的每一個部分，自問：「行銷能夠影響哪些部分？」行銷團隊也把分析結果加以簡化，翻譯成業務團隊能夠理解的具體行動建議。

嘉年華郵輪集團查看每個價值區隔的諸多參數，提出「您會跟孩子一同出遊嗎」、「您會在四月訂購旅程嗎」、「您通常一趟旅程會玩幾天」、「您平均會買多少價位的船票」、「旅程中會在船上花多少錢」等問題，然後根據各種價值區隔的顧客對這些問題的回答，就能夠找出要給他們的行銷提案。舉例來說，只有一小部分的高價值顧客，會跟孩子一同出遊；既然如此，那麼在郵輪上規劃「僅限成人甲板」的區域，這些顧客就有很大的機會接受此一行銷提案。

「訂購旅程」是行銷團隊找到的關鍵行為，他們分析過去的訂購記錄，預測高價值顧客什麼時候會再訂購下一趟旅程，然後在預測訂購日前的2個月，寄送「現在訂購就能打折」的特定行銷提案。倘若顧客沒有接受這項行銷提案，到了預測的訂購日時也未下訂，

那麼在2個月後,還會再寄給他們一份比較昂貴的行銷提案。這樣做的結果相當不錯,2年期的回客率提升了超過10%;不過同樣重要的是,他們不會對低價值顧客提供行銷提案,因而大大減少了行銷支出。

總而言之,嘉年華郵輪集團首先做出一個紮實的資料庫,預測既有顧客的家庭價值,然後根據這個價值進行顧客區隔。他們深思過自己想要影響顧客的是訂購旅程的行為,並且為行銷方案訂出明確目標。這個案例說明了無論資料庫有多麼龐大,「把事情簡化」更為重要。該集團把顧客大致區隔為高價值、中價值跟低價值家庭,用價值基準區隔找出應當接收到行銷提案的顧客群,並且進行實驗,找出各種顧客區隔最適合的行銷提案。

既然你能夠蒐集到既有顧客的資料,要開始進行價值基準行銷時,自然會先從他們身上開始著手(B2B公司蒐集顧客資料的策略,請見第2章)。取得顧客行銷有各種形式,不過基本上都是〈第3章〉說過的購買循環前3個階段(知名度、評估、試用),透過品牌知名度、試駕、銷售額等計量指標去加以量測。為了取得顧客,可能需要購買目標行銷所需的名單。在試駕階段也可以透過官網的線上「汽車配置器」或是「下載10天免費試用軟體」等方式,蒐集到顧客資料,然後對這些潛在客戶進行取得顧客行銷。不過就價值基準取得顧客行銷來說,你可能還需要額外的資料,才能找出合適的潛在客戶,買到正確的顧客名單。

藉由購買額外的價值基準資料,可以擴增顧客名單並進行區

隔。舉例來說，有幾間公司針對全美的個人與家庭，編纂了相當詳盡的交易資料，你可以買到完整的潛在客戶資料，但若要進行大規模行銷，這樣做的成本很高。不過你可以用相對較低的成本，用一份幾美分的價位，買到這份檔案裡的「某些特定內容」，如此就能握有含有價值資料的顧客名單。由於從直郵、電子郵件、電話行銷等管道購買資料，預算很容易就會爆表，因此我建議要對特定地區、族群或顧客區隔持續進行實驗，驗證取得顧客行銷活動的績效。

NOTE ▶▶▶ 本章重點回顧

◆ 10號計量指標：顧客終生價值（CLTV），是量測顧客未來價值的關鍵計量指標。

◆ 要主動管理所有顧客的CLTV，留存高CLTV顧客並對其進行增售跟交叉銷售；對中價值顧客同樣也要這麼做，使他們成為高CLTV顧客，然後減低負CLTV顧客的服務成本。

◆ B2B公司可以從計算通路夥伴的CLTV分布情形開始著手。

◆ 沒有負獲利性的顧客，只有負獲利性的業務流程或服務管道。你必須找出這些導致公司價值減損之處，然後加以改變。

◆ 以長期思維看待CLTV只是其中一種方式，你也可以對短期利潤跟CLTV進行管理。

◆ 顧客生命週期包括：取得顧客、增長並留存顧客。我們要對每個部分都進行價值基準分析與資料探勘，才能推動目標行銷。

第七章
5大網路行銷計量指標

新時代的量化神器：CPC、TCR、ROA、跳出率與WOM，
在每一次的滑鼠點擊中，看見無可限量的價值。

撰寫這本書的一大挑戰在於，就許多方面來說，「網路行銷」
就跟大西部拓荒沒什麼兩樣，兩者都是尚未完全摸清頭緒的新邊
疆。1800年代的美國大西部，處處都是盜匪、法外之徒，以及為
了生存而因地制宜的法律與做法。網路行銷也差不多，創新發生的
非常迅速，規則又不斷在改寫。網路行銷這場遊戲的主要玩家，就
跟槍戰主角一樣經常換人，比方說，2007年谷歌以31億美元併購
DoubleClick，緊接著微軟就以60億美元併購aQuantive。

我在〈第1章〉討論過行銷區隔，也就是有些公司「掌握到」
數據導向行銷的要點，但大多數公司並沒有。這個行銷區隔在網路
行銷界更是鮮明，少數行銷人員只要有幾年經驗就足以站穩腳跟，
但大多數的行銷人員則是連「怎麼開始著手」都備感艱辛。

對於才剛起步的人來說，網路行銷跟大西部真的沒啥兩樣，這
一章就是要告訴你該從何處著手，如何創造出可供量測的價值。至
於已經有相關經驗的網路行銷人員，本章也能夠提供一些見解，讓
你手頭上的網路行銷工作能更上一層樓。

我的做法是，先把重點放在占網路行銷預算最大一塊的「搜尋引擎行銷」（search engine marketing, SEM）上。

根據eMarketer在2008年11月的研究發現，SEM占網路行銷支出的45％，並且預估到2010年會成長到49％。我們可以利用Excel分析幾個跟SEM有關的重要計量指標，得到一些確切的結果。*

這些可以寫成CPC、TCR、ROA等縮寫，編號11號到13號的關鍵計量指標，需要花一點兒工夫去習慣它，不過就像製作瑪格麗特調酒需要新鮮萊姆榨汁一樣，努力是值得的。如果你眼下尚未最佳化SEM，本章一開始將為你提供一個可供行動的架構，大大提升既有SEM的績效。

不過除了傳統SEM與透過14號關鍵計量指標「跳出率」，使你的行銷網站最佳化以外，我還想要探索網路行銷的邊疆，深入分析網路行銷是如何迅速演變的。我會在稍後舉出的範例中，探討網路上的「歸屬模型」（attribution modelling）、社群媒體目標受眾的曝光影響，以及如何追蹤量測15號關鍵計量指標「口耳相傳」（WOM）。只要精通本章這5個新時代行銷計量指標，你就能夠成為公司裡的網路行銷天才。

---

* 我們在本章稍後會發現，就迅速測試反應SEM行銷活動而言，你很有可能需要用到Omniture或Covario之類的工具，把分析過程予以自動化。

谷歌製造：11號計量指標──每次點擊成本（CPC）

我在2002年某次從華盛頓搭機飛往芝加哥時，正好坐在一位全美排名前5大顧問公司的資深合夥人旁邊。當時谷歌又上新聞了，他忍不住大發議論的說：「我實在搞不懂，搜尋是那麼簡單的事，谷歌到底有啥了不起的？」他說的有理啊，搜尋確實不是什麼火箭科學，所以谷歌做出了什麼創新？

答案是，要做一個搜遍網路的電腦程式「機器人」，把所有相關網頁跟其中的關鍵字製成表格，是一件相當直截了當的事；然後你就可以用相對應的關鍵字，搜尋這張「非常龐大」的表格，找出特定的網頁內容。問題在於，要用某種井然有序的方式，把這張龐雜的網頁清單「按照順序排列」，這頗具挑戰性。換句話說，你雖然能夠搜尋地球上所有的網頁，但你要如何按照這些網頁的重要性去進行排列？

在網路剛起步的1995年，搜尋引擎會去計算網頁上的關鍵字數目，藉此定出搜尋後的排序，關鍵字愈多的網頁就會排在愈前面；而網頁設計者只要在每個網頁讓關鍵字「出現很多次」，就能夠影響搜尋結果。為了規避這個問題，當時的雅虎有好幾棟建築物裡擠滿了人，負責用人工審視評分網頁。

到了1996年，賴瑞・佩吉（Larry Page）與謝爾蓋・布林（Sergey Brin）想出了一個改變世界的點子：按照連往某特定網頁的連結次

數，給搜尋網頁的結果排序。*換句話說，你若連結了某個網頁，實際上就等於投票表示「這個網頁很重要」，因此就原理而言，谷歌搜尋等於是實踐了民主精神。佩吉跟布林在1998年9月4日創辦谷歌，當時谷歌的專利，讓他們擁有世界上最棒的搜尋演算法。就我看來，當時才成立僅僅10年的谷歌真是不得了，我家的那個6歲小夥子每天從幼稚園回家的第一件事，就是上谷歌搜尋朋友告訴他的遊戲網站，然後下載Bubble Trouble跟Nick Jr.之類的遊戲來玩。

　　直到1997年之前，網路行銷的營收商業模型，一直是根據「每次曝光成本」（cost per impression, CPM）設計。Overture這家公司**在1997年，率先以「自然搜尋結果」放置贊助搜尋廣告，並根據「每次點擊成本」（cost per click, CPC）收費，如今已成為實質量測SEM的方式。

> ### ▋11號計量指標：每次點擊成本（CPC）
> CPC＝贊助搜尋連結或橫幅廣告的每次點擊成本

　　從CPC轉移到CPM，是網路行銷策略很微妙的變化。在CPM

---

* 谷歌現在的網頁排名演算法已納入多個變數，包括本章稍後會討論到的14號關鍵計量指標「跳出率」。
** Overture原本叫做GoTo，它在2003年時被雅虎併購。

模型中，進行搜尋的「那個人」是最重要的，廣告主付錢就是為了讓搜尋者看到廣告。在CPC模型中，最重要的則是「被搜尋的廠商」，廣告主付錢購買點擊數，是希望能夠讓搜尋者最終下單購買自己的產品或服務。根據Media Contacts的一項研究指出，有46％的搜尋是為了要找到一項產品或服務，並加以購買；廣告主願意付錢購買「被點擊的機會」，是希望能夠實現潛在的購買機會。因此SEM把重點放在每次點擊成本，這屬於〈第1章〉提到的製造需求行銷的範疇。

然而，Overture在1997年，卻採用「出最高價者贏得關鍵字」的方式，讓出價最高的廣告主，永遠能夠確保位列搜尋結果的最前面。谷歌在1998年的創新發明，並不單單只是搜尋演算法，而是利用多變數找出是「誰」出價買到關鍵字，藉此使得CPC模型營收最佳化，從而改變了遊戲規則。換句話說，谷歌重新定義了CPC的計算方式（後面會提到谷歌如何找出CPC的意涵）。

在本書寫成的2009年，當時網路搜尋戰打得正火熱，要斷言誰會勝出還言之過早。谷歌在2009年4月時，佔有64％的搜尋市場，雅虎有20％，微軟有8％。微軟在2008年曾經想要收購雅虎，併購破局之後透過翻新其搜尋引擎，在2009年6月推出Bing服務。雅虎跟微軟在2009年8月宣布合作，雅虎把搜尋業務移轉給微軟，因此在本書寫作之時，搜尋市場實際上是谷歌64％，微軟28％。不過谷歌顯然具有競爭優勢，這份優勢能否維持下去，則有待歷史見證。

谷歌的CPC相當昂貴，價格介於1美元到5美元之間，端看你要購買的關鍵字數量，以及涵蓋的地區範圍有多大（是當地就好，或是全美國，甚至是全球），1天可能就得燒掉幾百、幾千，甚至上萬美元。那麼你要如何確保花在SEM上頭的每1塊錢都值得呢？我們需要再用到幾個計量指標，其中12號計量指標「訂單轉換率」（TCR），跟13號計量指標「廣告支出報酬率」（ROA）特別重要。

讓贊助搜尋最佳化的12、13號計量指標──訂單轉換率TCR、廣告支出報酬率ROA

網路搜尋可分為2大類：自然搜尋（又稱為有機搜尋），以及贊助搜尋。自然搜尋就是一般的搜尋結果，在谷歌有部分是根據其他網站連往某個頁面的連結數目而定；贊助搜尋則是位於搜尋頁面上方跟側邊的付費連結。

圖7-1是人們進行網路搜尋的熱點圖。請注意：人們的眼光會被左上角吸引，深色區塊就是這張圖的「熱區」，是贊助搜尋的前2名，以及自然搜尋的前幾名。圖7-1的那幾條橫線，是翻頁邊緣跟額外連結頁面。請注意：根本沒有幾個人會去點擊翻頁邊緣以下與額外連結的頁面，因此要把SEM做好，就意味著要使得贊助搜尋效率跟相關性最佳化，同時讓你的網站在自然搜尋裡頭能夠名列前茅。

若想要提升自然搜尋的排名，可以改進你的網站，激勵他人連

圖7-1 谷歌網路搜尋的熱點圖

資料來源：摘自 Enquiro Eye 追蹤報告（www.enquiro.com）

結到你的網頁，或是策略性的放置給搜尋引擎編目機器人抓到的標籤。不過我想把重點放在付費搜尋上面，因為這必須看你的業務而定，可能會占行銷預算的一大部分。

「人們會如何進行搜尋」，這拿來當人類學的題目一定很有趣。比方說，有人對品酒假期很感興趣，他做第一波搜尋時通常會是稀鬆平常、無品牌的一般搜尋，可能會使用「葡萄酒」跟「假期」之類的關鍵字，結果就會跑出美國的納帕山谷（Napa Valley）跟義大利的托斯卡尼之類的旅遊資訊；第二波搜尋就會比較專精，鎖定加州納帕郡之類的特定地區。搜尋結果會再產生更多搜尋，顧客最終就會開始到Expedia、Travelocity、Orbitz之類的特定品牌網站，搜尋納帕郡的航班跟飯店資訊。這個範例點出同時購買無品牌的一般搜尋關鍵字（給剛開始搜尋時使用），以及有品牌的關鍵字（給搜尋最後階段使用）的重要性，這是構成SEM策略的重要元素。

為了有效管理SEM，必須再用到幾個搜尋行銷的專用名詞，其中之二是「競標策略」（bid strategy）跟「關鍵字匹配」（match type）。

競標策略是你想要在搜尋頁面上出現的位置，比方說1到4是指出現在頭4個贊助連結，5到6是指緊接在頭4個連結之後的那2個連結；關鍵字匹配則是指使用者必須完全按照順序輸入關鍵字，也就是「精確」匹配，或是可以用任意順序輸入，也就是「廣泛」匹配（有時又稱先進匹配）。除了關鍵字匹配之外，還有「片語匹配」，以及把某些關鍵字排除在外的「否定匹配」。

舉例來說，「VOIP」跟「Vonage」這2個關鍵字，可以用任意順序輸入進行廣泛匹配，或是以特定順序輸入進行精確匹配。「VOIP撥打到土耳其」則屬於片語匹配。不過，若是「波本酒」（bourbon）的搜尋，就應當要排除在外，而是要把「野火雞」（Wild Turkey）當成「波本酒」的否定匹配輸入。請注意：匹配得愈是明確，得到的搜尋結果也應該會愈明確，比方說，用廣泛匹配搜尋「VOIP撥打到土耳其」或「VOIP撥打到墨西哥」，可能會搜尋到同樣的頁面，不過採用精確匹配或片語匹配，就會搜尋到不同的頁面。

除了CPC以外，另一個很好用的網路行銷計量指標是「點擊率」（CTR），也就是點擊某個連結的顧客百分比，**CTR的計算方式是：點擊數／曝光數（廣告跳出的次數）。**

SEM行銷的核心概念，在於透過特定的匹配，競標購買關鍵字跟出現位置。每個人都在競標「假期」、「納帕山谷」、「葡萄酒」等特定的搜尋關鍵字跟出現位置，谷歌採用一套包含：競標價、CTR、顧客點擊或然率、跳出率（稍後會提到的14號計量指標）等因素的複雜公式，給贊助連結廣告排名。比方說，你出價4美元購買1次「假期」跟「葡萄酒」的廣泛匹配點擊，競標策略是1到4；根據其他類似競標內容與谷歌贊助連結排名的演算法，你可能會以2.5美元標得點擊競標的策略2，也就是說你花了2.5美元，買到1個排在第2位的贊助連結。

請注意：谷歌是按照CTR進行廣告排名，因此倘若你贊助連結的歷史CTR很高，想要排到較高位置的CPC就會比較低。也就

是說，**谷歌廣告排名偏向「點擊數高」跟「點擊或然率高」的連結**，這會使得谷歌的營收最大化（谷歌營收＝CPC×點擊數）。這個排名做法也偏向歷史CTR較佳的大品牌，這表示欠缺歷史CTR的新玩家，需要一套控管成本、促進績效的SEM最佳化策略。

為了使SEM最佳化，就需要用到12號計量指標：訂單轉換率（TCR）。它也是把網路點擊跟金錢連結起來的關鍵計量指標：

▎12號計量指標：訂單轉換率（TCR）

TCR＝訂單轉換率，也就是透過點擊、連結到你的網站之後，最終決定下單購買的顧客百分比

我們曾在〈第4章〉提到的5號計量指標「活動接受率」，在這裡，我們也可以用CTR跟TCR去加以計算：

活動接受率＝點擊率（CTR）×訂單轉換率（TCR）

活動接受率就是點擊顧客百分比，乘以點擊後轉化成為銷售的百分比。這相當於「購買或然率」，也就是顧客在看到廣告曝光之後，接受行銷提案的百分比。此外，「淨營收」是另一個有助於找出電子商務SEM效度的計量指標：

淨營收＝營收－成本

這相當於網路行銷的6號計量指標：利潤，但不包括銷售的貨品成本，只包含網路行銷成本，藉此量測行銷活動的廣告媒介整體貢獻。每次點擊的淨營收，可以用每次點擊營收減掉CPC計算出來，再全部加總後就是淨營收總額。

若要湊齊重要的SEM網路計量指標，我們還需要相當於SEM的ROI，也就是「廣告支出報酬率」：

▋ 13號計量指標：廣告支出報酬率（ROA）

ROA＝廣告支出報酬率＝淨營收／成本

ROA量測顧客最終在購買產品或服務時，廣告支出產生淨收入的效率。SEM有一大好處：你可以從廣告平台上得到非常多的資料。這些資料可透過DoubleClick或aQuantive之類的廣告平台進行整合，再利用Excel的樞紐分析表功能加以分析。圖7-2是計算本章討論到現在，SEM行銷活動代表性資料的計量指標Excel範本檔，圖7-2(a)的頭幾欄是廣告平台（搜尋引擎）、活動名稱、關鍵字等資料，緊接著是每次點擊的競標價跟實際成本，最後幾欄則是計算出來，前面討論過的那些計量指標。CPC資料經過更動，不過仍具有代表性。有了這些計量指標之後，你就可依循以下3個步驟，對SEM進行最佳化：

圖7-2　SEM計量指標的 Excel 範本

(a) 5個關鍵字範例的競標價與CPC資料

	廣告平台	關鍵字	關鍵字匹配	競標策略	競標價	點擊數	點擊收費	平均CPC	曝光數	平均位置
1	Yahoo - US	fly to florence	Advanced	Position 1-2	$6.25	1	$2.31	$2.31	11	1.27
2	Yahoo - US	low international airfare	Advanced	Position 1-2	$6.25	1	$0.63	$0.63	6	1.00
3	MSN - Global	air discount france ticket	Broad	Position 2-5	$0.00	1	$0.39	$0.39	9	1.11
4	Yahoo - Global	france online booking	Standard	Position 1-2	$0.25	8	$2.20	$0.28	318	2.98
5	Google - US	paris cheap airline	Broad	Position 5-10	$6.25	3	$5.21	$1.74	13	1.00

(b) 相關的計量指標

	CTR	TCR	每次交易總成本	金額	總成本	淨營收	ROA	訂購總數	平均訂購營收	活動接受率（訂購或然率）
1	9.1%	900.0%	$0.26	$8,777.95	$2.31	$8,775.64	379487%	9	$975	81.8%
2	16.7%	100.0%	$0.63	$1,574.20	$0.63	$1,573.58	251772%	1	$1,574	16.7%
3	11.1%	100.0%	$0.39	$390.15	$0.39	$389.76	100584%	1	$390	11.1%
4	2.5%	12.5%	$2.20	$935.00	$2.20	$932.80	42400%	1	$935	0.3%
5	23.1%	33.3%	$5.21	$1,685.55	$5.21	$1,680.34	32237%	1	$1,686	7.7%

Excel 範本檔（含完整的 7,000 筆記錄）下載：www.agileinsights.com/ROMI

● Step1：最佳化廣告平台策略

找出哪一個廣告平台（谷歌、雅虎、MSN/Bing、Ask.com，或是像Kayak旅遊網站之類，專精於某個領域的平台），能夠讓你的錢花得最超值。

● Step2：最佳化行銷策略

分析在某個廣告平台上的行銷活動，決定應該要做哪些改變，才能發揮最大價值。

● Step3：計算KPI的影響

找出行銷活動改變後，對淨營收跟ROA之類的關鍵績效指標（KPI）有何影響，這就會變成未來試驗的基準線。

我們從Step1開始，我建議你把SEM行銷預算，按照各廣告平台的市佔率進行分配：大約60%放谷歌、20%放雅虎，以此類推。接下來設計一些行銷活動，購買關鍵字，然後蒐集資料。

圖7-3是在量測出點擊數資料的情況下，這些廣告平台的SEM最佳化矩陣，縱軸是平均CPC，橫軸是活動接受率（CTR×TCR）。這張圖是要算出特定廣告平台（美國谷歌、全球谷歌、美國雅虎……）的平均CPC與活動接受率，每次點擊成本低、活動接受率高的廣告平台，顯然績效比較好（位在圖7-3的右下角），我們應該考慮在這些平台增加行銷支出。至於那些CPC高、活動接受率低

圖**7-3** 根據CPC與活動接受率，訂定搜尋廣告平台策略的最佳化架構

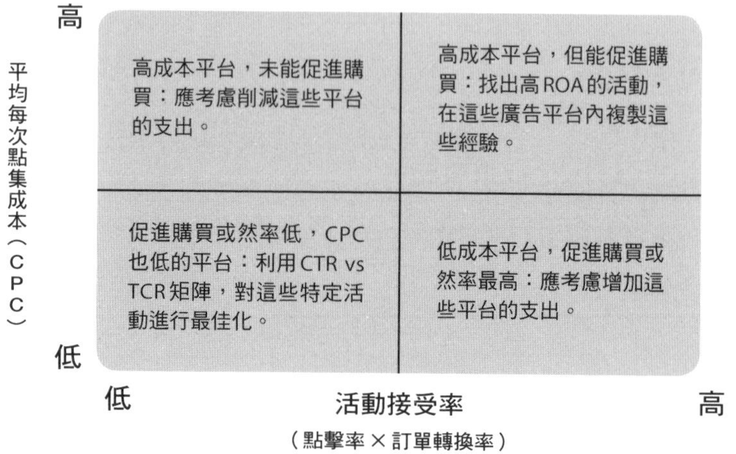

平均每次點集成本（CPC）

高

| 高成本平台，未能促進購買：應考慮削減這些平台的支出。 | 高成本平台，但能促進購買：找出高ROA的活動，在這些廣告平台內複製這些經驗。 |
| 促進購買或然率低，CPC也低的平台：利用CTR vs TCR矩陣，對這些特定活動進行最佳化。 | 低成本平台，促進購買或然率最高：應考慮增加這些平台的支出。 |

低

低　　　　　　　活動接受率　　　　　　高

（點擊率 × 訂單轉換率）

圖**7-4** 分析TCR與CTR，訂定特定搜尋活動的最佳化架構

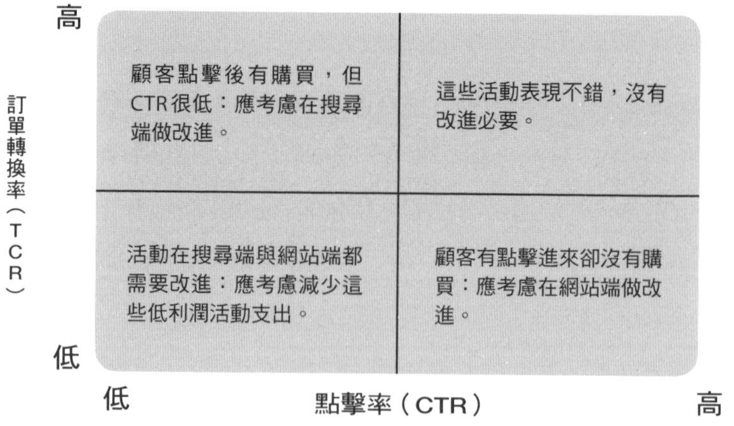

訂單轉換率（TCR）

高

| 顧客點擊後有購買，但CTR很低：應考慮在搜尋端做改進。 | 這些活動表現不錯，沒有改進必要。 |
| 活動在搜尋端與網站端都需要改進：應考慮減少這些低利潤活動支出。 | 顧客有點擊進來卻沒有購買：應考慮在網站端做改進。 |

低

低　　　　　　　點擊率（CTR）　　　　　　高

的平台，績效就不太好，你應該考慮在這些平台減少行銷支出。

圖7-3右上角對應的，是活動接受率高，但每次點擊成本也很昂貴的廣告平台。這些平台的廣告活動有效果，但成本很高，你應該要找出高ROA的管用關鍵字。舉例來說，你可以搜尋有哪些關鍵字，你競標第4或是更下面的位置，但是因為根本沒有人跟你競標，最後跑到第1或第2的位置；這個成本比你直接競標第1或第2位置來得低，你可以用這種方法省錢，並且在其他平台也用上這批相同的關鍵字。

位於圖7-3左下角的行銷活動，活動接受率低，不過CPC也低，所以不應該隨便放棄。對這些活動應當採取Step2的行銷策略架構，針對特定廣告平台，把個別活動進行最佳化處理。圖7-4指出如何就特定平台的CTR跟TCR，對行銷活動進行最佳化。

圖7-4右上角是CTR跟TCR都很高的特定廣告平台活動。這些活動績效不錯，沒有必要改變。然而，左上角的TCR很高，但CTR卻很低，這表示一旦顧客點擊進來就會進行購買，問題是他們並沒有點擊進來。對於這些活動，我們必須在「搜尋端」做改進，也就是改進在搜尋連結底下的文字。同樣的道理，位於圖7-4右下角的活動，CTR很高，但TCR卻很低，這表示顧客有點擊進來，但是卻沒有購買，因此應該要在「網站端」做改進。最後是圖7-4左下角的活動，CTR跟TCR都很低，這些活動在搜尋端跟網站端都需要改進，你應該要考慮減少這些淨營收低的活動支出。

做個迅速的試驗學習，是最佳化SEM的最好方式。關鍵處在

於CPC、CTR，以及TCR這幾個計量指標，比方說，改進廣告平台端可提升CTR，改進首頁則可提升TCR。改進這兩點也有助於減低CPC，因為谷歌演算法對於CTR高、跳出率低（接下來要探討的14號計量指標）的連結，會給予比較優惠的CPC價格。

這個架構最重要的Step3，是要計算出KPI的影響。你只要計算出淨營收跟ROA，就能算出實際點擊一次的價值，這些資料對於找出你未來願意花多少錢競標關鍵字，具有相當的重要性。谷歌的CPC之所以那麼高，部分原因在於行銷人員並未去計算點擊的價值，就去競標推升關鍵字價格，最後就買貴了。

ROA也能讓你回答「倘若我把Y這麼多的搜尋行銷預算，花在廣告平台或X行銷活動上，會發生什麼事」這個問題。預測的影響相當於：**新行銷預算 × 廣告平台或特定行銷活動的量測平均 ROA**，也就是說，就相同的CPC而言：**新的淨營收＝ROA × Y**。

圖7-5是某個代表性的谷歌搜尋行銷活動ROA範本檔，可計算出CPC減低10％，以及活動接受率增加10％的影響。在這個範例中，ROA增加了110％。

舉個例子來說，法國航空的行銷人員在2007年時，必須要改善SEM行銷支出績效，提升效率與線上訂位的營收。Media Contacts跟法國航空合作，按照這一段所討論的系統化架構，使其SEM策略最佳化。法國航空的成果令人印象深刻：CPC減少了19％，CTR增加了112％，因此能夠在不增加每次訂位成本的情況下，大幅提升整體行銷活動效率。

圖7-5 **計算網路搜尋行銷ROA的Excel範本**

假設	＊輸入你的數字							
減低CPC	10%	＊						
增加活動接受率	10%	＊						

	平均每次點擊成本	總購買量	平均每次購買營收	活動接受率（購買或然率）	收費總和	平均每次購買成本	總淨營收	ROA
目前數據	$1.84	1,550	$1,126	0.040%	$353,641	$228.16	$1,745,482	494%
最佳化數據	$1.66	1705	$1,126	0.044%	$318,277	$186.67	$1,920,030	603%

Excel範本檔下載：www.agileinsights.com/ROMI

　　這一段提供了一個SEM最佳化的系統化架構跟做法。就如同先前所言，這是〈第1章〉提過的製造需求行銷。目前我們討論到的SEM最佳化做法有一個缺點，就是在一路搜尋到最後購買的過程中，雖然點擊了很多次，但銷售額會100％歸屬到最後一次點擊，並沒有捕捉到其他多次搜尋跟點擊的影響。我會在本章稍後，討論用瀏覽器的Cookies追蹤特定顧客搜尋過程的歸屬模型，不過我們現在先來看看另一個評估網站有多棒的關鍵計量指標：跳出率。

量化網站的績效優劣：14號計量指標——跳出率

　　除了前一段提過的TCR之外，還有幾個量測網站有多棒的計量指標，像是顧客在網站的停留時間，以及瀏覽頁數等，不過這些計量指標都有點模稜兩可。在網站停留的時間與瀏覽頁數，經常被拿來跟「顧客互動性」掛勾，不過倘若你的網站是要幫助顧客找到商品及服務，並且迅速下單購買，那麼在網站停留的時間就不是最

佳的計量指標，因為你反而希望這段時間愈短愈好。此外，倘若網站是一個部落格，那麼所有的內容都會放在同一頁上面，瀏覽頁數就不是一個很好的計量指標。因此我比較喜歡用另一個評估網站績效的計量指標：跳出率。

▌14號計量指標：跳出率

跳出率＝進入網站不到5秒鐘就離開的顧客百分比

我用5秒鐘做為跳出時間，這是大略的經驗法則，如果你覺得用10秒鐘比較適合你的網站情形也可以。跳出率基本上就是網站的客戶流失率，也就是本書的3號計量指標。我之所以喜歡使用這個計量指標，是因為把它跟其他計量指標與行銷活動結合起來之後，就能夠更廣泛地顯露出什麼事情管用、什麼不管用。

圖7-6(a)是在你的企業網站上，進行比較包括：搜尋、平面、電子郵件、直郵、曝光廣告等各種行銷活動的結果。倘若你只看CTR，你會覺得直郵的效果最好，電子郵件次之；不過一旦加入跳出率這個計量指標，就會看到直郵的跳出率其實最高，高達64.3％；企業網站的跳出率最低，僅僅43.9％，這表示網站導流相關的網路活動效果不錯；電子郵件的效果也不錯，跳出率僅達44.1％。

接下來，我們就要探討為什麼跟電子郵件相較之下，直郵的跳

出率這麼高？有可能是直郵名單出了問題。下一步可以針對不同族群採用不同網站，或許可以達到改善跳出率的效果；為不同行銷管道提供不同的 URL，然後量測每個行銷管道的跳出率，相對來說不難做到。若是能夠得知「決定不停留」在你網站的人是誰，你就能夠提供讓他們留下來的誘因，大大改善跳出率。

圖 7-6(b) 是追蹤某特定行銷活動在一段時間內，進入網站主頁的流量，以及從谷歌搜尋過來的個別情形範例。這張表讓我們很清楚地看到，谷歌在流量品質跟跳出率等方面的表現如何。一般搜尋的總跳出率跟訪客百分比，決定了比較基準在哪裡，然後就可看出

圖 7-6　跳出率的分析範本

(a)電子郵件、搜尋、曝光與企業網站行銷的跳出率

	個別訪客	交易次數	訂單轉換率（%）	跳出次數	跳出率（%）
搜尋	5,118	427	8.3	3,020	59.0
附上URL的直郵	2,566	850	33.1	1,651	64.3
電子郵件	1,700	434	25.5	750	44.1
企業網站	758	186	24.5	333	4,309.0
附上URL的平面廣告	568	42	7.4	329	57.9

(b)所有搜尋行銷與谷歌搜尋行銷的跳出率

月份	所有個別訪客數	停留時間低於5秒訪客數	總跳出率（%）	搜尋引擎訪客數	搜尋引擎訪客數比例（%）	僅算谷歌訪客數	谷歌訪客數比例（%）	停留時間低於5秒的谷歌訪客數	谷歌訪客跳出率（%）
1	2,200	1,254	57	330	15	215	65	129	60
2	1,750	1,103	63	438	25	385	88	169	44
3	2,800	1,652	59	532	19	505	95	293	58
4	1,800	936	52	468	26	370	79	129	35
5	1,795	1,041	58	305	17	269	88	110	41
6	2,150	1,097	51	473	22	454	96	145	32
整體趨勢數據基準：			57		21		85		45

資料來源：摘自 A.Kaushik, Web Analytics an Hour a Day. Indianapolis, Indiana: Sybex, an imprint of John Wiley & Sons, Inc., 2007, pp. 144, 358.

相較於其他行銷方式，搜尋行銷在一段時間內的改善幅度多寡。從圖 7-6(b) 可以看出，谷歌在搜尋訪客裡占了絕大多數，谷歌的平均跳出率也比基準平均來得低，而且在過了一段時間之後還有所改善，這是很棒的正向趨勢。

總而言之，重點是你可以把眾多來源的流量區隔開來，藉此監控網站留住顧客（或是讓顧客跳出）的績效。量測一段時間之後，你就可以得到網站績效的平均基準，然後就能根據網站績效相對於基準的變化，看到績效有無改善。

除非你的網站是發佈內容的平台，不然平均網頁瀏覽數與瀏覽時間，通常不是你需要關心的計量指標。以電子商務為例，若是網頁瀏覽數高、瀏覽時間長，就表示顧客找不到正確的產品或服務。一般的計量指標表現就算不錯，也比不上根據行銷活動種類、顧客區隔等因素區隔出來，與行銷活動有關的計量指標那麼重要。我建議你想清楚網站策略，同時要有明確的行銷活動目標，然後找出能夠致勝的關鍵計量指標。

舉例來說，你的策略目標可能是要登入某個特定活動的顧客數達到一定數量，藉此獲得可用電子郵件跟電話號碼的潛在客戶名單。藉由監控該活動的登入數，以及因此產生的潛在客戶數，就能算出特定行銷網站的跳出率，這 3 個計量指標都是 KPI。把不同的行銷管道區隔開來之後，就能用這些計量指標評估成敗，據此採取改善行動。

我再舉一個不同的例子。行銷活動的目的，可能是要把潛在顧

客帶到網站上，讓他們得以比較不同產品或服務的好處、功能與規格，這是採購循環裡的「評估」行銷（請見圖3-2）。就這個案例來說，監控特定產品資訊頁面的瀏覽次數，可以讓我們得知網站的哪部分有作用、哪部分沒作用。你若把做區隔的行銷管道瀏覽次數資料、跳出率與特定說明書的下載次數等結合分析，就能迅速得到行銷活動哪部分有作用、哪部分沒作用的全貌。

這裡的主旨跟本書其他範例並無二致：首先找出行銷活動的策略，然後確定業務目標。講到執行面，網站元素是最容易量測的，把行銷活動的跳出率結合特定KPI，就能對績效進行即時監控。下一章我會舉出一個微軟如何進行敏捷式行銷的詳例。

用「歸屬模型」改變網路搜尋行銷的遊戲

如同我在本章一開始約略提過的，網路搜尋行銷的麻煩在於「歸屬」問題。當使用者透過網路搜尋時，銷售的功勞100％都會歸屬到「導致購買行為」的最後一次搜尋點擊（又稱為目標行銷網站的行動呼籲點擊）。圖7-7顯示代表性SEM活動特定關鍵字產生的點擊數，以及相對應於這些點擊的營收。

圖7-7前三名的關鍵字都含有品牌名稱，像是「Expedia假期」或「Orbitz假日」之類，這3個關鍵字產生了將近50％的銷售額。請注意：圖7-7的關鍵字分布呈現長尾型態，也就是有各式各樣大量的無品牌關鍵字，產生的銷售額寥寥無幾。這是80／20法則在

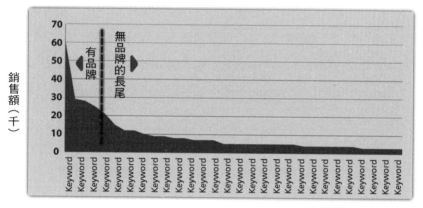

圖7-7 關鍵字搜尋對銷售的貢獻度分析

資料來源：Media Contacts

發揮作用：在這個範例中，占17％的頭3個品牌關鍵字，貢獻了超過50％的最終銷售額。基於這個思路，若你想要使SEM最佳化，就不要再投資那些營收寥寥無幾的無品牌關鍵字；然而，這個思路卻是錯誤的，因為所有的營收全部歸屬於最後一次點擊而已。我們需要的是找到一種方式，能夠追蹤顧客實際上點擊的那一串關鍵字，找出那些無品牌關鍵字很重要。

　　圖7-8是某位顧客訂購假期套裝旅程時的實際搜尋、點擊過程。請注意：這位使用者在不同日期，使用了不同的搜尋引擎，他在3週內一共進行了6次搜尋，最終購買了雙人份的假期套裝旅程。這些資料是透過分析個別使用者的瀏覽器Cookies取得的，Cookies是使用者電腦上用來儲存網路活動資訊的小型資料檔，使用者每次用特定關鍵字進行搜尋時，Cookise就會更新相關資訊，它可以記

圖7-8　顧客在最後一刻訂購產品的實際網路搜尋過程

使用者ID	搜尋引擎名稱	關鍵字	點擊日期	產品	銷售量	銷售額
184	Yahoo!	Last-Minute Holidays	9/11/2007 14:22			
184	Google	Branded	9/23/2007 15:52			
184	Yahoo!	All-Inclusive Holiday	9/23/2007 16:54			
184	Yahoo!	Last-Minute Holidays	9/26/2007 15:15			
184	Yahoo!	Last-Minute Holidays	9/26/2007 15:22			
184	Google	Branded	9/26/2007 18:52	Holiday Package	2	$1,205

資料來源：Media Contacts

錄長達30天的資料。

　　哈瓦斯通訊社（Havas）旗下的Media Contacts，能夠分析Cookies資料，比對特定使用者ID與搜尋關鍵字之間的關係，因此得以把使用者的搜尋過程（圖7-8），從他的其他網路活動中分離出來，這些資料能夠提供寶貴的見解。圖7-8的最後一次點擊，是在谷歌進行品牌名稱搜尋，傳統上假期套裝行程的1,205美元銷售額，全部都會歸屬到這次點擊。但是另外那5次搜尋顯然也有貢獻，問題是他們的貢獻度是多少呢？網路搜尋行銷的歸屬模型就是要回答這個問題。

　　Media Contacts研發出一套名叫「月神」（Artemis）的系統，負責執行歸屬模型的所有權。這套系統的概念，是先分析所有網路行銷活動的關鍵字，並根據這些關鍵字在與行銷活動相關的搜尋中所使用的百分比，以及它們對於最終銷售的貢獻，衡量它們的價值。

　　圖7-9就是月神的衡量結果，比較常用的關鍵字權重較高，也能夠較準確地把最終銷售額的貢獻度，歸屬到正確的關鍵字。舉例來說，圖7-9(a)是「月神」系統計算3個不同行銷活動的點擊歸屬，

圖 7-9 月神系統的關鍵字歸屬模型

最後的點擊（％）						輔助點擊（％）				
	最後的點擊	倒數第2次	倒數第3次	倒數第4次	倒數第5次	倒數第6次	倒數第7次	倒數第8次	倒數第9次	倒數第10次
Campaign #1	58	18	9	6	2	2	2	1	1	1
Campaign #2	48	22	1	8	3	2	2	2	1	0
Campaign #3	42	21	1	1	5	3	2	1	1	0

(a) 3個不同行銷活動的搜尋過程，點擊分配到的銷售額百分比

使用者ID	搜尋引擎名稱	關鍵字	點擊日期	產品	銷售量	銷售額	月神系統歸屬權重（$）
184	Yahoo!	Last-Minute Holidays	9/11/2007 14:22				36
184	Google	Branded	9/23/2007 15:52				60
184	Yahoo!	All-Inclusive Holiday	9/23/2007 16:54				84
184	Yahoo!	Last-Minute Holidays	9/26/2007 15:15				181
184	Yahoo!	Last-Minute Holidays	9/26/2007 15:22				241
184	Google	Branded	9/26/2007 18:52	Holiday Package	2	1,205	603

(b) 直到最後一刻進行購買的網路搜尋過程，經過權衡的營收歸屬

資料來源：Media Contacts

最後一次點擊的關鍵字得到將近50％的歸屬，這也是我們先前討論到，20％的點擊產生80％價值的情況。至於「輔助點擊」則是根據它們在每個行銷活動中，對於最終銷售額的歸屬權重去加以衡量。

這一切代表什麼意思呢？**重點是網路行銷費用應該要按照比例，分散於輔助點擊關鍵字，而不是只放在有品牌的最後一次點擊關鍵字就好**。點擊過程分析如實還原了哪些關鍵字，對於最終銷售確有貢獻；明確來說，圖 7-9(b) 就是圖 7-8 的搜尋過程，只是關鍵字歸屬更為準確罷了。所有包含行銷活動關鍵字的搜尋過程資料，以及每個關鍵字計算出來的平均貢獻，都可以加總起來，然後SEM預算就可以更有效地配置給推升歸屬營收的關鍵字。

我們以 Media Contacts 為某大旅行社進行的這類分析作為案

例。該公司的網路行銷預算分配給50萬個以上的關鍵字，歸屬模型把50%的貢獻，從最後一次點擊移到搜尋過程中前面的那些點擊，因此該公司調整了購買關鍵字的比重，增加這些無品牌的關鍵字支出，結果由於在搜尋過程初期就善用關鍵字，ROA因而增加了24%。

上述這些關於網路搜尋行銷跟歸屬模型的討論，看起來可能有點嚇人，不過你可以從相對比較簡單的工具開始著手，也就是谷歌、雅虎與微軟的免費網站解析工具。你可以輕易地標出網站行銷活動的元素，開始追蹤點擊行銷連結的顧客，然後就能產生可據以行動的資料。

你也可以透過DoubleClick之類的網站，取得特定行銷活動的搜尋跟點擊資料，然後使用圖7-2的Excel範本檔，計算出關鍵的計量指標。首先，你可以用Excel進行分析，製造出圖7-3跟圖7-4的2×2矩陣，這些數據可以讓你根據CPC、CTR，以及活動接受率（CTR×TCR），先針對搜尋引擎（廣告平台）進行第一波最佳化，確保你的每次點擊成本，錢都花得很值得，然後再針對搜尋引擎的特定廣告活動進行最佳化。最後透過ROA跟淨營收分析，算出你付出CPC真正獲得的價值。

你可以用Excel開始進行SEM最佳化，不過隨著經驗值逐漸增長，你很有可能想要迅速改用別的分析工具。Omniture或Covaro之類的工具軟體，可針對大型資料集進行分析，繪出結果圖，並自動計算各種計量指標。比方說，當你要對為期好幾天的大型行銷活

動進行最佳化，想要監控活動績效並做出及時改進時，就需要用到這些工具。

圖7-3跟圖7-4架構的限制，在於它們把所有權重都放在搜尋過程中「最後一個」導致購買行為的點擊關鍵字上。這有50％屬於正確答案，因為最後一次點擊大約就是占實際購買貢獻的50％，不過倘若想得到100％的正確答案，就需要用到歸屬模型。這一段討論的歸屬模型，目前仍然不是「免費」的分析工具，你需要有人幫忙才能開始進行。我相信在不久的未來，各大搜尋公司就會開始提供這些服務，事實上，目前已經有幾家數位公司提供相關的服務。歸屬模型可以把網路搜尋行銷帶往更高境界——行銷人員購買特定顧客，並根據他們的點擊歷史，播放特定的目標廣告給他們看。

在SEM之外：網路揭示的廣告影響力

截至目前為止的討論，僅著重於以關鍵字為基準的SEM，在輸入關鍵字搜尋時播放文字廣告。根據eMarketer的研究報告指出，在超過240億美元的網路行銷支出中，關鍵字搜尋廣告占了45％以上。那麼其他種類的網路廣告呢？展示廣告占19％、影片占2.5％、富媒體（rich media）*廣告則占了8％。

---

* 編注：富媒體屬於網路廣告的一種，利用多媒體影音的多元形式，提供視覺效果強烈、涵蓋大量訊息、高互動性等廣告體驗。

然而，這些展示廣告的CTR卻低得可怕。根據DoubleClick與eMarketer的研究報告，靜態展示廣告的點擊率這幾年大幅下滑，2006年平均只有0.2％，comScore在2008年更報告說平均只有0.1％。根據DoubleClick、eMarketer、Eyeblaster、IAB的研究顯示，富媒體廣告的表現也沒有好到哪裡去，2006年的CTR大約只有1％。從這些資料可以得到傳統曝光廣告在網路上已經完蛋的結論，但事實上並非如此。

comScore研究139則橫跨各行各業的網路展示廣告活動，發現一些有趣的事。他們對於接收到曝光廣告的使用者進行控制實驗，再跟實驗組進行比較。以下是接收到曝光廣告的使用者結果：

- 在4週內，廣告主的網站造訪數提升了46％以上。
- 使用廣告主的品牌名稱，進行搜尋的顧客百分比提升了38％以上。
- 網路曝光廣告品牌的網路銷售量，平均提升了27％。
- 顧客在廣告主零售店購買商品的可能性，平均提升了17％。

因此，儘管沒有幾個人會去點擊曝光中的廣告，不過在網路情境下，可能還是會對顧客產生顯著影響。

我們在上一段討論到SEM的歸屬模型，Media Contacts跟雅虎合作，把歸屬模型延伸到展示廣告。他們利用Cookies（通常以30天為期）追蹤個別顧客的瀏覽記錄，觀察顧客接收到曝光廣告後，可能會發生的三種情境：1.顧客在點擊曝光廣告後，立刻購買產品；

2.顧客後來才跑回來購買；3.顧客後來才搜尋購買。

　　就前兩種情境而言，可以用先前探討的SEM做法，使曝光廣告績效最佳化。不過第三種情境格外有意思，Media Contacts發現結合曝光廣告跟搜尋廣告，對行銷活動進行最佳化之後，可使搜尋廣告轉換率提升83％。

　　圖7-10以展示廣告效度（展示廣告轉換率）以及常態化營收（營收指數）為軸，顯示如何使得第三種情境的搜尋廣告轉換率最

圖7-10 根據展示廣告與搜尋廣告轉化為營收的效率，對網路行銷進行最佳化

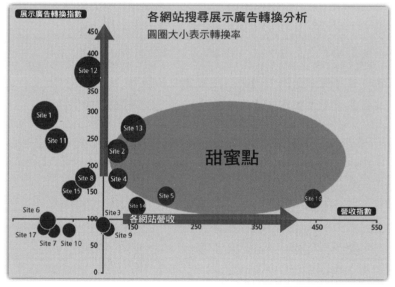

佳化。圖中的圈圈是特定的網站廣告平台，大小則是表示其轉換率。Y軸是廣告平台產生的銷售交易數，X軸則是廣告平台的常態化總營收。

圖7-10的左下角，是交易量低、營收也低的廣告平台曝光廣告，在這些廣告平台的行銷活動應該要喊停；左上角則是有大量交易，但是獲利性卻很低，在這裡打廣告的成本可能會高過營收，應當選擇性地縮減行銷活動。至於右上角是「甜蜜點」，這些廣告平台的交易量跟營收都很高，應當把行銷費用從表現不彰的地方移往此處。

Media Contacts SVP美國區搜尋、資料暨解析主任羅布・葛瑞芬（Rob Griffin）說：

多點擊歸屬模型的價值，在於它可以幫我們選出哪些曝光廣告跟點擊要購買更多，哪些則完全不要買。Media Contacts的購買策略，從以廣告平台為中心，逐漸演化到購買特定受眾，再讓他們順著採購漏斗移動。

總結來說，曝光廣告應當成為你的網路行銷方案的重要成分之一，不過你要讓置放展示廣告的位置最佳化，同時跟其他行銷活動做結合。後面我會把這段重要的結論，拓展到社群媒體行銷的範疇。

精準投放社群媒體廣告的威力

　　就廣義來說，社群媒體包括所有網路使用者共同創造出來的網路內容。社群網站在近幾年內大受歡迎，根據Compete.com的報告指出，臉書的單一用戶（unique user）從2008年4月的3,000萬人，增長到2009年4月的1億5百萬人 *，推特（Twitter）的單一用戶也在這12個月內，從剛過1百萬人增長到2,000萬人。社群媒體顯然已成為網路世界的一大力量，然而行銷人員卻很難想出該如何善用這個媒介。

　　社群媒體在2009年的展示廣告平均CTR非常低，大約只有0.03％。這表示絕大多數的行銷人員，並沒有在這個媒介投入大筆行銷費用；由於廣告供給很多，需求卻很少，相對的CPC也非常低，大約在5％到8％之間。名列《財星》前百大公司的社群媒體行銷公司總裁，最近跟我說：「社群媒體的曝光廣告已經完蛋了！」

　　SEM的CTR通常在1％以上，為什麼社群媒體相較之下如此低落？人們大約有46％的時候，搜尋是為了要購買產品，因此我們預期CTR會比較高。不過我們去逛社群網站不是為了買東西，而是要與人社交跟分享，這裡頭同時存在著挑戰與契機。

　　直到2009年之前，社群媒體行銷一直都跟其他行銷沒什麼兩

---

* 　編注：根據臉書2018年第一季財報，其全球每月的總用戶數已來到21.96億人。

樣。目標行銷主要是根據使用者簡介而定，裡頭通常只有基本的族群跟興趣資料。不過社群媒體的威力在於：使用者會把他們自己的事告訴你。比方說，以下是MySpace幾則有代表性的貼文：

- 我超想去拉斯維加斯的啦！
- 我想要一台新筆電。
- 我真的該換支新手機了。
- 我超想要一台iPod的。
- 我一直想去西班牙看看。
- 我愛死披薩了。
- 我需要買教科書啦！
- 我想要聽些新音樂。
- 我得要找個生日禮物。
- 我要去買輛新車。

　　要是這些人在當下看到他們實際上想要、有感覺、正在考慮的商品的相關廣告，會發生什麼事呢？

　　圖7-11(a)是一項由Opinmind進行的實驗測試資料。這項實驗對MySpace使用者頁面的個別貼文進行資料探勘，然後根據蒐集到的資料，寄送一則「加朋友邀請」。實驗內容特別針對找工作、旅遊、買車等內容的部落格進行搜尋，並且針對這些特定的主題，寄送MySpace的加朋友邀請，結果CTR從控制組的0.7％，提升到實

驗組的3.9％，提升了439％。

　　Opinmind針對社群媒體的精準曝光廣告，研發了一套專有資料探勘演算法，分析特定使用者的部落格，然後根據這些使用者實際的貼文內容，播放目標曝光廣告。舉例來說，分析過先前的使用者貼文之後，可能會發現有某個人對環保議題很關心，又喜歡高爾夫。倘若這個人貼文說「我真的需要一輛新車了」，那麼就給他看一則豐田Prius油電混合車的廣告，強調這輛車的後車箱可以放進2組高爾夫球具。

圖7-11　利用社群媒體精準投放曝光廣告的試驗資料

(a) 測試在社群媒體發送目標電子郵件廣告的實驗

	寄送加朋友邀請		使用者簡介曝光數		點擊數		CTR（％）		提升幅度（％）
	控制組	實驗組	控制組	實驗組	控制組	實驗組	控制組	實驗組	
買相機	290	290	134	174	1	7	0.75	4.02	439
結婚	1,149	1,149	1,033	1,413	12	80	1.16	5.66	387
買車	989	989	649	599	3	16	0.46	2.67	478
旅遊	460	460	365	415	1	7	0.27	1.69	516
安必恩安眠藥	1,170	1,170	808	1,025	1	10	0.12	0.98	688
熱門工作機會	771	771	247	289	4	25	1.62	8.65	434
總計	4,289	4,289	3,236	3,915	22	145	4.4	23.7	439
平均值	805	805	539	653	4	24	0.7	3.9	

(b) Opinmind透過RightMedia發送目標曝光廣告的測試資料

	曝光廣告數		點擊數		CTR（％）		提升幅度（％）
	控制組	實驗組	控制組	實驗組	控制組	實驗組	
汽車	21,230	3,296	5	2	0.024	0.061	158
相機	9,031	677	3	2	0.033	0.295	7895
手機	38,810	3,968	12	7	0.031	0.176	471
旅行	28,761	8,975	6	4	0.021	0.045	114
鞋子	15,681	1,693	14	2	0.089	0.118	32
iPod	5,501	283	4	1	0.073	0.353	386
減重	50,023	8,503	18	4	0.036	0.047	31
新旅行	77,084	20,461	24	7	0.031	0.034	10
總計	246,121	47,856	86	29	0.035	0.061	73

資料來源：opinmind.com

圖7-11(b)顯示利用社群媒體精準投放曝光廣告的試驗資料。精準廣告對CTR造成的提升幅度，在某些案例中達到幾百個百分點，平均達到73％。Opinmind執行長詹姆士·金（James Kim）跟我說：「傳統行銷做法在社群網站上，無法達到行銷人員需要的ROI績效。要改善ROI的唯一辦法，就是對寄送給使用者的訊息相關性進行最佳化。」

要在社群媒體上開始進行行銷活動，方法出乎意料地簡單。任何人都可在臉書跟MySpace，創建進行以使用者簡介為基準的行銷活動（可分別在www.facebook.com/advertising與advertise.myspace.com設定）。在本書寫作之時，這2個網站都還沒有使用進階精準廣告。你可以在opinmind.com下載Opinmind演算法，自己的行銷工作自己來，我強力推薦你試用看看。社群媒體的曝光廣告跟CPC目前有夠便宜的，花個100美元的廣告支出就可以大搞特搞一番。這個能用低成本大打廣告的機會，讓你可以針對控制實驗進行迅速測試，找出哪些是實際上很管用的行銷活動。

量化社群媒體的價值：15號計量指標——口耳相傳（WOM）

有鑑於無標的曝光廣告效果愈來愈不如人意，社群媒體行銷就採用其他做法，像是讓回答問題的使用者變成「朋友」，為產品或服務製作特定的臉書專頁，或是贊助特定領域的部落格。比方說，

生產18輪大卡車的納威斯達公司，就贊助了一個名叫「路上生活」（Life on the Road）的部落格，讓長途貨車司機在上頭分享自己的工作經驗。

這些社群媒體行銷活動的價值何在？要回答這個問題格外困難。有好幾種網路服務，可監控人們在社群媒體網站上閒聊的關鍵字，還可以計算在某一段時間或不同領域中的關鍵字出現次數。這些服務還可以辨識關鍵字的褒貶之意，你把新品上市的正評人數減掉負評人數，就能得到一個分數。不過這個總合計量指標只能辨識「已經發生」的現象，以及網路上正面或負面的「口碑」如何，因此價值有限。我們真正需要的，是一個能夠推估「未來營收」的社群媒體計量指標。

我們在〈第3章〉跟〈第4章〉，介紹了4號關鍵計量指標：CSAT，量測方式是問顧客「你是否會推薦給朋友」，我把CSAT稱為黃金計量指標，因為它把品牌與知名度行銷，跟顧客忠誠度串聯起來，是量化「未來營收」的領先指標。網路科技讓我們更加能夠善用這個計量指標，因為使用者經常透過電子郵件、部落格貼文、推特等，向朋友與同事推薦產品或服務。我把網路行銷的WOM定義為：

█ 15號計量指標：口耳相傳（WOM）

WOM＝直接點擊數＋推薦點擊數／直接點擊數

所謂的「直接點擊數」，是不透過間接轉連、直接連結到該網站的點擊數，包括企業網站、展示廣告、搜尋結果、部落格貼文、產品臉書專頁等任何行銷互動曝光造成的點擊。至於「你是否會推薦給朋友」的答案，則反映在WOM比率的第2項「推薦點擊數」。

我們以Palm在2008年12月進行的WOM病毒式廣告行銷活動為例，廣告概念是一名年輕時髦的聖誕老人「變得很Centro」，開始使用新的Palm Centro手機。

這項預算1,200萬美元的行銷活動，大幅使用病毒式影片，以及內容播種跟社群接觸等社群媒體元素。活動內容圍繞著2大部分，第1個部分是個簡訊介面，讓顧客可以「發簡訊給聖誕老人」，聖誕老人就能模擬簡訊對話內容，回答關於聖誕節禮品清單的問題（www.kgb.com這個網站提供類似的服務）。第2個部分則是在臉書上設立一個聖誕老人專頁。

Palm Centro的這個範例，可說明整合社群媒體行銷活動的3個重要步驟：

Step1：透過電視、平面、網路、看板曝光等付費廣告，鼓勵顧客在臉書上進行互動。

Step2：提供免費音樂下載，以及影片、聖誕老人在網站上直播影像等內容，讓顧客有東西可以分享給朋友。

Step3：透過單一用戶的簡訊數、聖誕老人網站新朋友的邀請數、

WOM 分享數等，量測行銷結果。

負責協調這項行銷活動的 Creature 管理主任羅布森‧葛瑞夫（Robson Grieve）跟我說：「若想要社群媒體行銷起作用，你還是需要傳統曝光廣告去播種對話內容，還得要提供使用者會覺得很酷、願意分享給朋友的內容，最後再進行量測，才知道是否有成功。」

你在社群媒體上如何衡量成敗？Creature 的行銷團隊首先觀察臉書上可供比較的名人頁面，然後選擇了電影明星喬治‧克隆尼的頁面做為基準。Palm Centro 的傳統廣告只放送了 1 週，不過當整個行銷活動結束時，聖誕老人的臉書頁面收到超過 9 萬 8,000 則朋友邀請，比喬治‧克隆尼的頁面多了 3 倍，除此之外，還有超過 40 萬則的單一用戶簡訊。這些簡訊跟朋友邀請數，都是非常顯著的顧客接觸量測指標，這項活動最終讓公司營收增長 20%。

這項行銷活動的 WOM 追蹤元素，其概念可用圖 7-12 加以說明。臉書自己的網站解析工具，可追蹤內部的 WOM 分享狀況；Meteor Solutions 則研發出一套演算法，能夠透過對外連結，追蹤整個網路上的 WOM 分享狀況。圖 7-12 裡的珍（Jane），被廣告帶到 Centro 的聖誕老人臉書專頁，看到專頁上的行銷提案，她在瀏覽過內容之後，透過臉書貼文、電子郵件、簡訊、推特等多重管道，把連結寄給朋友。

Meteor Solutions 給每個連結一個單一的辨識標籤。珍的朋友透過連結回到臉書上，有些人接受了行銷提案，有些則視而不見。這

圖7-12 Palm Centro的社群媒體WOM分享行銷活動範例

珍透過廣告連到臉書或活動網站，看到行銷提案

FACEBOOK

GMAIL

YAHOO！

珍把臉書連結或行銷提案的連結寄給朋友

朋友造訪活動頁面

購買
FACEBOOK
GMAIL
OUTLOOK
TWITTER
YAHOO！
DIG
BLOGGER

朋友分享

資料來源：Creature and Meteor Solutions.

些朋友點擊她寄出的連結，被帶到臉書時，這個單一的辨識標籤就開始追蹤；她的朋友要是對連結視而不見，演算法就會給這些連結一組新的辨識標籤，這樣就能追蹤珍跟她的朋友，究竟有多少次對連結「視而不見」。

我們再舉一個例子。電玩產業在美國的產值達38億美元，卡普空（Capcom）的《惡靈古堡》（*Resident Evil*）系列遊戲，是電玩史上最成功的作品之一，營收總計達6億美元。《惡靈古堡5》（*RE5*）在2009年3月上市時，卡普空進行了廣泛的病毒式與WOM行銷。

圖7-13是RE5網站的病毒式影片概念圖。網站上的影片以好萊塢專業影片規格，介紹遊戲裡的角色，你要把影片分享給朋友，才能解鎖完整的影片內容。在10萬人觀看過第一支影片後，該系列的下一支影片就會解鎖供人觀賞。任何帶上至少5個人來看影片的人，還會收到特殊獎勵，包括額外內容、計分板等。這個病毒式

圖7-13 卡普空《惡靈古堡5》的上市宣傳網站

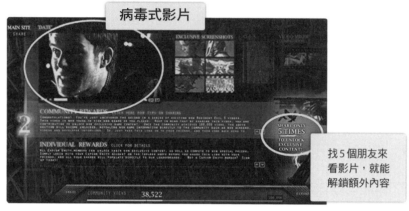

資料來源：Meteor Solutions

行銷鼓勵人們分享影片URL網址給朋友，而且使用者必須找到線索，才能解鎖額外內容，因此接觸使用者的程度也很高。

圖7-14顯示根據直接流量排行的各種來源點擊資料。直接流量是指直接點擊到RE5網站，而不是從分享來源導流過來的。請注意：前3名分別是AdLegend跟DoubleClick的付費曝光廣告，「推薦點擊數」那一欄則是分享給朋友後產生的點擊，這些就是網路上的WOM行銷成果。

在某些情況下，推薦點擊會遠遠超過付費廣告點擊，因此如果把WOM分享也算進來，網站的重要性可能就會來個大風吹，也就是說，某些直接流量敬陪末座的網站，排行可能會排在付費廣告之上。推薦點擊讓網站排名提升的幅度，顯示出病毒式行銷的比重多寡──直接點擊數的上升幅度，有93％肇因於分享數。

計算出來的15號計量指標：WOM，列在圖7-14的最後一欄。這個計量指標明顯指出WOM分享的影響程度，以及哪些網站會產生最多的直接與分享點擊數。直接點擊排名第19跟第23的網站，產生的WOM最多；排名第20的Fan Site跟排名第21的Xbox 360 Achievements網站，整體流量實際上排名分別位列第2跟第3名。

圖7-14 按直接點擊數的《RE5》點擊資料排行榜，附上WOM影響資料的Excel範本

按直接流量排行	網站	直接點擊數	推薦點擊數	推薦提升點擊數（%）	WOM
1	CAMPAIGN SITE	14,467	2,826	20	1.2
2	ad.adlegend.com (AD SERVER)	12,850	247	2	1.0
3	g.doubleclick.net (AD SERVER)	8,611	86	1	1.0
4	www.jeuxvideo.com	7,844	2,634	34	1.3
5	www.youtube.com	5,412	1,287	24	1.2
6	FAN SITE	4,455	731	16	1.2
7	forums.gametrailers.com	3,678	11,958	325	4.3
8	es.wikipedia.org	3,630	1,005	28	1.3
9	FAN SITE	3,494	13,780	394	4.9
10	www.pornbb.org	2,251	13	1	1.0
11	www.meristation.com	2,247	131	6	1.1
12	answers.yahoo.com	2,064	11	1	1.0
13	mail.live.com	1,985	219	11	1.1
14	www.giga.de	1,906	16	1	1.0
15	www2.hshare.net	1,531	48	3	1.0
16	www.spaziogames.it	1,481	63	4	1.0
17	www.akiba-online.com	1,477	2	0	1.0
18	www.joystiq.com	1,097	967	88	1.9
19	www.neogaf.com	1,045	7,112	681	7.8
20	FAN SITE	1,026	15,302	1,491	15.9
21	www.xbox360achievements.org	725	14,656	2,022	21.2
22	es.youtube.com	72	2,500	3,472	35.7
23	www.jeuxactu.com	61	2,171	3,559	36.6
	Totals	83,409	77,765	93	1.9

資料來源：Meteor Solutions 的班‧史特拉利（Ben Straley）與 Agile Insights LLC 的馬克‧傑佛瑞（Excel範本檔下載：www.agileinsights.com/ROMI）

我把WOM計量指標稱為「社群媒體乘數」，它可以告訴我們網路上的曝光或點擊，在WOM加持下的真正價值。也就是說，社群媒體的總點擊數等於：

總點擊數＝WOM×直接點擊數

舉例來說，圖7-14中的Xbox 360 Achievement網站曝光點擊價值，可不只是1個點擊數，而是加上WOM分數後，相當於21個點擊數；es.youtube.com的1次點擊經過分享後，相當於36次點擊。另一種思考方式，則是用本書的11號計量指標：CPC，考量WOM之後的實際每次點擊成本等於：

$$CPC_{WOM} = CPC / WOM$$

因此，一項鼓勵使用者以WOM方式推薦給朋友的行銷活動，CPC比你實際上根據直接點擊數付出的費用（傳統CPC）來得低。低了多少呢？把CPC除以「社群媒體乘數」WOM，就可以得到答案。當然啦，只有在行銷活動經過設計、刺激使用者透過WOM推薦分享，WOM效應才會發揮作用，否則WOM計量指標就正好等於1，你用直接點擊數跟CPC得到的結果不會有任何改變。

NOTE ▶▶▶ 本章重點回顧

◆ 傳統搜尋引擎行銷（SEM）占網路行銷支出將近50%，內容包括針對特定行銷活動，購買搜尋關鍵字。關鍵計量指標有：每次點擊成本（CPC）、訂單轉換率（TCR）、廣告支出報酬率（ROA）。這4個計量指標再加上CTR，就能對SEM行銷活動進行最佳化。

◆ 13號計量指標——廣告支出報酬率（ROA），可量化SEM的點擊價值，藉此預測對於特定廣告平台或行銷活動增加行銷預算時，對淨營收的影響。

◆ 14號計量指標——跳出率，對瞭解你的網站表現如何非常重要。跳出率結合其他網路計量指標之後，就能看出你的網站內容有多能吸引顧客注意、哪些行銷管道（搜尋結果、電子郵件、展示廣告等）對你的網站最管用。

◆ 展示廣告的CTR非常低（低於0.2%），但這些曝光廣告即使本身不是主要的點擊來源，卻會大大影響活動接受率（5號計量指標）；「歸屬模型」可讓我們追蹤特定使用者的搜尋關鍵字，以及曝光廣告的一連串過程。

◆ 根據部落格與社群媒體貼文分析，對特定使用者進行目標展示廣告，可讓社群媒體的CTR增加100%以上。

◆ 15號計量指標——口耳相傳（WOM），可量化網路上「你是否會推薦給朋友」這個問題。WOM是社群媒體乘數，可使點擊與廣告曝光的價值，按照WOM的倍數提升。

第三部分

更上一層樓

第八章
立即提升5倍績效的敏捷式行銷

只要在設計行銷活動之初，預先埋下若干元素，
就能在活動進行期間游刃有餘的加、減碼，讓績效呈現爆發性的增長。

有一間名列《財星》前100大的B2B公司，斥資3,500萬美元，進行一項大型顧客觀感行銷活動。這項活動把獨立的第三方資料與白皮書，公布在按國別區分的活動網站上，接著購買全球廣告，計畫把流量分別導向這些網站。

買廣告的日期老早就預先設定好了，但是隨著日期逼近，網站卻還沒有弄出來，因為該公司未能及時取得許可，只得把獨立的第三方白皮書翻譯成外語。結果在日本跟德國的活動網站，把流量導回美國的英語網站，扼殺了這項活動因地制宜的效果。但沒想到這項被迫如期進行、執行了9個月的行銷活動，結案後不久竟宣告專案成功。

為什麼這項行銷活動算得上成功？因為沒有資料顯示專案失敗。這項行銷活動的關鍵業務目標（KBO），是要讓顧客觀感提升5%以上，以年度全球顧客訪查為準。這項活動在1月開始，顧客訪查在10月開始，但是訪查需要花3個月進行、2個月分析，再加上碰到聖誕節，訪查資料要到隔年1月才能拿到手；然而，行銷活

動僅進行9個月，因此直到活動結束之後的4個月，才拿得到訪查資料。這些資料對於該活動的績效，產生不了任何影響，而且等到訪查資料到手時，行銷人員早就已經忙著去幹別的活了。

這個範例說明了行銷活動的傳統量測方式。你蒐集、分析的任何資料，都是在活動結束後才拿到，照理說對於活動結果已沒有任何影響。我在本章會採用不同的做法，重點是要在活動仍在進行時，就蒐集到活動績效的相關資料，倘若發現行銷活動不管用，就可立刻改變策略。這就是我稱之為「敏捷式行銷」的精髓所在，可把行銷績效提升5倍以上。此外，敏捷式行銷也是事件導向行銷，可根據解析結果提出客製化的行銷提案，並且觸發行銷事件。我們會看到事件導向行銷與解析結果，可再把行銷績效提升5倍以上。

要失敗就快點，別歹戲拖棚

有些公司會把敏捷式行銷搞到很極端，也就是會即時調整行銷策略。比方說QVC的居家購物網，會在電視購物廣告現場直播時，監控產品銷售狀況；倘若銷售額因為購物專家說了某句話而飆升，他們就會透過無線耳麥告訴購物專家，「多講幾次」那句能夠刺激銷售的話。另一個例子是，網路旅行社每年的網路廣告費，可能高達1億美元以上，他們為此會監控谷歌關鍵字的價位，每15分鐘就根據最佳定價購買廣告。

不過我倒是認為，想要顯著提升績效，其實並不需要用到即時

資料，只要用到「近期資料」就夠了。近期資料是指按照比行銷活動期間來得短的時間尺度，所蒐集的行銷績效資料。

我採用的經驗法則是：在行銷活動期間至少要蒐集10次資料。也就是說，倘若行銷活動為期10個月，那麼在第一個月的月底，就應該要有可據之採取行動的活動績效。不過最重要的是，你應該要準備根據這些資料採取行動：倘若行銷活動效果不彰，就要準備做出改變，甚至「即時喊停」也在所不惜——歹戲快快下檔，遠比燒掉3,500萬美元的行銷費用、釀成一場興登堡空難來得好。相反的，倘若你早早就發現行銷活動有效，就應該主動擴大正面戰果。

敏捷式行銷似乎意味著倚靠直觀而行，眨眼間就得做出決定，苗頭不對就立刻改變活動計畫，但這絕對不是這麼一回事。我們會看到敏捷式行銷是有條有理、井然有序的活動，你必須事先規劃好如何蒐集資料，還得提前想好資料到手之後要怎麼運用。

微軟的安全性導覽活動，就是一個敏捷式行銷的範例。微軟在2000年代初期，面臨對自家產品的安全性挑戰，包括I Love You病毒跟Blaster病毒等，在全世界感染數百萬台電腦的高調駭客攻擊。但更讓人頭痛的是Sequel Slammer病毒，這種病毒會攻擊採用微軟SQL的企業資料庫。

微軟在2002年11月，參加由eWeek贊助的OpenHack競賽。這場競賽邀請微軟、甲骨文、IBM等廠商，建構一套有代表性的電子商務系統，能夠把這套系統搞垮的駭客，就能得到獎金。微軟安全技術部門資深行銷溝通主任強納森・佩瑞拉（Jonathan Perera）跟

我說：

微軟的系統在23天之內，遭受8萬2,500次攻擊，卻能維持100％上線運轉。不過我們從這段經驗裡，學到某件極為重要的事：那是因為我們擁有一支相當於俠客歐尼爾、麥可‧喬丹，加上尤達大師組成的系統安全夢幻團隊。我們發現必須要把系統安全的相關知識，從微軟安全專家那裡傳遞給使用者知道。

這也成為改變微軟B2B顧客中，非常重要的資訊安全專家觀感的行銷濫觴。微軟的行銷人員在小型試驗中發現，倘若讓各個企業的資安專家接受「如何安全使用微軟產品」的免費訓練，他們對於微軟產品及其安全性的觀感，就會有顯著提升。

這項斥資1,700萬美元的安全性導覽活動，其目的就是要讓各公司的資安專家，參加由微軟主辦的「安全高峰會」個人訓練課程。這項行銷活動的目標是在美國1年訓練出將近5萬名資安專家，得以涵蓋絕大多數的大型及中型公司。而這項活動經過量測設計，所有的活動媒體都會在網路上進行追蹤控管。

我們在〈第7章〉討論過利用點擊率（CTR）與訂單轉換率（TCR），對網路行銷活動進行最佳化，不過當時是以圖7-4的搜尋引擎行銷（SEM）為例。現在的這個範例也適用同樣的做法，TCR的「訂單」在此就相當於報名參加訓練課程。就安全性導覽活動而言，曝光度是把流量大量導向網站，導致網站曝光超過3,400萬次，

CTR則有大約1％，相當不錯。不過在過了首週後，只有439位資安專家報名參加訓練課程。行銷團隊在首週結束時，發覺倘若繼續這樣下去，就無法達成活動目標。

　　就這項活動而言，因為TCR很低，4號計量指標：整體活動接受率（CTR×TCR）非常低。根據〈第7章〉的討論，我們知道倘若行銷活動的CTR還可以，但是TCR很低，有可能是網站首頁有問題。安全性導覽的活動首頁，原本的4項行動呼籲是：

- 登記參加訓練課程，內容包括：個人課程、網路直播、隨選直播。
- 取得工具：基本安全性分析工具（MBSA）、軟體升級服務（SUS）。
- 預購安全性導覽工具套裝軟體CD-ROM。
- 訂閱安全性電子報跟通知。

　　微軟行銷團隊必須找出這個網站的問題出在哪裡。由於整體TCR實在太低，他們必須知道中介點擊出了什麼狀況，因此他們把TCR切分成中介行動率，以及最終行動率。中介行動率就是從首頁，連到有訓練課程、下載工具、預購CD-ROM、訂閱電子報等最終行動頁面的CTR。圖8-1是行銷團隊在活動首週結束時，檢視得到的實際中介行動率資料（曝光數的數據基於保密原因隱藏起來）。

　　請注意：圖8-1的「主要」網路廣告，也就是Microsoft.com首頁的曝光廣告，「安全高峰會」的中介行動率是19.2％，相較之下，

圖8-1 微軟安全性導覽行銷活動的首週績效分析

安全性計畫導覽	最初回應	中介行動總數	中介行動率（％）
主要廣告	546	125	22.9
呼籲行動追蹤			
安全高峰會		105	19.2
安全訓練		5	0.9
安全網路直播		15	2.7
安全策略路演		0	0.0
安全事件		0	0.0
搜尋廣告	58	0	0.0
呼籲行動追蹤			
安全高峰會		0	0.0
安全訓練		0	0.0
安全網路直播		0	0.0
安全策略路演		0	0.0
安全事件		0	0.0
任務工作	2,718	843	31.0
呼籲行動追蹤			
安全高峰會		593	21.8
安全訓練		168	6.2
安全網路直播		67	2.5
安全策略路演		7	0.3
安全事件		8	0.3
小計	3,322	968	29.1

資料來源：微軟行銷部，Note 1.

「安全網路直播」只有2.7％，「安全訓練」更只有0.9％。這代表什麼意思呢？這表示資安專家是點擊了曝光廣告，才來到安全性導覽的首頁，然後他們點擊安全高峰會的機率，高出了7到10倍，這使得安全高峰會具有最高的中介點擊數。但是TCR低得可憐，因此他們點擊進入安全高峰會之後，注意力就跑到別處去了，因而沒有報名參加。

微軟行銷人員因此決定，把所有的曝光廣告全部直接導向中介

行動率最高、完全個人式訓練的安全高峰會網頁。也就是說，到了第2週結束時，他們發覺到原先的做法不管用，因此徹頭徹尾改變了活動做法。

圖8-2是該活動頭10週的點擊資料摘要。請注意：所有的電子郵件、平面廣告跟網路廣告，都是按照每週點擊數進行追蹤。倒數第3行是報名參加安全訓練的數據，這些資料指出，第1週結束時只有434人報名、第2週有262人報名；然而，在改變做法之後，第3週的報名人數跳增到794人、第4週1,272人、第5週1,528人。這個範例顯示，行銷活動績效經過敏捷式行銷的調整，如何在幾週內提升超過400％。敏捷式行銷在9個月的活動期間，使績效提升了5倍以上。

我特別喜歡這個案例的其中一點，在於這個行銷活動經過設計，績效得以量測出來。所有的電子郵件、平面廣告、曝光廣告都經過追蹤，成果數據每週都會出爐。這些以1週為時間尺度的近期資料，對於這預計要進行12個月的行銷活動績效，產生極為寶貴的見解。行銷團隊一得到早期資料，就發現活動成效不彰，於是應用數據導向行銷的原理，分析CTR跟TCR，找出必須要做出哪些改變，才能扭轉績效。

我知道圖8-2看起來有些複雜，令人眼花撩亂，不過請注意：這張圖的重要性在於，它顯示如何只用一張Excel試算表，就可以追蹤花費1,700萬美元的行銷活動近期表現。我要說的是，你也能夠做到這種程度！你已經有這些工具了，訣竅在於要設計出可供量

圖 8-2 **微軟安全性導覽行銷活動的媒體效度追蹤資料**

所有追蹤的媒體		總數		點擊數週資料											
Marketing Component	Start / Mail Date	Total Impressions	Delivered Impressions	21-Feb-04	28-Feb-04	6-Mar-04	13-Mar-04	20-Mar-04	27-Mar-04	3-Apr-04	10-Apr-04	17-Apr-04	24-Apr-04	Actual Clicks to Date	Actual Response Rate (%)
E-mail Tracked by FWLink															
New York (NY)	24-Mar-04							274	78	8		1	362	
New York	24-Mar-04							186	35	14		1	236	
Raleigh	24-Mar-04							110	35	24			169	
Washington	24-Mar-04							432	120	14		1	567	
Minneapolis	24-Mar-04							105	33	11	28		177	
Chicago	24-Mar-04							344	44	15	14		417	
Denver	24-Mar-04							180	80	25	11		296	
Phoenix	24-Mar-04							255	45	14	188	25	527	
E-mail Initial Response Subtotal								1,886	470	125	243	27	2,751	
Other (Direct Mail, E-mail & Misc.)															
Event Flyers- RSA in February, CTA Integrations	25-Mar-04			2	9	28	3	9	8	2	7	6	74	
Partner E-mail and Flyers								5	35	780	258	554	48	1,683	
Generic Field Sales Template URL		75	115	186	280	215	350	150	100	150	108	1,735	
Posters and Centralized URL		198	118	4,016	4,319	2,304	400	3,988	4,600	5,038	4,086	29,067	
Keyword Searches										41	117	3,336	3,494	
Other Initial Response Subtotal		277	242	4,230	4,603	2,533	793	4,920	5,006	5,871	2,578	36,053	
Microsoft Web Placements															
Microsoft Web Placements (from Security Program Guide) to Security Summit Page		84,583	84,583	1,305	1,351	1,012	2,938	4,715	3,775	3,572	3,022	2,210	2,372	26,276	31.1
www.microsoft.com/exchange/		194,982	194,982					225	427	518	680	559	445	2,855	1.5
msdn.microsoft.com		2,102,526	2,102,526					316	7,387	2,364	1,519	464	4	17,055	0.8
www.microsoft.com/technet/default.mspx		1,116,312	1,116,312					4,668	5,740	5,277	10,069	8,072	8,723	42,955	3.9
www.microsoft.com		26,143,740	26,143,740					13,593	17,764	21,797	6,098	76	60	59,388	0.2
www.microsoft.com/windowsserver2003/default.mspx		289,680	289,680					545	847	791	864	785	752	4,583	1.6
www.microsoft.com/windowsserversystem/default.mspx		456,840	456,840					1,132	2,545	2,188	2,128	2,660	1,428	11,602	2.5
Microsoft Web Placements Initial Response Subtotal		30,388,642	30,388,642	1,305	1,351	1,012	2,938	25,175	38,697	36,968	24,380	14,832	13,795	160,354	0.5
Microsoft Newsletter Placements															
Business Newsletter		115,503	115,503	0	0	0	0	0	0	0	0	0	258	258	0.2
Microsoft for Partners		87,220	87,220	0	0	0	0	0	0	508	25	8	6	546	0.6
Microsoft Security Newsletter		103,089	103,089	0	0	0	1,024	185	39	12	9	523	80	1,870	1.8
MSDN Flash		2,136,328	2,136,328	0	0	70	244	158	152	181	180	166	106	1,255	0.1
TechNet Flash		312,855	312,855	0	0	0	0	420	38	26	8			498	0.2
Windows Platform News		788,955	788,955	0	0	0	0	94	3,462	337	150	43		4,103	0.5
Microsoft E-newsletters Initial Response Subtotal		813,805	813,805	0	0	0	0	0	1,621	129	620	32		2,410	0.3
Microsoft Newsletter Total		4,357,751	4,357,751	0	0	70	1,268	436	620	5,821	705	1,490	533	10,941	0.3
Initial Response Total		34,746,394	34,746,394	1,582	1,593	5,312	8,809	28,144	41,896	48,179	30,216	22,436	21,933	210,099	0.6
Security Summit Site Activity (www.microsoft.com/seminar/security/summit/slidebuilt.mspx)															
Web Site - Page Views				1,344	1,158	2,608	14,048	15,400	15,928	23,738	17,718	14,392	13,828		
Actual Registrations by Week				439	262	794	2,722	1,528	1,741	3,293	1,980	1,302	940		
Cumulative Registrations by Week				439	701	1,495	2,707	4,295	6,036	9,329	11,309	12,611	13,551		
% of Total Goal Achieved				2	3	5	10	15	22	33	40	45	48		
Misc. Program Guide Tracking															
External Newsletters to Program Guide					11		310	305	120	22	131	7		909	
External E-mail to Program Guide															
Direct Mail to Program Guide					1	7	7	18		367	236	181	171		
Misc. Program Guide Initial Response Total					12	5	317	312	138	390	367	188	171	1,900	

報名參加訓練課程的人數

資料來源：微軟行銷部，Note 1.

測的行銷活動，然後準備根據蒐集到的近期資料採取行動。

除了點擊資料分析以外，安全性導覽行銷活動也以創新式用法，利用網路蒐集顧客觀感的訪查資料。使用者造訪過安全性導覽網站之後，在他們離開時就會跳出一份訪查問卷，要他們以下列的敘述評分：

- 微軟提供有助於提升產品安全性的工具與資源。
- 微軟致力於提升安全性，並且為安全性負責。
- 微軟提供有助於保持產品安全的資訊。

• 微軟致力於提供安全的產品。

　　圖 8-3 顯示兩個觀感問題的 3 個月訪查資料。請注意：在這段期間，「非常不同意」跟「非常同意」之間，平均有超過 10% 的變化，不過這代表好事嗎？不盡然，因為這份資料很明顯是有偏差的樣本，只包括那些造訪過網站的人。雖然每個月有數百人回覆，就這些顧客來說算是不錯的樣本，不過請謹記在心：差不多正確的結果，遠比錯誤得很精確來得好。這些資料具有正面趨勢，顯示行銷活動對於改變顧客觀感有幫助，至少對那些來造訪 Microsoft.com 的人來說是如此。

　　大公司通常 1 年會進行 1 次品牌觀感訪查。這些大型訪查樣本很重要，網路訪查怎麼樣都無法取而代之，然而，這些大型品牌訪查無法對實際上正在進行的行銷活動產生影響。網路訪查取得的近期資料，可以讓我們得到幾個月內趨勢資料的正確方向，倘若資料顯示趨勢不佳、顧客觀感逐漸變糟，理性的行銷經理就應該重新思考，該如何改善顧客觀感行銷活動的效度。這裡有一個很重要的見解：**網路訪查能夠讓你在行銷活動初期，就取得顧客觀感的近期資料，指出行銷活動會成功還是失敗。**

設計可供量測與情蒐的行銷活動

　　「這在我公司行不通啦！」、「我是做品牌行銷的，這些想法不

圖 8-3 微軟行銷活動的網路訪查觀感資料

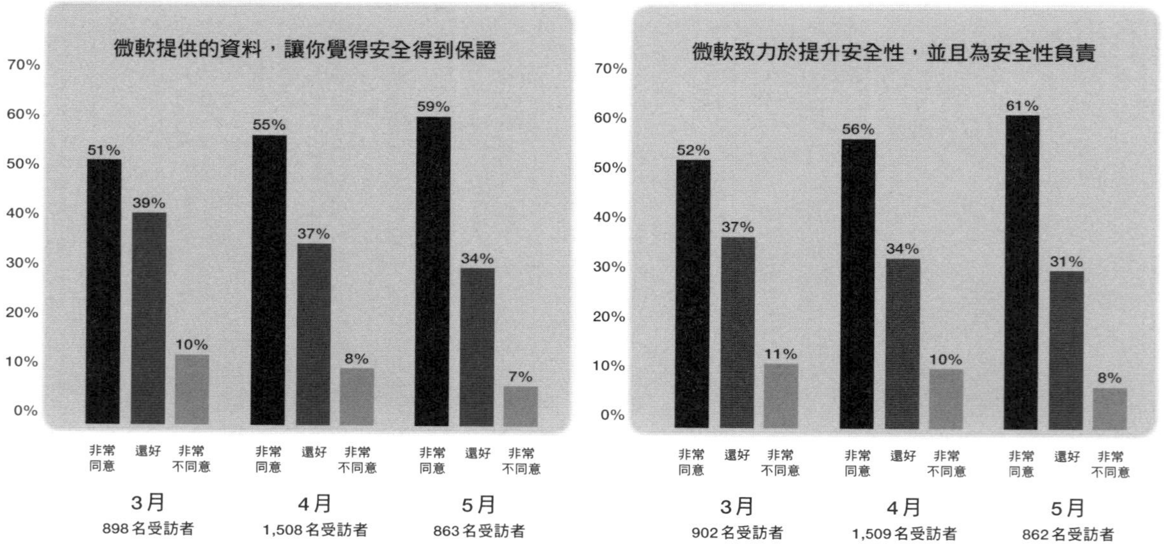

微軟提供的資料，讓你覺得安全得到保證

	3 月 898 名受訪者		4 月 1,508 名受訪者		5 月 863 名受訪者	

51% 39% 10%
55% 37% 8%
59% 34% 7%

非常
同意　還好　非常
不同意

微軟致力於提升安全性，並且為安全性負責

52% 37% 11%
56% 34% 10%
61% 31% 8%

| 3 月
902 名受訪者 | 4 月
1,509 名受訪者 | 5 月
862 名受訪者 |

非常
同意　還好　非常
不同意

資料來源：微軟行銷部，Note 1.

管用！」一談到敏捷式行銷，我經常會聽到人們這麼說。敏捷式行銷確實需要一套新做法：你必須事先規劃，還要根據資料彈性應變，這對於習慣進行非常大規模、一以貫之行銷活動的老派行銷組織或公司，確實很有挑戰性。不過老公司也是能學會新花招的。

舉個例子，杜邦創立於1802年，最初是以製造火藥為主，是美國歷史最悠久的公司之一。本書的〈第1章〉討論過，杜邦贊助傑夫・戈登的NASCAR賽事，並且廣泛利用贊助行銷。該公司的行銷團隊在2007年11月，想出了把URL網址放在戈登賽車後面的點子（請見圖8-4）。

這個URL網址可以把電視機前的觀眾，導向「杜邦效能聯盟」網站。行銷團隊知道NASCAR粉絲的忠誠度極高，因此URL網址會把觀眾導向位於美國各處、獨家採用杜邦汽車噴漆的車體店鋪。圖8-5顯示效能聯盟網站的分店搜尋器點擊率，在比賽時尾隨賽車的攝影鏡頭，拍到該輛賽車的時間一共是1分30秒，這對電視曝光度來說相當高。我要為這個行銷方案經過設計、可供量測這件事鼓掌叫好。這些資料為杜邦在後續NASCAR賽事的行銷活動提供不少資訊，也展現出贊助廣告放置URL網址的價值所在。

請注意：圖8-4的URL網址是www.PA24.DuPont.com。我問過行銷團隊為什麼要用這麼長，又有點難懂的網址，他們說：「IT部門說他們就只能做到這樣。」但其實只要在網路伺服器上打上一行程式碼，就可以讓URL網址重新導向到另一個網址，所以要讓www.dupont.com/Performance重新導向到www.PA24.DuPont.com，

圖8-4 傑夫‧戈登NASCAR賽車後的杜邦效能聯盟網址

資料來源：杜邦行銷備忘錄2號

並追蹤點擊數，應該是非常容易的事，這也是微軟追蹤圖8-2點擊資料用的方法。

　　格魯喬‧馬克思（Groucho Marx）*曾經說過：「這事兒連5歲小孩都能懂，誰幫我抓一個5歲小孩過來？」就像我家那個6歲小孩的年輕一代，對於科技天生就很在行。當你開始採用敏捷式行銷時，會愈來愈倚賴科技跟分析結果來做決策，因此也必須學習科技

---

* 編注：美國喜劇演員，以機智的問答與言談聞名。

圖8-5 杜邦效能聯盟網站的分店搜尋器點擊數

資料來源：杜邦行銷備忘錄2號

用語，以及新的分析技巧。這種感覺可能很嚇人，不過我的看法是，你只需要了解到一定程度，就會變得非常厲害。

我在下一章會介紹3個重要的數據導向行銷分析技法，讓你學到主要的分析法、如何運用這些技法大幅改善行銷績效，以及你該從何著手，讓這些方法在你的公司發揮作用。〈第10章〉則會提供讓你能夠跟IT部門進行合作的策略跟做法，真正發揮數據導向行銷的潛力，同時讓你知道跟科技人共事時，應該要問哪些「正確」的問題。

本章的重點在於，行銷活動必須要經過設計，讓其能夠進行敏捷式行銷，也就是要以比行銷活動期間更短的時間尺度，蒐集近期資料。網路或手機是你能夠蒐集到近期資料的利器，不過在進行行銷活動之前，行銷團隊應該要想清楚，蒐集到資料之後能夠做些什麼事。在你開始著手進行之前，請先試想可能會出現哪些結果？你要用什麼標準來決定喊停活動？倘若活動真的有用，又要怎麼樣重新配置資源？

　　把敏捷式行銷運用在行銷活動上並不難。你的行銷活動若是為期9個月，那就把活動設計成至少1個月檢討1次；倘若為期10週，那就每週檢討1次。你必須事先規劃好蒐集關鍵計量指標，也要想清楚每個階段要通過什麼標準才繼續進行，什麼標準沒通過就要把活動喊停。

　　舉例來說，倘若你計畫進行一個為期12週的行銷活動，目標是每週給銷售團隊1,000名合格的潛在客戶，但結果每週只取得100名，你就該自問這些潛在客戶是否值得花這個成本取得。要是不划算，那就要檢討該如何改進績效，也許可以試著在第2週改變行銷活動。要是仍然不見起色，那就該壯士斷腕，把行銷活動喊停，把剩下的75％資金移往別處。

NOTE ▶▶▶ 本章重點回顧

◆ 行銷活動應該要加以設計，能蒐集近期資料才可以進行敏捷式行銷。關鍵是要蒐集比行銷活動期間還要短的時間尺度資料，並且準備好根據蒐集到的資料，調整行銷活動。

◆ 行銷活動的初期成果若不如預期般良好，就別歹戲拖棚，要停損出場；若初期的成果不錯，就可考慮加碼投資、擴大戰果。

◆ 在展開行銷活動之前，要先設定好一套評斷成敗的標準。

◆ 在行銷活動的執行計畫裡，要安排好決策點，準備在這些關鍵時刻採取適當的行動。

◆ 敏捷式行銷可以使行銷活動的績效提升5倍以上。

第九章
哇，那個產品正是我需要的！

懂得分析數據，就能在正確時機，對正確顧客做出正確提案，
關鍵做法是：傾向模型、市場購物籃分析、決策樹。

    幾年前，我在寶僑（P&G）公司的朋友寄給我一個小盒子，問題是我根本不知道我在寶僑有認識什麼朋友。盒蓋上有個大約1歲大的小寶寶，上頭印著一行標語：「既然你會站了，就坐不住了吧！」盒子裡是一件抽取式尿布的樣品。我猜想這個尿布行銷跟本書絕大多數的讀者沒啥關係，畢竟就算你有小孩，他們也只有2、3年的時間會穿尿布而已。但這個行銷內容讓我感到有意思的地方在於，這個盒子是在我兒子開始會走路之後，沒過幾週就寄到我家的，所以在這短短的時間內，它跟我家倒是大有干係。

    我把這個效應稱之為「哇，那正是我需要的」，也就是你在正確的時間，對正確的人提出正確的提案。小孩子大約在1歲左右開始學會走路，而父母親通常會在發現他們家即將要有寶寶時，訂閱免費的親子雜誌。我猜寶僑就是透過這個管道，取得我家的地址；觸發事件是寶寶開始學會走路，行銷提案則是一件抽取式尿布樣品（1歲小孩坐不住這件事，也被他們說中了）。顧客接受行銷提案的機會很高，因為提案正中顧客需求。

我再舉一個例子，勞氏是一間營收480億美元的居家修繕公司，在全美各地都有大賣場。勞氏在北卡羅萊納州起家，起初只是一間販售硬體的小型店家，不過即使已成長到具有1,640間超大賣場的連鎖店，它仍然保有優良顧客服務的企業文化。比方說，它在各賣場都有業務代表，協助顧客設計住家地板、選擇適合的材質等等。

　　勞氏在分析顧客購買產品的情況後，發現給家裡鋪地板的人，在地板鋪好之後不久，也有很高的機會再購買新的烤肉架。地板的基本材料是木材、螺絲跟釘子，都是一些利潤很低的大宗商品；相對的，烤肉架的潛在利潤很高，但是卻無法保證顧客會再回到勞氏購買烤肉架，他們可能會跑去勞氏的直接競爭對手家得寶（Home Depot），或是去沃爾瑪、西爾斯百貨之類的店家購買。

　　因此，勞氏要在顧客離店之後不久，就會把目標平面廣告寄送到他家去。傳單內容全都是烤肉架，而且依據顧客群不同，傳單上擺的可能是價值600美元的不銹鋼烤肉架，或是成本比較低的替代品。顧客會有「哇，那正是我需要的」的反應，然後就有很高的機會再回到勞氏購買。

　　想要製造這種「哇，那正是我需要的」效應，就必須針對顧客及行銷進行分析工作。根據行銷活動的種類不同，有3種重要的做法：傾向模型、市場購物籃分析、決策樹。我們以梅莉迪絲出版社與地球連線公司為例，分別詳細探討這3種做法。

分析行銷的關鍵做法 1：傾向模型

梅莉迪絲出版社的年營收為16億美元，是服務美國女性的領導媒體與行銷公司，旗下涵蓋許多全美知名品牌，包括：《住家花園修繕》、《家長》（*Parents*）、《女仕居家誌》（*Ladies' Home Journal*）、《家庭圈》（*Family Circle*）、《美國寶貝》（*American Baby*）、《健身》（*Fitness*）等雜誌，此外，它還有成長快速的地區性電視品牌。透過「梅莉迪絲360度」這個策略性行銷單位，梅莉迪絲也為客戶跟旗下機構提供廣泛的媒體產品組合。

在雜誌訂購的業務方面，梅莉迪絲擁有25年以上的數據導向直郵行銷歷史，他們想進一步拓展電子郵件行銷的範疇。他們早期所做的電郵行銷，就只是發送一波稀鬆平常的電郵宣傳，他們知道進步空間還很大。電子郵件行銷跟直郵存在一個重大的差別：顧客不會在意你寄送3、4種不同的直郵內容，但是透過電子郵件宣傳時，必須只用「一封電郵」，就做出最有效果的簡潔提案，把顧客收件匣的雜亂程度降到最低。梅莉迪絲的網路行銷團隊，必須試著回答一個問題：「對既有的顧客來說，哪一項產品最適合透過電子郵件提案？」要回答這個問題，就需要知道顧客傾向，不然至少也要針對顧客傾向擬出模型。

梅莉迪絲透過邏輯迴歸（logistic regression），為每一本雜誌擬定一種傾向模型（propensity models），一共擬出了20種不同的傾向模型。他們採用「盡一切可能」的方法擬定模型，把所有能夠掌握

的變數都納入其中，根據1,000個既有的資料點，以及所有在統計上具有顯著性的變數來跑模型。

　　模型中所使用的變數，以梅莉迪絲網站的註冊顧客為主，包括：年齡、興趣／嗜好的分數（換算成熱情點數）、小孩年齡、其他雜誌訂閱資訊、住處環境類型等等。模型會根據顧客購買某特定產品的傾向，給每位顧客打個分數，得分最高的產品就會成為「本週最佳商品」。

　　圖9-1顯示梅莉迪絲的不同產品，以及模型預測在該週之內，有最高機率（得分最高）購買該產品的顧客人數有多少。也就是說，這個模型會給個別顧客打分數、判定他們最有可能會購買哪一項產品，圖9-1就是計算出來的數字，它會提供給梅莉迪絲的主管，用來監控業務成效。

　　這些模型每隔9到12個月就會更新（重新擬定一次的意思），並且每週都會進行測試，確保模型的預測績效符合實際狀況。有些時候的顧客資料每天都在變化，所以若要獲得最佳結果，每週都得對這1,400萬名顧客進行評分。此外，電子郵件每週寄送不會超過1次，接觸顧客的頻率取決於過去行銷活動的顧客反應：倘若顧客有打開或點擊過電子郵件，那就每週發送給他們1次；要是顧客沒有反應，那就可能先等待4週後，才會寄送下一封電子郵件。

　　圖9-2是根據模型分析結果，鎖定目標受眾的客製化電子郵件廣告範例。這項行銷提案針對《住家花園修繕》的讀者，提供免費的《歡情烤肉》（*Sensational Grilling*）烹飪書。其他經過模型分析

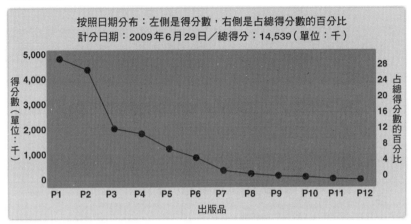

圖9-1 梅莉迪絲的顧客購買模型分析

按照日期分布：左側是得分數，右側是占總得分數的百分比
計分日期：2009年6月29日／總分：14,539（單位：千）

資料來源：梅莉迪絲出版社

提供的類似目標行銷，使得訂閱率提升了29％到50％不等，發送電子郵件促成的整體訂閱數，相較於前一年也增加了20％到40％。

梅莉迪絲在圖9-2的範例中，也利用顧客的興趣評分，進一步做出產品區隔，也就是說，由傾向模型去挑選產品，再利用綜合興趣評分決定要提供什麼免費贈品給顧客。比方說，倘若顧客對於食物很感興趣，就會得到烤肉優惠折扣；倘若他對於裝飾很有興趣，就會得到跟裝飾有關的贈品；對園藝有興趣的顧客，就會得到園藝相關的贈品。梅莉迪絲根據已知的顧客興趣，對提供的贈品做出區隔化，使業績提升了15％；除此之外，他們也透過傾向模型，使得訂單轉換率平均提升了40％。

梅莉迪絲的電子商務暨網路行銷主任艾琳・霍絲金絲（Erin

圖9-2 梅莉迪絲《住家花圃修繕》讀者的客製化電郵廣告

資料來源：梅莉迪絲出版社

Hoskins），為我們指點你可以從哪裡著手，以及在團隊中擁有一名優秀的分析師有多麼重要。她說：

　　我是個行銷人，我知道既有的大量發送電子郵件行銷活動，還有改進的空間。在我開始著手之初，網路行銷的預算、資料庫跟工具都十分有限，所以我的第一步是跟公司裡的頭號分析師凱利‧塔格托（Kelly Tagtow）打好關係。剛開始跟他合作時，我聽不懂他在說什麼，不過我知道，只要我們能夠把分析結果應用在電子郵件行銷上，就會產生好的結果。

　　霍絲金絲當時的挑戰，是要把產品區隔做得更細，對更多產品進行目標行銷，但是她手上能運用的資源卻一點也沒變：只有一名行銷人員，以及一半的生產人員。不過霍絲金絲倒是擁有一套相當完整的資料基礎建設，他們先前把行銷資料庫外包出去，不過資深主管團隊發覺這些資料具有策略上的重要性，因此又把資料庫弄回到公司內部，將其整合到新的顧客資料倉儲裡。梅莉迪絲雖然取得了顧客的電子郵件地址，卻沒有可以進行電子郵件直接行銷的工具。

　　梅莉迪絲的業務情報主任凱利‧塔格托跟我說：「我們初期在進行電子郵件目標行銷活動時，花了很多時間，用人工方式抽取所需的資料。一開始真的挺痛苦的，不過我們證明『傾向模型』的做法真的管用，這也成為投資自動化電郵行銷工具的業務案例。」這項投資使得活動接受率提升，電子郵件訂閱率更是上升了20％以

上，產生了好幾倍的報酬率。

分析行銷的關鍵做法 2：市場購物籃分析

梅莉迪絲的電郵行銷，是根據特定顧客先前的購物記錄與所屬族群，利用迴歸法預測他們接下來最有可能購買什麼產品，這稱為「傾向模型」或是「次佳產品模型」。市場購物籃分析是另一種常見的行銷分析法，而且跟零售業特別有關係，其概念是想辦法找出顧客在購物時，「他們會一併購買哪些產品或服務」。亞馬遜就在其購物網站與電郵行銷中，廣泛使用這套做法。當你登入亞馬遜時，它會在螢幕底下跟你說：「你瀏覽過某本書或某片DVD，你可能也會想要看看這本書或這片DVD。」

「聚類分析」是市場購物籃分析最常使用的資料探勘技法，不過重點並不在於技術細節，而是在於你完成分析之後，得到的是「可據以行動的建議」。這些建議稱為關聯規則（association rule），比方說，「新購入個人電腦的顧客，也會順便買一條新的電源線」就是一條真正的關聯規則，能夠讓你馬上就據以行動，影響實體或網路店鋪內的產品，以及行銷上的產品搭配組合。

霍絲金絲說：「不要害怕資料跟你說實話。行銷人員經常會執著於他們直覺上覺得正確的想法，但是分析結果可能會跟他們想的不一樣。」因此你必須準備好，在分析結果跟直覺相左時，重新思考並據以行動。

分析行銷的關鍵做法3：決策樹

　　你要如何進行事件導向行銷呢？訣竅是搭配分析結果，找出哪些事件或購買行為是有關連的，然後設計特定顧客「一旦做了某件事」，就會自動觸發的目標行銷。也就是說，你需要利用預測模型，了解顧客行為與購物特質，再訂出一個根據這些預測、採取行動的行銷計畫。你可以利用這些模型，量測活動接受率、利潤、客戶流失率等關鍵計量指標，藉此量化行銷影響。以下我們舉一個詳細的例子，說明如何實際進行這類分析。

　　地球連線是一間位於喬治亞州亞特蘭大市、規模中等的網路服務商，它在2008年的營收為9億5,600萬美元。這間公司為數百萬名顧客與中小型企業，提供網路連線服務，其中有大約25％的顧客是使用高速網路，而它也提供網頁寄存、網路廣告等其他服務。此外，該公司跟時代華納固網（Time Warner Cable）、康卡斯特固網（Comcast Cable）簽約，串聯高速網路的服務，同時還跟南方貝爾（BellSouth）、Covad、AT&T等公司合作，提供數位用戶迴路（digital subscriber line, DSL）服務。

　　地球連線廣泛使用資料、分析結果、進行事件導向行銷，不過這趟路走來並不輕鬆。地球連線的顧客見解、解析與策略主任史都華・羅塞爾（Stuart Roesel）跟我說：

　　數據導向行銷若要發揮作用，分析團隊就必須跟產品經理與行

銷人員密切合作，但是我們根據迴歸模型做出來的初期成果，很難說明到讓他們能夠聽得懂。許多行銷人員對於分析結果感到不自在，因此從未採納我們的建議。你必須要把事情弄得很簡單，才能讓他們廣為採用。

業務情報資深經理山姆‧麥克法爾（Sam McPhaul）補充說：

老式的預測模型是藉由邏輯迴歸得出結果，但是行銷人員跟產品經理很難搞懂它們，不覺得這些結果有啥意義，或是有能夠據以行動的價值，因此在公司裡從未獲得重視。我們開始用「決策樹」擬定模型之後，得出的見解就比較容易讓他們理解，再經過一些內部教育訓練跟試行計畫之後，這些模型就真的上路了。

決策樹是資料探勘的3種核心做法之一，另外2種是聚類分析跟神經網路。這些演算法的細節對於我這種怪胎來說十分迷人，不過大多數行銷人員的反應，恐怕會是「你在說火星話嗎」？不過別擔心，你只要略懂一二就夠猛了。

資料探勘的決策樹是怎麼一回事？重點是要把資料集繼續切分成比原先的母體更為「純粹」，或是特質更為明確的次群體。實際上的做法，是把資料倒進一個篩子裡，然後把資料過濾成2組*，1

---

* 決策樹資料探勘演算法，當然不是用個篩子過濾那麼簡單。決策樹會用各種可能的方法切分資料，然後找出能夠把成分篩選到最純粹的最佳切分順序。

組是通過篩子的，1組是沒有通過的。

舉例來說，想像一個資料集裡的顧客們，不是藍色就是綠色，但他們全都混在一起。倘若你拿一個可以把他們按照顏色區分開來的篩子，篩選過後所有綠色的顧客就會在一邊，藍色的顧客在另一邊，這樣的結果就會比原始資料更為「純粹」。這個過程可以重複用在不同的變數上，一個接著一個用，資料集就可以分解成一棵有「樹葉」（藍色顧客跟綠色顧客）跟「樹枝」（連結）的樹。

若要搞懂這個概念，就需要一個實際的範例。下一頁的圖9-3是地球連線用SAS企業探勘軟體，進行頭2次切分的決策樹。總母體是撥接顧客，第1次區分（分枝）是把聯絡地球連線、詢問「我家能不能換裝寬頻」的顧客分離出來，圖9-3的左側分枝是致電詢問能不能換裝寬頻的顧客，右側分枝則是未致電的顧客。請注意：觸發事件是顧客打電話給客服中心，詢問「我家能不能換裝寬頻」。

在圖9-3決策樹上方的欄位裡，撥接顧客的總母體裡，有5.2%在60天內流失，有94.9%沒有流失。不過那些打電話來詢問的顧客（第一次切分左側分枝），其客戶流失率就有很大的差異：致電詢問的顧客有12.8%的流失率，未致電詢問的則是4.2%（請見圖9-3第二層欄位的客戶流失率）。也就是說，致電詢問是否能夠換裝寬頻的顧客，流失的機率比一般平均高出246%（用12.8%除以5.2%算出），因此，這是「高客戶流失率」的分枝；右側則是「低客戶流失率」的分枝，未致電詢問能否換裝寬頻的顧客，其流失率比一般平均低了大約20%（用4.2%除以5.2%算出）。

圖 9-3　地球連線用 SAS 企業探勘軟體做出的決策樹分析

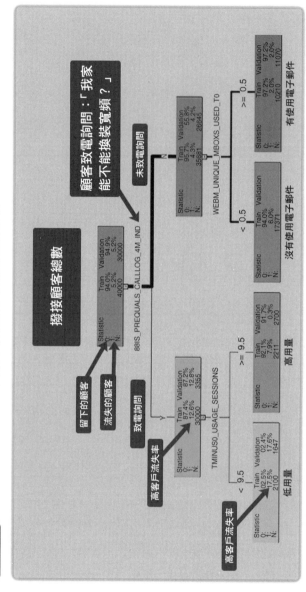

資料來源：地球連線的山姆‧麥克法爾（Sam McPhaul）

另一種思考圖9-3決策樹的方法，是根據非常複雜的變數組，對顧客進行非常細的區隔。這裡要問的關鍵行銷問題是：「為什麼這2組顧客的客戶流失率有所不同？」也就是說，你要知道為什麼左側分枝的客戶流失率，跟右側比起來高出那麼多？答案就是，想要知道家裡能否換裝寬頻的顧客，可能正在考慮從撥接升級為高速網路，他們很可能會主動想要升級服務。

決策樹的第三層把「我家能不能換裝寬頻」的顧客進一步切分。右側那些沒有打電話來詢問的顧客，則按照「網路郵件使用次數」這個變數進行切分；左側那些至少打電話詢問過1次的顧客，則按照「每個月的撥接次數」這個與使用頻率密切相關的變數進行切分。「網路郵件欄位」由決策樹演算法決定，是那些對於撥接服務相對滿意顧客的最佳切分變數；至於那些在考慮升級為寬頻的顧客，最好的切分變數則是「撥接次數」。

第二層的切分，對於導致客戶流失的行為提供了重要見解。在左邊分枝致電詢問能否換裝寬頻，但是網路使用量低、一個月撥接低於9.5次的顧客，其客戶流失率是一般平均的338%（用17.6%除以5.2%算出）。這些顧客在四處比貨，相對來說並非一定要用撥接服務不可，因此是接觸、採用，以及忠誠度行銷活動的目標顧客。而同樣屬於致電詢問的分枝，但網路使用量高、一個月撥接高於9.5次的顧客，其客戶流失率只有一般平均的160%（用8.3%除以5.2%算出）。

對於圖9-3右側分枝，未致電詢問能否換裝寬頻的顧客來說，

最重要的切分變數，是他們使用網路郵件的郵箱數目。使用郵箱數目為0的顧客（0.5個視為小於1或等於0），客戶流失率比一般平均略高（為5.7％，一般平均為5.2％），顯示沒在用郵箱的顧客比較會流失；使用一個以上郵箱的顧客，客戶流失率為2.8％，僅僅是一般平均5.2％的54％，這些顧客不會四處比較寬頻服務，仍然在使用電子郵件。

這裡的重點在於，**要找出哪些顧客是留存行銷的目標**：致電詢問能否換裝寬頻網路、平常用量又低的顧客（以每個月撥接次數量測），客戶流失率最高。史都華・羅塞爾說：「你無法讓顧客不再考慮換裝寬頻網路，不過可以對他們進行目標行銷，鼓勵他們多使用地球連線的電子郵件服務，藉此降低客戶流失率。」

地球連線每隔幾週就會做1次決策樹，根據模型找出來的重要特質，鎖定客戶流失率最高的特定顧客群。該公司對這些顧客進行的特定行銷，是提供各種驚喜贈品：一張5美元或10美元的星巴克招待券、優先服務專線電話，或是換裝寬頻網路服務的優惠。圖9-4顯示這些專門針對撥接客戶的行銷方案，對於客戶流失率的影響。相較於沒有收到行銷訊息的控制組，客戶流失率在30天內減低了44％，在120天內減低了幾乎20％。

地球連線也把減低客戶流失率所造成的財務影響，就目前利潤（6號計量指標）與顧客終生價值（CLTV）的觀點（10號計量指標）加以量化。客戶流失率減低30％，就短期而言影響有限，不過時間一旦拉長，留存下來的顧客在所有區隔顧客群裡，會使得獲利性

圖9-4 地球連線針對撥接顧客進行留存行銷的結果

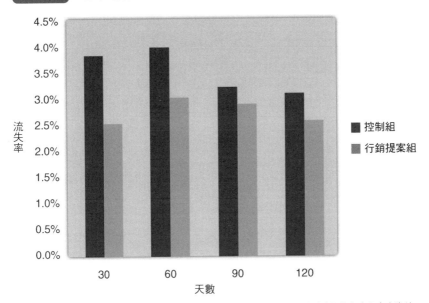

資料來源：摘自地球連線撥接顧客留存率資料

改善20倍。行銷的影響力隨著時間拉長，會變得相當顯著，每個月至少可因此多賺數百萬美元；未來顧客忠誠度所產生的良好商譽，還會帶來更多利潤。

時至今日，地球連線曠日廢時的迴歸模型，已經被使用上直覺得多的決策樹做法所取代，採用數10種不同的新模型，把分析時程從數週縮短到數天。這意味著要花更多時間解讀資料、創造新的目標行銷，也要跟跨功能性團隊共同研擬策略，並予以執行。

不過有些事情還是要盯著點。羅塞爾跟我說：

我看到很多行銷人員在進行分析時，不小心掉進一種陷阱：他們會把整個樣本當成控制組，然後比較行銷績效。這個控制組可能會跟實驗組截然不同，這樣做量測得到的效果通常很小。若想知道真正的效果如何，就必須比較獲得行銷提案的顧客，跟類似、但沒有獲得行銷提案的顧客，這樣才會看到行銷造成的巨大差異。

　　地球連線是怎麼開始著手的？羅塞爾說：「我們在4年前，手頭上有些基本計量指標，但實際量測的行銷計劃卻沒有幾個。我們公司根本沒有數據導向行銷的文化，非但沒有進行分析、產生見解，反而只是製造出一堆行銷人員用都不用的報告。所以我們乾脆從頭來過，採取比較細緻的做法。」地球連線在公司內部，把這個新方案稱為TIAD，意思是「今天就是另一天」（Today Is Another Day）。這個方案把觸角延伸到業務範圍之外，努力了解顧客真正的需求何在，並招募有才華的分析師填補團隊弱點，同時把分析行銷所需的工具跟基礎建設準備好。

　　地球連線的行銷分析團隊使用這些新工具，對資料細細地進行剖析，結果頗有斬獲。與控制組相較之下，顧客留存行銷把客戶流失率降低30％以上；獲利性分析也發現電話行銷的成本很高，績效卻很低，該公司因此把顧客溝通的重點，轉移到成本低得多的電子郵件。此外，也因為在正確的時間，對正確的顧客做出正確的提案，活動接受率（5號計量指標）因而大幅提升。以上這些因素綜合起來，一共使得地球連線的行銷營運費用減少了60％，大幅提

升行銷績效。

　　這些成果使得公司內部的態度真正轉變，從提出「有多少百分比的顧客流失了」這種資料類型的問題，逐漸轉變為提出「為什麼這類型的顧客在流失」、「我們要怎麼做才能減低客戶流失率」、「行銷工作造成多少財務影響」這種業務類型的問題。

　　地球連線之所以能夠促成數據導向行銷的文化，關鍵在於他們創立了「顧客經驗委員會」。這個委員會由一個主管帶頭，納入了包括羅塞爾在內的好幾名資深行銷人員與產品經理，另外又從公司各處調來大約 40 名行銷人員。委員會每個月召開一次會議，分享先前的行銷活動、最佳表現，以及新模型產生的結果。羅塞爾說：「透過這個委員會，我們持續推動試驗計畫、執行行銷活動、量測銷售循環並從中學習。」

　　總結來說，決策樹這套做法是進行顧客區隔，得出可據以行動見解的絕佳方法。這套做法可應用在各種情況，讓你能夠回答像是「購買這項產品或服務的顧客，也會購買哪些其他的產品或服務」、「我應該要尋找哪些指標事件，才能知道顧客會購買新產品或服務」、「哪些事件或行為表示顧客將會流失」這類問題。然後你就跑一下模型，根據分析結果所得到的見解行動，只要模型建議的事件或特質出現，就開始針對顧客進行目標行銷。你可以每天、每週，或是每個月跑一次模型，甚至如同下一段的範例所示，每當顧客跟你的公司產生互動時，就即時跑一次分析模型。

　　只不過，大多數的行銷人員並不具備進行資料探勘，或設計

SAS問題的技能，所以你很有可能必須要另外招募一位對這些事很拿手的人。重點是要知道這些技法的威力何在，如何解讀資料並據以行動。這聽起來雖然好像很複雜，不過資料探勘得出的結果，其實還蠻直截了當的，相對來說算是很容易解讀。我是一名樂觀主義者——目前經濟不景氣，正是招聘分析師的絕佳時機！

時機就是一切：事件導向行銷的案例

對正確的顧客，提供正確的行銷提案，可以巨幅改善績效。前面討論過的傾向模型、市場購物籃分析、決策樹，都是讓你能夠進行精細區隔與目標行銷的工具。只不過，若你可以在正確的時機，使用分析結果的目標行銷，才算是真的厲害：一個洗衣機剛壞掉的人，遠比才剛買一台新洗衣機的人，對於洗衣機行銷的接受度來得高（量測結果會反映在高活動接受率與高獲利性）。以下的這幾個案例，可以說明真正的事件導向行銷，能夠把績效提升到什麼程度。

● **案例1：DirecTV**

DirecTV在1994年由休斯電子（Hughes Electronics）創立，提供衛星電視服務，年營收170億美元。該公司有7,500名員工，為大約1,800萬名美國顧客，以及500萬名拉丁美洲顧客提供服務。他們面臨的挑戰，跟上一段提到的地球連線類似：要想辦法留存有流失風險的顧客。

該使用迴歸分析或決策樹？

迴歸分析是所有核心MBA決策科學課程的主要焦點，為什麼在本書反而屈居次要地位呢？迴歸分析的概念，是在資料裡擬合出一條線（線性模型），比方說，把銷售額當成行銷或其他變數的函數，藉此預測銷售額。倘若你擁有很多乾淨俐落的資料，也很擅長解讀各種變數，那麼迴歸分析就非常好用；但是倘若資料有缺漏或是出現極值，就會戳中迴歸分析的死穴，你只能把整筆資料全部丟掉。

相對的，決策樹的彈性就比較大，可以容許資料缺漏或極值的存在。此外，迴歸分析是假設有一個簡單線性模型存在，各變數之間沒有相關性；決策樹卻是一種「無母數統計」，對於資料分布沒有事先的假設，因此可以自動偵測到變數之間的互動關係，進而選出最佳的輸入變數，這一舉解決迴歸分析之類的預測模型中最要命的2大難題。

不過決策樹也不是沒有侷限性。決策樹的一大麻煩，在於它可能會「過度擬合」資料，也就是會弄出一個極為符合測試資料的模型，反而使得這個模型套用在新資料上面時不太管用。若要解決這個問題，就必須在把模型固定下來之前，把大大小小的資料都拿來試一試，這個過程可以用許多演算法自動進行；另外一個麻煩在於，決策樹的結果是個階梯函數，非「是」即「非」，非「高」即「低」，這可能會使得決策樹的預測能力打了折扣。迴歸分析是連續函數，這是它的優勢，不過大型決策樹用來趨近線性函數的效果也不錯，也就是說讓決策樹切分許多次，使其趨近於連續函數，這就是決策樹在大型資料集表現較佳的原因。

我並不是說迴歸分析不好。迴歸分析對於梅莉迪絲出版社電子郵件行銷傾向模型就很管用，而且就這個案例來說，表現比決策樹還要優秀。不過決策樹分析有它的優勢，最重要的是你不需要幾近完美、乾淨俐落的資料，而且其結果對於行銷人員來說，要一目了然得多。

行銷分析過程也跟上一段類似，不過DirecTV透過可進行幾近於即時資料蒐集與分析的自動化系統，把行銷工作與顧客服務帶往更高一層樓。這套系統每天處理6,000萬筆交易，該公司利用這套系統，找出哪些顧客打電話來取消服務。DirecTV每隔15分鐘就會跑一次「補救」模型，這些模型會給補救團隊找出「潛在客戶」，在3小時內跟那些可能會跑掉的顧客再度聯絡，提供他們特別的留存顧客方案。

這樣做的結果令人印象深刻：DirecTV留住了25％有流失風險的訂閱者，整體客戶流失率在2008年從19％降到界業最低的16％。年客戶流失率減少3％看起來好像沒有很多，但是就一間年營收170億美元的公司來說，這相當於每年省下5億美元以上的業績。

● 案例2：澳洲國家銀行

傳統上，銀行會進行無目標的大規模行銷活動，跟顧客通常沒什麼關聯性。比較好的做法是利用科技，尋找相關的行銷契機。舉例來說，有間大銀行分析顧客帳戶之後，發現有一個無孳息帳戶裡存進了16萬美元，以這位顧客來說是一筆不尋常的大額交易。銀行理專在24小時內打電話給這位顧客，發現這筆存款是他跟親友借來的創業基金，結果這通電話不但讓顧客開設了一個小額創業支票帳戶、申辦了信用卡，也辦了信用額度。

澳洲國家銀行（NAB）在金融服務產業裡，是採用事件導向行

銷的領導廠商。它的年營收140億美元，是澳洲散戶數排名第一的銀行，其事件導向分析行銷在2008年，還獲頒國家資料庫中心行銷白金獎。澳洲國家銀行每天都會利用「事件偵探」（event detectives），掃描資料庫裡的270萬個顧客事件，這樣做的結果，每年可為銀行理專提供超過300萬個聯絡顧客的契機，他們每年大約會打50萬通電話，提供行銷提案給這些潛在客戶，整體活動接受率超過40％。

最有意思的是，澳洲國家銀行把這些原理所造成的影響，應用在自家歐洲集團所新併購的銀行中，包括：英國約克夏銀行（Yorkshire Bank）與克萊茲戴爾銀行（Clydesdale Bank）等。這些銀行在被澳洲國家銀行併購之前，行銷與顧客管理的流程做得並不好，「顧客所有權不清」更使得問題更形複雜——不同的部門群組會對同一批顧客，提出各自的行銷提案，這種重複行銷不但浪費很多精力，也會造成顧客困擾。

澳洲國家銀行利用他們本身的經驗，把這些歐洲銀行的顧客資料，整合成一個中央化的企業資料倉儲，然後透過資料探勘跟分析結果，進行目標事件導向行銷。各個管道發送給顧客的訊息經過統整，內容更加有一致性，而且確保不會重複發送。行銷活動目標轉變為著重於顧客需求、行為，以及CLTV。對外的行銷提案更為及時，顧客主動聯繫銀行時，會在24小時內得到回覆，行銷內容也變得更為切合顧客個人需求。

這樣做的結果令人眼睛一亮。行銷提案的回覆率立刻提升了

30倍（也就是驚人的3,000％），在利用迅速測試、學習敏捷式行銷，微調其分析結果之後，每年還持續有15％的增長；客戶流失率減少了17％，對外行銷經過協調之後，活動接受率也增加了20％。除此之外，雖然潛在客戶量減少了22％，不過由於追蹤到更多符合資格的潛在客戶，客戶轉換率因而提升了15％。

● 案例3：Ping高爾夫

　　至於最後一個案例，將說明即時處理顧客資料，好處可不僅限於提升行銷績效。Ping是一間規模中等的私有客製化高爾夫球具製造商，產品完全按照高爾夫球手的需求量身訂做，球具顏色、長度、球桿彈性、握把大小，全部都可以客製化，並且可在48小時內寄送到府。該公司的挑戰在於每天要接收3,000筆訂單，共有1萬個活躍零售帳戶、20個經銷商，還必須要有一條可以趕上交貨時限的產品組裝線。組裝元件的生產前置期從3週到12週不等，而且有超過40％的總營收會集中在第二季，這使得問題更形複雜。

　　Ping解決問題的訣竅，在於善用即時資料倉儲與分析結果。他們的客服中心有15到20名專員，每天處理1,000到3,000通電話，平均每天要接2,000張訂單。系統裡儲存了超過1,200萬筆設備序號，顧客只要透過客服中心或網站，就可以立刻下訂完全一樣的高爾夫球具。

　　即時回應讓Ping具有一流的客服中心績效，因而使得顧客滿意度（CSAT）也很高。重點在於分析結果跟資料倉儲的基礎建設，

不但可以透過事件導向行銷，大幅改善行銷績效，也能夠提升其他方面的業務績效。

用Excel就能辦到：分析行銷的業務案例

分析行銷（analytic marketing）最常用於交叉銷售、增售，以及留存客戶（減少客戶流失率）。這些行銷活動全都可以造就可供量測的新銷售額，或是減少客戶流失率，實現原本可能因為顧客耗損而流失的營收。既然行銷活動的結果直接反映在銷售額上，那麼〈第5章〉介紹的財務投資行銷報酬（ROMI）就很管用。

圖9-5是計算分析行銷ROMI，為投資背書的範例。這個Excel範本檔是一間有40萬名顧客的公司進行增售行銷的範例，重點在於根據顧客價值，把顧客區分成白銀、黃金、白金3個等級，行銷活動的目的是要進行增售，讓白銀顧客變成黃金顧客、黃金顧客變成白金顧客。圖9-5 (a)列出相關的假設，你可以輕易地把這些變數，更改成符合你公司的情況。圖9-5 (b)這個ROMI範本檔的頂部是基準情境，也就是照常進行業務行銷，預估會產生的結果；底部則是進行分析行銷區隔與目標行銷的上檔情境。分析行銷的兩大影響在於：

1. 增加行銷提案的活動接受率（在圖9-5的案例中假設提升5%）

圖 9-5　計算分析行銷的 ROMI 範本檔

假設

顧客群	400,000
白金顧客百分比	5%
黃金顧客百分比	10%
白銀顧客百分比	85%
白金顧客群年度成長率目標	5%
黃金顧客群年度成長率目標	12%
新行銷提案活動成長率	2%
活動接受率預期提升幅度	5%
接觸一位潛在顧客成本	$ 0.50
每位白金顧客季平均支出	$ 23,750.00
每位黃金顧客季平均支出	$ 13,500.00
每位白銀顧客季平均支出	$ 1,650.00
季率平均支出預期提升幅度	5%
白金顧客毛邊利潤	70%
黃金顧客總邊利潤	50%
白銀顧客總邊利潤	2%
稅率	38%
WACC（折扣率 r）	14%
行銷活動頻率	quarterly

系統成本

硬體	$ 1,500,000
軟體	$ 2,500,000
專業服務	$ 3,000,000
投資成本＝折價基礎	$ 7,000,000

(a) 模型假設

基準情境

	Year 0	Year 1	Year 2	Year 3
白金顧客新銷售額		$ 35,625,000	$ 96,781,250	$ 101,620,313
黃金顧客新銷售額		$ 97,200,000	$ 270,864,000	$ 303,367,680
減掉：白金顧客新COGS		$ (10,687,500)	$ (29,034,375)	$ (30,486,094)
減掉：黃金顧客新COGS		$ (48,600,000)	$ (135,432,000)	$ (151,683,840)
減掉：黃金顧客接觸成本		$ (25,000)	$ (26,250)	$ (27,563)
減掉：白銀顧客接觸成本		$ (120,000)	$ (134,400)	$ (150,528)
EBIT		$ 73,392,500	$ 203,018,225	$ 222,639,968
減掉：稅金		$ (27,889,150)	$ (77,146,926)	$ (84,603,188)
舊的現金流		$ 45,503,350	$ 125,871,300	$ 138,036,780

上檔情境

	Year 0	Year 1	Year 2	Year 3
白金顧客新銷售額		$ 37,406,250	$ 101,620,313	$ 106,701,328
黃金顧客新銷售額		$ 102,060,000	$ 284,407,200	$ 318,536,064
減掉：白金顧客新COGS		$ (11,221,875)	$ (30,486,094)	$ (32,010,398)
減掉：黃金顧客新COGS		$ (51,030,000)	$ (142,203,600)	$ (159,268,032)
減掉：黃金顧客接觸成本		$ (23,810)	$ (25,000)	$ (26,250)
減掉：白銀顧客接觸成本		$ (114,286)	$ (128,000)	$ (143,360)
減掉：維護費		$ (1,166,667)	$ (1,166,667)	$ (1,166,667)
EBIT		$ 73,576,280	$ 209,684,819	$ 230,289,352
減掉：稅金		$ (27,958,986)	$ (79,680,231)	$ (87,509,954)
淨利潤		$ 45,617,293	$ 130,004,588	$ 142,779,398
加上：折價		$ 2,333,333	$ 2,333,333	$ 2,333,333
新的現金流	$ (7,000,000)	$ 47,950,627	$ 132,337,921	$ 145,112,731
增加的現金流	$ (7,000,000)	$ 2,447,277	$ 6,466,621	$ 7,075,951

淨現值（NPV）	$ 4,898,655
內部報酬率（IRR）	45.8%

(b) ROMI分析結果

Excel 範本檔下載：www.agileinsights.com/ROMI

2. 透過增售一部分的顧客，把他們提升到下一個價值層，提升
　　錢包份額（share of wallet）。

　　資料倉儲跟分析的成本列在圖9-5 (a)底部，估計為700萬美
元。這些假設都只是預估值，你可以輸入自己公司的相關數據，也
可以根據實際狀況，改變這些價值區隔（白銀、黃金、白金），把
重點放在交叉銷售、增售、或是客戶流失率。

　　從產業基準資料取得的數據，最能看出分析行銷提升活動接受
率跟營收的績效。這個範本檔裡所用的假設比較保守，不過跟你的
公司相比，成本與營收的數字可能比較大。基礎建設的成本端看顧
客群大小，以及所需基礎建設的複雜程度而定。

　　無論投資的規模大小，都用得上圖9-5的範本檔。舉例來說，
你的行銷方案一開始可能只是針對一部分的顧客資料，花費數10
萬美元，那麼只要把範本檔裡的數字，調降到符合你的方案即可。
對於一小群顧客應用的分析行銷，就應該要有可供量測的實際影
響。剛開始的時候以小規模進行有一個好處，可以讓你在經驗中學
習，確認所做的假設合理，讓你在進行未來ROMI分析時說話有
聲。若想了解更多關於「分析行銷財務ROMI」的詳盡範例，也可
參閱《GST的顧客關係管理方案ROI》（*ROI for a Customer
Relationship Management Initiative at GST*）這本書。

　　在圖9-5的範例中，IRR是45.8％，NPV是490萬美元，回收
期則是低於2年，這些ROMI計量指標顯示著這是一個很不錯的行

銷方案（NPV>0，IRR>r，回收期低於2年）。不過在讀過〈第5章〉之後，你應該也要進行敏感度分析，測試最佳、最糟，以及預期狀況；你要用的關鍵風險因子，是活動接受率跟支出增幅，可能也要更動一下科技計畫的成本。下一章我會就科技基礎建設的觀點，回答「這需要付出什麼代價」這個問題，我會提供你跟IT部門合作共事的策略，以便發揮敏捷式行銷的潛力，主動管理相關風險。

NOTE ▶▶▶ 本章重點回顧

◆ 事件導向行銷可以讓敏捷式行銷更上一層樓。利用分析結果，在正確的時機，對正確的顧客提出正確的提議，就能夠使活動接受率（5號計量指標）提升5倍以上。

◆ 分析行銷有3種重要的做法：傾向模型可預測顧客購買的可能性、市場購物籃分析能提供可據以行動的相關規則（回答「買了這個產品的顧客，也會買其他哪些產品」這個問題）、決策樹可讓你根據事件與其他的顧客特質，對顧客進行細膩區隔。

◆ 利用重要財務ROMI計量指標（7號計量指標NPV，8號計量指標IRR，9號計量指標回收期），可以直截了當地量化分析行銷的案例成效，其關鍵因素是提升的行銷提案接受率（5號計量指標），以及因此產生訂單所提升的利潤（6號計量指標）。

第十章
量化行銷，需要付出多少代價？

先釐清打造基礎建設的關鍵問題，就能一步步畫出發展路線圖，
關鍵是：要從大處思考、從小處著手，然後迅速擴大規模。

　　我在本書中再三強調，你不需要有數百萬美元打造的數據導向
行銷基礎建設才能開工，大可採用微軟的 Excel 工具踏出第一步。
我還是堅持這個看法，不過我要修正一下你的期望。就基礎建設的
觀點而言，「這需要付出多少代價」這個問題的答案，相當具有商
學院的風格：**這得看情況**。

　　舉例來說，倘若你進行數據導向行銷的目標，是要掌握〈第3
章〉探討的顧客生命週期，並且為〈第4章〉的品牌知名度、顧客
滿意度（CSAT）、試駕、活動接受率等計量指標，還有〈第5章〉
的 ROMI 計量指標，以及〈第7章〉的新時代網路計量指標，建立
起平衡計分表，那麼你絕對可以用 Excel 跟一些 3×5 吋的索引卡，
開始進行量化行銷的工作。*只不過，倘若你想要積極管理客戶流失

---

* 　大公司很有可能必須要把行銷活動的追蹤跟執行監控的過程自動化。負責進行這項工
　作的軟體，稱為行銷資源管理（MRM），這是下一章會討論到的關鍵行銷流程。網路
　搜尋引擎行銷（SEM）則需要 Omniture 或 Covario 之類更為先進的工具，不過你絕對
　可以從 Excel 開始著手。

率（第4、6章），根據顧客終生價值進行價值基準行銷（第6章的CLTV），或是進行事件導向行銷（第9章），那麼就需要一套資料倉儲跟分析基礎建設。不過你需要多少基礎建設，又得花多少錢呢？這得看情況。我們先來瞧瞧就行銷人員的觀點來看，要怎麼進行估算。

你需要的究竟是哪些資料？

一旦談到行銷資料庫跟相關技術，行銷人最常問我的問題之一，就是：「我需要把什麼資料放進資料倉儲裡？」但這個問題問錯了，你應該要問的是：「我有什麼業務需求？」這個問題的意思是：你想要回答哪些業務問題？要處理多少顧客？你需要什麼樣的資料，要看你想要解答的業務問題而定。

以航空公司為例，你的業務問題可能是想知道，有多少年齡在30到49歲，往返於芝加哥與華盛頓特區的飛行常客，上個月不再搭機？為什麼他們不再搭機？哪些類似的高價值顧客有可能會流失？對這些高價值顧客進行行銷，對於減低客戶流失率有何影響？若要回答這些問題，就需要透過各種方式找出目標顧客，取得相關資料，後續的問題還需要用到更多資料。除了航班跟顧客族群的資訊之外，你還需要找出顧客價值（第6章的CLTV），這需要從企業各處彙整資料，才算得出來。

請注意：每個業務問題，往往會扯出如圖10-1所示的一連串

後續問題。比方說，倘若你從「上個月有多少顧客註銷帳戶？」這個問題開始問起，然後得到0.5％的答案。請看我們在圖10-1的第一步，想要找出實際上發生了什麼狀況，下一步是要設法了解為什麼會發生這種狀況，也就是為什麼這些顧客要註銷帳戶？第三步則是要試著預測未來會發生什麼事，「未來還會有多少顧客，會基於同樣的原因註銷帳戶？」這個問題會引發一連串後續步驟，才能取得回答這個問題所需的資料，最終也才能根據這些資料採取行動。

　　找出〈第6章〉所說的CLTV，需要所有接觸這名顧客的成本與營收資料。就零售業來說，這些接觸點包括：店面、網路、型錄、

圖10-1 從蒐集資料到採取行動，需要回答一連串問題

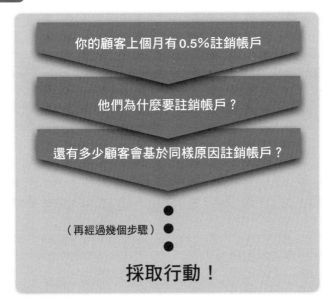

轉賣等相關資料。就成本面而言,你必須要獲得製造成本、保固成本、服務成本、退貨率、顧客取得成本、顧客留存成本、折扣等資料,以及諸如直郵、電子郵件、網路等對個別顧客進行行銷的相關成本。

這些資料很可能散落在企業各處,稱為「資料超市」(data marts)的個別資料庫中,因此為了要回答這些行銷問題,你必須要從個別資料庫中抽取資料,再把資料整合到中央化的企業資料倉儲(EDW)裡,才能進行分析。

圖10-2是企業進行CLTV分析時所需的資料示意圖。這張圖顯示顧客獲利性的重要資料,如何保存在公司各個不同的功能性區域,由於有好幾個不同的來源,因此需要取得這些資料並進行整合之後,才能進行分析,這可是一項非常複雜的工作。

不過最重要的是思考這個流程的流向:**你要先了解「你想要解決什麼行銷業務問題」,以及「要回答什麼問題才能解決難題」,這些問題會決定你需要什麼樣的基礎建設跟資料。**另外,還有幾個因素會大大影響資料管理需求,像是顧客數、資料詳盡程度、提問及分析的複雜度,以及是否需要進行預期外的分析等等。

你需要的基礎建設,是牧場小屋還是帝國大廈?

你需要用來進行數據導向行銷的資料倉儲基礎建設,取決於2個重要因素——顧客數、需求的複雜度。首先,「顧客數」跟EDW

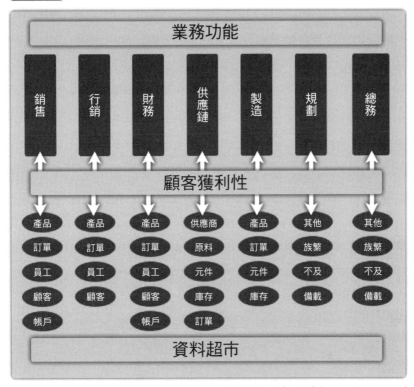

圖 10-2 企業進行 CLTV 分析時所需的資料示意圖

資料來源：理查·溫特（www.wintercorp.com）

的規模有直接關係，因為每次跟顧客產生互動（購買、打電話到客

服中心、產品退貨等），都會產生一筆跟顧客有關的資料。這些資

料必須要留存 3 到 5 年，以便進行 CLTV 分析；倘若你的顧客群很

大，資料量很快就會暴增。至於「需求複雜度」，是基礎建設成本

及複雜度的乘數，接下來我會進一步說明它是怎麼一回事。

圖10-3是比較3種不同規模公司的概念表，每往上升一級，複雜度就跟著提升。這個範例是以零售業為例，不過也適用於任何種類的業務。若想了解規模大小所帶來的挑戰，運用不同大小的建築物做為比擬，比較不同問題的規模與複雜度，能夠幫助你更加了解問題所在。圖10-3最上層是用建築物來比喻規模小、中跟大型的數據導向行銷基礎建設，分別對應到牧場小屋、中等大小的辦公大樓，以及帝國大廈。

　　最低階層的是區域性的零售商，只有10間店面跟大約10萬名顧客。要處理這種規模的業務，需要用到多少資料倉儲的基礎建設

圖10-3 牧場小屋跟帝國大廈式的資料倉儲基礎建設比較

	小型	中型	大型
比喻	住宅	辦公大樓	帝國大廈
地板面積	2,277（美國中型新住宅）	26,300（一般美國3層高辦公大樓）	2,158,000
規模乘數（×）	1×	12×	948×
顧客資料倉儲	當地零售商10間店面	地區性連鎖店400間店面	大型零售企業5,000間店面
顧客數	10萬人	100萬人	1億人
資料量（TB）	1	10	1,000
估計系統取得價格（清單）	5萬～25萬美元	50萬～250萬美元	5,000萬～2億5,000萬美元

資料來源：理查・溫特（www.wintercorp.com）、馬克・傑佛瑞（www.agileinsights.com）

呢？我們用牧場小屋做比擬，根據美國普查資料，美國住家平均面積為2,277平方呎。有10萬名顧客的小型區域性零售商，資料量大約是1TB，這是假設每一位顧客的平均資料量是10MB（1,012位元組／10^5位顧客＝每位顧客10^7位元組＝每位顧客10MB），這個平均值還蠻實際的。*假設分析的複雜度在平均水準，若要弄一套把這個資料量儲存起來並進行分析的系統，大約得花5萬到25萬美元。請注意：這些成本是粗估值，只是給你做個參考，大概得花到幾位數的錢。

我們接著看中等規模的零售商，基礎建設相當於一棟中等大小的辦公大樓，平均面積大約是26,300平方呎，比牧場小屋大12倍。在這個比喻中，零售商相當於區域性的連鎖店，一共有400間店鋪，以及100萬名顧客，相對應的資料量大約是10TB，也就是小型零售商的10倍！要處理這些資料，你需要更強的運算能力、更多的基礎建設，按照資料分析的複雜度而定，成本大約在50萬到250萬美元間。這當然也只是粗估值。

最高階層則是全國性的零售商，有5,000間店面跟1億名顧客，我們用帝國大廈來比擬這種極端狀況，其面積為215萬8,000平方呎。帝國大廈幾乎是牧場小屋的1,000倍大，因此資料量也是當地零售商的將近1,000倍，達到1,000TB。若要處理這麼龐大的資料

---

* 資料以0與1的形式儲存，代表電晶體開或關。單一個1或0，叫做一個位元；8個位元組成一個位元組，因此1TB＝1,000,000,000,000個位元組＝8,000,000,000,000個位元。

量跟查詢需求，就需要產業級的資料倉儲基礎建設，成本在5,000萬到2億5,000萬美元之間（這同樣只是一個粗估值）。

這張表的結論是：依你需要回答的業務問題而定，所需的基礎建設程度也極為不同。牧場小屋等級的基礎建設只需要花個幾十萬美元，帝國大廈式的建設卻得花上數千萬美元。WinterCorp執行長理查・溫特（Richard Winter），是大規模資料倉儲設計的建築專家，他說：

企業裡管錢的人，在決定是否要出資贊助建構資料倉儲時，必須要對其規模跟複雜度有些認識。他們要知道這個計畫是要蓋一棟牧場房子，還是要打造一棟西爾斯大樓，對於其設計、工程與建造方式的看法，也會隨之變化。不幸的是，由於資料倉儲無形無象，主管有時候在進行一項規模跟複雜度有如建造西爾斯大樓的計畫時，卻以為他們只是在蓋另一棟牧場房子而已，就此釀成巨大災難。

你公司的資訊科技（IT）團隊如果只蓋過牧場房子，就很容易落入這個陷阱。有句老話是這樣說的：當你手上只有一把鎚子時，什麼東西看起來都會像根釘子。IT團隊也不例外，倘若你就只懂怎麼蓋牧場房子，那麼所有的行銷IT系統看起來都會像牧場房子。問題出在規模彈性——當你的顧客愈來愈多時，系統也能夠跟著擴大嗎？也就是說，系統在顧客只有小貓兩三隻的時候管用，就一定能夠應付一大票的顧客嗎？

欠缺規模彈性這個錯誤，出現的頻率不但多得驚人，而且還會搞到眾所周知。AT&T在2001年超級盃期間，斥資超過2,000萬美元，對旗下行動無線服務mLife進行新品牌行銷活動。這個電視廣告在一片白色背景上，簡簡單單地打上www.mLife.com的字樣，結果卻讓超過1億名的超級盃觀眾大為失望——那個網站承受不了大量湧入的點擊而當掉了，沒有人知道mLife到底是啥玩意，更甭論得知這跟AT&T有何干係。這可真是在品牌還沒上市之前，就讓它胎死腹中的好方法啊！這是行銷團隊沒有跟IT團隊好好溝通的經典範例。

我們再舉另一個例子，有一間特產連鎖雜貨店，旗下有數百間店面，營收超過100億美元，他們決定打造一套能夠減少存貨不足狀況的新系統。這個零售商販售新鮮有機產品，在進行市場研究之後發現，若能減少存貨不足的狀況，就能大幅提升利潤跟顧客滿意度。他們的想法是分析每間店面的銷售時點情報系統（point-of-sale, POS）資料，找出哪些產品每天都必須補貨，像是新鮮水果、優格、魚類、牛肉等。店面每天晚上9點打烊，貨車在午夜到凌晨5點之間在物流倉儲中心上貨，在清晨6點之前就能把貨物配送到各店面。

IT團隊建構了一套EDW，結果發現這套系統根本無法分析數百間店面的狀況，就算讓系統計算一整晚，也只能算出一間店面的狀況。然而，他們卻必須要在晚上9點到午夜，短短3個小時內，算出數百間店面的狀況。管理團隊並沒有正確理解到他們的基礎建設需求：採用這套系統在邏輯上並沒有錯，但實際上卻不管用，因

為沒有人事先想過，要處理這麼龐大的資料量，需要用到多少運算能力。溫特跟我說：

資料倉儲的規模彈性問題，總是會在最糟糕的時刻浮上檯面。這個問題在設計、建構跟打造資料庫的時候就已經產生，通常是因為需求不明，或是採取錯誤的平台所致，但直到系統進入大規模運算之前，沒有人知道會有這個問題。規模彈性問題若能及早發現，就能穩穩當當地予以糾正，但倘若拖到後來才爆發出來，就會讓你的計畫、職涯跟公司，通通在陰溝裡翻船。

身為行銷主管，IT 很可能不是你的專業領域，因此跟 IT 部門打交道會讓你感到渾身不自在。倘若你正巧是企業主，你的角色會有點像一支美式足球隊的老闆：你既不會訓練球員，也不會在場邊下指導棋，只有一堆帳單等著你買單，但卻非常需要球隊踢出好成績，才能賣掉門票，讓比賽場場爆滿。

那麼若你是行銷人員，要怎麼應付這項挑戰呢？我建議你把情況扭轉成你熟知的狀況。倘若公司裡有人跟你提出行銷計畫，但你覺得他設定的銷售目標不切實際，你會怎麼做呢？通常你會問一些刺探性的問題，確定這支團隊真的知道自己在幹嘛：你們採用什麼假設？有什麼市場研究資料？打算如何執行？

這跟數據導向行銷的基礎建設沒什麼兩樣。若你不覺得 IT 團隊有本事達成目標，你可以要他們提出計畫，說明他們打算如何處

理規模彈性的問題。就上述連鎖零售商想要減少庫存不足問題的範例來說，你可以問以下這些業務問題：你們能否把500間店面的POS資料全部輸進EDW，在午夜之前分析完畢，然後讓食品在凌晨5點之前裝上貨車？告訴我你們在技術面上憑什麼能夠辦到？你也可以找一個獨立於公司之外的專家，幫你評估計畫的可行性。

就像美式足球隊的老闆一樣，你必須知道目標點要放在場上哪裡，球隊在解決正確的問題，有合理的推進計畫，最後才能達陣得分。也就是說，你必須掌握你正在試圖解決業務問題的規模大小，才知道你需要的是牧場小屋還是帝國大廈式的數據導向行銷基礎建設。總而言之，數據導向行銷的技術實在太過重要，不能只交給技術人員去搞。

如何評估需求的複雜度？

你的顧客群大小，會推升數據導向行銷的資料倉儲規模。另一個個重要的面向是需求複雜度。圖10-4的思路架構，可以幫助你就顧客群大小、需求複雜度這2個面向，思考需要多少資料倉儲基礎建設。就如同我在上一段討論到的，資料需求的複雜度，取決於你想要解答的業務問題。

以零售業的範例來說，低複雜度的情形會反映在圖10-5的資料模型。在這個範例中，有一組簡單的業務問題需要回答：店面裡的哪些產品，在什麼時候賣到哪裡去了？這只是一組事實跟銷售資

料，加上4個分析面向：產品、顧客、店面、日期。這個分析相當直截了當，一個晚上就能算出來。

倘若你需要知道的就只有這麼多，那麼就一個小型的顧客群來說，所需的系統不會多昂貴，一間牧場小屋就夠了。如果顧客群非常龐大，在圖10-5的簡單資料模型之下，你也可以輕易地把基礎建設的規模，放大到可以處理大量資料。在這個範例中，雖然交易資料量很大，不過由於分析工作很單純，只要使用「家電型資料超市」（appliance data marts），用一張簡單的資料表就能夠輕鬆完成。

什麼是家電型資料超市呢？這是一個低成本IT系統的概念，有點像是你家廚房裡的微波爐，只負責做一件事，比方說加熱食物之類的。家電型資料超市處理的是相對單純的資料模型，通常看起來就像圖10-5那樣，就算資料量很大也足以應付。這個複雜度低、資料量大的範例，就是圖10-4左上角的情況；這時候你蓋的不是牧場小屋，而是一個非常、非常大，但是結構不怎麼複雜的建築。你可以把它想成是一個1平方哩的停車場，你只是把停車空間不斷地加大，好容納更多車子而已。

倘若業務問題需要用到許多不同來源的資料，或是你的查詢需求變得複雜時，需求複雜度就會跟著上升。圖10-6是零售業CLTV資料模型的範例，這個範例有多重分析問題、多重相關資料集，以及錯綜複雜的關係。真正的高複雜度資料模型，有數以千計的資料記錄與關聯性，是很稀鬆平常的事。

需求複雜度這個面向，對於所需基礎建設規模的影響，甚至可

圖10-4 以規模大小跟需求複雜度，決定要採用什麼解決方案

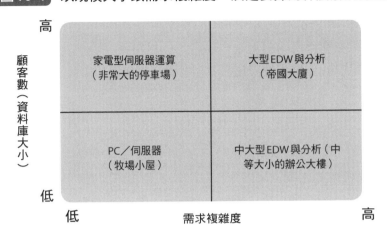

顧客數（資料庫大小）

高

低

| 家電型伺服器運算（非常大的停車場） | 大型EDW與分析（帝國大廈） |
| PC／伺服器（牧場小屋） | 中大型EDW與分析（中等大小的辦公大樓） |

低　　　　　需求複雜度　　　　　高

圖10-5 低複雜度的零售業資料模型

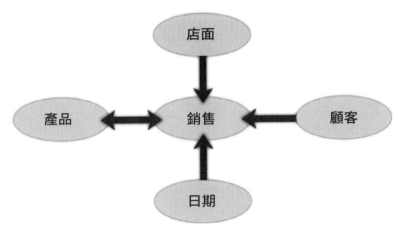

資料來源：理查・溫特（www.wintercorp.com）

能比顧客數還要來得重要。圖10-4右下角是顧客數相對較少，但是複雜度很高的情況，我們舉一間名列《財星》500大企業，有100萬個B2B顧客的製造業公司為例，這些顧客的相關資料量只有1 TB，倘若複雜度很低，只需要用牧場小屋等級的基礎建設就能應付。然而，這間B2B公司卻有1萬名進行直接銷售的業務員，而且公司政策是讓業務員跟著客戶公司的特定經理，當他們換到新公司的新職務時，業務員也要跟著過去做生意。這樣做的好處是業務員跟主管級客戶之間，可以培養出非常深厚的長期關係，但是因為業務員同時要管理好幾種產品跟顧客，因此會製造出一個非常複雜的關係網路。

在這個範例中，這100萬名顧客製造出1 TB的直接顧客資料，但是其複雜的關係卻另外衍生出10 TB的資料，所以資料量其實是11 TB。這些複雜度是從何而生的？這100萬名顧客、1萬名業務員、10萬種以上的特殊關係、1萬種以上的產品等，在多種排列組合之後，就產生各種錯綜複雜的關係。若你問到「我們這一季在X區賣Y產品，估計銷售額是多少」這個涉及地區、產品跟顧客，通常是很單純的問題，但是在這個範例中由於各種排列組合的因素，卻會讓這個問題變得複雜無比。

最後我再針對複雜度多談一點：倘若業務需要「即時」反應，複雜度還會提升大約10倍。也就是說，倘若你想要像圖6-7的加拿大皇家銀行那樣，進行即時CLTV分析，藉此提升客服中心與顧客的即時互動品質，你就會位在圖10-4右上角的區域，需要用到帝

國大廈等級的基礎建設——你有大量顧客，需求複雜度也很高。這種等級的數據導向行銷基礎建設，需要花到5,000萬到2億5,000萬美元。

這些關於位元、位元組、來源跟速度的討論，動輒率扯到數百萬美元，聽起來令人望而卻步，不過倒是有一個明擺著的勝出策略：**只要事先想清楚資料模型，根據你想要回答的業務問題，決定你最終需要的是牧場小屋，還是帝國大廈等級的基礎建設即可。**不過你不需要一開始就動手蓋帝國大廈，我所見過最成功的那些公司，他們也都是從小處開始著手——他們一開始就知道最終的資料模型需求，但還是從一張試算表開始打基礎。他們運用80／20法則，先把能夠造就80％價值的那20％資料輸入系統，因此第一個採用的資料模型，就可以跟圖10-5一樣單純；等到展現出成果之後，再繼續打造圖10-6的複雜模型。

這裡的重點是：倘若情況真如同圖10-6所示那般複雜，你必須要事前就有所規劃。比方說，亞馬遜是在網路上賣書起家，因為書籍的不同庫存量單位（SKU）數量非常龐大，而且在倉儲跟運送上相對比較簡單。不過隨著亞馬遜逐漸成長為全球百貨供應商，因為它有事先規劃好，就不需要重新建構所有的系統。

要把企業資料倉儲堆高？還是要重新建構資料？

大陸航空在1995年時，有45個不同的資料庫或資料超市，最

圖10-6 零售業CLTV資料模型的複雜關係

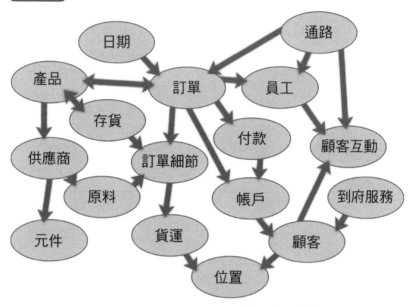

資料來源：理查・溫特（www.wintercorp.com）

後整合成為單一的EDW之後，每年可省下500萬美元的成本。節省成本的來源很多，包括要跟資料庫廠商簽的合約變少了，也不需要用到那麼多空間置放資料庫系統，不過最重要的是不需要那麼多人來管理資料庫，因此可以省下一大筆人事費。把各個不同的資料庫整合成單一EDW，這個過程叫做資料超市整合，節省成本的效益直截了當。不過這個業務案例要設法避免掉進一個大陷阱——在新系統裡不斷地堆高資料，而沒有重新建構。

堆高資料的意思是，你把小型資料庫裡的既有資料，堆到新的

大型EDW裡頭。倘若你有50個獨立的資料超市,那麼在EDW裡就會有50個獨立的資料庫。你有一個整合的系統,因此維護跟人事成本將會大幅降低,但問題是,資料還是原本那副德性,這表示你仍然無法回答複雜的業務問題。

身為行銷人員,你為什麼需要知道這一點?我沒辦法告訴你到底有多少極為資深的行銷主管,跟我抱怨過新的EDW連基本的行銷問題都解決不了。怎麼會這樣呢?IT部門把資料整合到大型EDW,確實節省了不少成本,但這並未解決真正的業務難題。你必須要重新建構資料,才能獲得整個企業的觀點。

重新建構資料的概念,就是把複雜的問題跟各種關係想清楚,再把資料模型最佳化,才能夠回答整個企業的重要行銷問題。重新建構資料的成本可能相當高,但帶來的益處將更為豐厚。我曾經幫一間大型金融機構,計算過堆高資料跟重新建構資料的效益,結果重新建構資料對於NPV的益處,比起堆高資料多了300%!

只要一不小心就會出紕漏的地方

失敗的大規模IT計畫俯拾即是,數據導向行銷的EDW也不例外。根據每年追蹤數千個IT計畫的史丹迪希集團(Standish Group)估計,有72%的IT計畫,並未按照原先規劃的時程或預算完成。這意味著你的資訊系統,只有28%的機會能夠一如規劃完成。EDW的情況實際上更糟糕——芭芭拉・威克森(Barbara Wixom)

跟休斯‧華生（Hugh Watson）發現，有55%的主管表示，新的資料倉儲系統未能對業務有所助益。

　　看到這些讓人喪氣的統計數據，可能會令你在推動行銷EDW計畫前打退堂鼓。不過這些失敗案例的模式，其實都有跡可循。以下是威克森跟華生發現的關鍵風險因素：

- 欠缺焦點與眼光——沒有好好訂出建構EDW的整體目標。
- 欠缺資深管理階層的支持與資助。
- 沒有大頭推動計畫，提供資訊、原料，以及政治上的支持。
- 公司內部的政治與文化，妨礙計畫進行。
- 欠缺資料——沒資金、沒時間、沒人手。
- 規模彈性問題——他們打造的是牧場小屋，但需要的其實是帝國大廈。
- 研發技術問題——系統可能是新技術，或是選用錯誤的技術方案。
- 欠缺技術——執行團隊欠缺做出系統的技能與訓練。你需要很厲害的計畫經理，以及很有經驗的技術團隊，才能完成大型EDW計畫。
- 既有資料庫的品質——這是出乎意料的一大挑戰，我們稍後會談到。
- 倚賴外部IT支援——通常是配合一個外部承包商，他們提供什麼選項，IT團隊就得接受，但那可能不是行銷人員需要的。承包商不幹了之後，IT團隊可能也無法自行維護系統。

- 工作技能變化或是人員不當配置——大型計畫的關鍵人員經常會調動。如果是承包商的話，可以在顧問契約裡進行管理。
- 最終使用者沒有參與——這可能是未針對需求好好進行溝通所致。倘若行銷團隊沒有參與的話，打造數據導向行銷EDW的IT計畫，就會胎死腹中。
- 欠缺訓練——系統是打造出來了，卻沒有人指導該怎麼使用它。

　　你可以用上述這張清單來檢查公司的狀況。雖然這些都很重要，不過真正要緊的工作，是要當心欠缺眼光、資深主管支持、公司政治因素、欠缺資源、規模彈性問題，以及資料庫品質這幾項。「欠缺眼光」這一點很讓我吃驚，但是實際發生的頻率卻高得驚人。有一次我跟一間《財星》500大企業的主管開會，他們花了超過3,000萬美元打造EDW，卻沒有想清楚要拿那些資料做什麼，結果自然是系統不符業務需求。這就是為什麼從小處開始著手、邊做邊學那麼重要。你在建造摩天大樓之前，應該要先擬出〈第1章〉談到的數據導向行銷策略。

　　「資料品質」可能也會是一個非常棘手的麻煩。倘若你的公司很大，有很多資料超市，這些資料很可能是以各種不同的格式，分別儲存在各個資料庫內，這表示每一位顧客，都會有好幾種不同的記錄、資料跟描述。同一件事情有不同的名字，更會讓問題雪上加霜。這些因素綜合起來，使得清理資料再把它們重新輸入EDW的工作，變得非常困難且曠日廢時。比方說，有一間公司分析了70

個顧客資料系統，發現2,000萬名顧客竟然有2億個顧客ID！

再舉一個例子，大陸航空的行銷人員想要在高價值顧客生日當天，寄一封感謝函給他們，並提到他們成為大陸航空老主顧已經N年了。然而，要把這場行銷活動所需的資料整理出來，可不是一件輕鬆的工作；不但歐洲跟美國的日期格式不同，而且由於該公司是在1990年代末期才開始追蹤顧客取得日期的，因此資料有顯著的缺漏之處。

這一章的內容並不是要把你嚇個半死，而是要確保你在進行大規模數據導向行銷基礎建設時，眼睛可要睜大點。以整理資料為例，倘若有150個主題區域，就把它們都畫在地圖上，搞清楚它們的內容，然後想想要拿這些資料怎麼辦。我跟你保證，一定會出現資料重複、遺失、錯誤等問題，所以要事先進行分析，找出問題，然後先專心整合一小部分的主題區域，比方說，在6個月內整合3個主題區域。這是本書一貫的主題——逐步創造價值，但是對於自己要往哪裡去，一定要有清楚的規劃。

技術人員由於他們受過的訓練，通常會以非常符合邏輯、井然有序的方式整合資料。工程師就是工程師。問題是最符合邏輯、就技術而言的最佳順序，對公司業務來說可能不是最佳選擇。比方說，倘若你在威斯康辛州大量流失顧客，那麼威斯康辛州的資料超市，就應該要率先整合並加以分析。我要再說一次：資料模型跟數據管理的工作太過於重要，不能只交給技術人員去做。

由於EDW這個系統橫跨企業各處，又需要各部門掌權的人把

他們儲存起來的資料釋放出來，因此無可避免會涉及政治因素，結果可能會變成爭奪地盤的角力戰，導致執行者的接受度低落、難以整合資料，或是欠缺把工作完成的必要資源。這就是為什麼有資深主管支持跟領導，是那麼重要的一件事。

我們在〈第2章〉討論過數據導向行銷的5大障礙，並且提供了克服政治因素、取得主管支持的對策。總而言之，重點在於要盡速取得成果，展現利用數據導向行銷原理所能獲致的顯著績效，然後藉此槓桿爭取資深主管的支持、推廣行銷方案。我在〈第2章〉跟〈第6章〉以加拿大皇家銀行跟大陸航空為例，詳細說明他們的經理如何做到這一點。下一段是哈拉斯娛樂公司如何為其賭場博弈產業，逐步建構帝國大廈式基礎建設的詳例。

建立數據導向行銷的基礎建設組合

對於數千萬美國人來說，到賭場小玩兩把是一種娛樂。哈拉斯娛樂公司是全世界規模最大的博弈公司，旗下營運、管理的大約有50間賭場，百利（Bally's）、凱薩宮（Caesars）、哈拉斯、馬蹄鐵（Horseshoe）、里約（Rio）等賭場都是他們的品牌，主要經營據點分布在美國與英國。他們的營運項目包括：賭場飯店、碼頭區賭場及河船賭場，還有美國原住民博弈特區。該公司在2005年，以94億美元的現金、股票與貸款，收購競爭對手凱薩宮娛樂公司，這項交易讓哈拉斯一舉超越合併後的美高梅（MGM Mirage）、曼德勒

（Mandalay）國際酒店集團，登上世界第一博弈公司的寶座。哈拉斯在2008年被其管理者德州太平洋集團（TPG Capital），以及阿波羅全球管理（Apollo Global Management）透過槓桿收購，下市成為一間私人公司。

在哈拉斯仍然是一間上市公司時，它就完成了一項了不起的偉業：他們建構了一套全球公認、在各產業都無人能出其右的數據導向行銷基礎建設。我想要把重點放在哈拉斯直到2004年，進行這趟建構基礎建設的故事，因為這裡頭有些值得學習的重要教訓。

隨著美國好幾個州在1990年代初期放寬博弈標準，哈拉斯的業務迅速拓展，但是到了1990年代中期，他們大部分市場都面臨日趨激烈的競爭，業務開始陷入困境。因此他們的主管團隊開始根據數據導向行銷與顧客忠誠度，擬定新的營運策略。

哈拉斯在美國賭場博弈產業裡，具有一項潛在的競爭優勢：當時他們是美國分布區域最廣的博弈公司，時至今日也依然如此。我們回想一下〈第1章〉的麥可・波特提到，可維持的競爭優勢是由「不易被競爭對手複製的協作活動」創造而成的。就哈拉斯的案例而言，「地域廣泛」就是他們潛在的可維持競爭優勢之一。不過要如何善加利用這項優勢，仍然是個問題。

哈拉斯的執行長菲爾・薩特（Phil Satre），以及行銷服務資深副總裁暨資訊長（CIO）約翰・波許（John Boushy），在1990年代中期發覺到有一個非常好的機會，可以提升跨市場表現。美國的博弈人口構成，大約是每4個成人裡，就有1個每年會去一趟賭場小

賭一把，而這些會去賭場玩的人，每4個人裡又有1個人，一年裡會在好幾個地區的賭場玩。比方說，有名顧客住在賓州費城，他一年會去2、3次紐澤西州的大西洋城，在哈拉斯旗下事業玩個兩把。但是除此之外，他是個很愛跑賭場的人，每年都會去一趟拉斯維加斯，每隔1、2年還會去一趟紐奧良，探望一下老朋友跟親人，同時也要去賭場享受一下。

這名顧客雖然會去哈拉斯在大西洋城的事業體，卻不表示他會到哈拉斯在其他城市的事業「消費」。拉斯維加斯的娛樂事業特別多，比方說百樂宮（Bellagio）有很漂亮的噴水池、美高梅外頭有座會噴發的火山、盧克索（Luxor）的外型就像埃及金字塔，相較之下，哈拉斯在拉斯維加斯的酒店，就沒有什麼壯觀的海盜船秀，可以吸引遊客進來玩。

我在〈第9章〉曾以勞氏為例，說明顧客鋪了地板之後，就很有可能會購買烤肉架。你跟勞氏購買地板材料，並不表示你會回去跟他們購買烤肉架，有在賣烤肉架的零售商多的是。訣竅在於，你要在顧客購買地板材料不久之後，就把目標行銷資料寄給他們。哈拉斯的情況也類似，他們會想要投資數據導向行銷基礎建設，就是為了解決這個問題。倘若他們知道每一名顧客的價值多寡，也知道哪些顧客會在好幾個地區的賭場消費，就可以對他們進行目標行銷，刺激跨市場業績；有了顧客價值資料之後，還可以進行目標留存行銷。

哈拉斯在1996年的董事會上，針對2000年的營運願景提出建

構資料庫的重要性：「哈拉斯要在賭場博弈產業稱霸！我們擁有業界最具競爭力的系統跟業務流程，這都是因為我們擁有最棒的顧客資料庫資訊，讓我們得以照顧到顧客的個人需求。」在博弈產業中，哈拉斯率先採用「常飛旅客卡」，他們把這稱為「總獎勵卡」。在第一波2,000萬美元的基礎建設投資，他們把所有賭場的吃角子老虎跟POS系統連線，每一筆交易資料都登錄顧客的「總獎勵卡」卡號。然後開始計算每一名顧客的CLTV，不只是看顧客實際上輸贏多少錢，更重要的是，算出在「莊家優勢」之下的博弈營收理論值，以及顧客在賭場玩了多少錢。

　　結果他們發現：博弈的實際輸贏金額，由於博弈的隨機因素使然，並不能準確地預測賭場的CLTV。不過賭場在吃角子老虎具有「莊家優勢」，因此「理論上會贏錢」，這個理論值與顧客在莊家優勢之下，進行博弈遊戲的營收期望值有關。哈拉斯在這段期間的創新之一，在於他們利用這個理論值計算出CLTV，而不是用顧客實際輸贏的金額來計算（因為那裡面有隨機因素）。

　　CLTV超過最低標準的顧客，在造訪哈拉斯旗下事業體之後不久，就會收到目標行銷資料，提供他們跨市場玩樂的優惠；CLTV愈高，優惠的價值就愈高。這個行銷結果令人印象深刻：跨市場業績在5年內，提升了68％以上，數據導向行銷投資的報酬率（ROI），在納入行銷提案成本之下，還有24％的水準。第一波的數據導向行銷方案獲得巨大成功，也為後續的推動計畫提供動能。

　　到了1998年，哈拉斯已經有一個整合的顧客資料庫，以及3年

的縱貫性顧客交易資料，跨市場的造訪數亦有顯著提升。當時擔任顧問的蓋瑞‧羅夫曼（Gary Loveman），在1998年出任哈拉斯的營運長（COO），並且在2003年升任執行長。薩特、波許跟羅夫曼等人，看到了運用豐富的顧客資料，把哈拉斯帶往更上一層樓的絕佳契機。

在跨市場業績獲致成功之後，哈拉斯接下來把重點放在顧客分級忠誠度計畫上。他們在1999年為「總獎勵卡」劃分出黃金、白金、鑽石這3個博弈等級，在實體賭場提供的服務大不相同。顧客不但在排隊進場時有差別待遇，收到的「免費」籌碼數目也不同，因此對於顧客價值產生結構性的改變，鼓勵顧客多多在哈拉斯旗下的事業體玩樂，藉此晉升到下一個等級。在既有的基礎建設架構上，這項新投資斥資1,400萬美元，量測出來的ROI為35％。

緊接著，他們開始處理官網（www.Harrahs.com）上的連結。他們透過網站讓顧客在線上預訂飯店，由於這麼做的服務成本較低，使得客服中心的訂位成本大幅下降。除此之外，顧客還可以在網站上管理「總獎勵卡」點數，看到哈拉斯提供哪些優惠，他們甚至還玩起了「來樂一下吧」（Play for Fun）的電子郵件行銷。這筆投資需要990萬美元，主要業務目標是要取得顧客，並且讓他們能夠自助訂位。新的基礎建設必須要能夠把各賭場與吃角子老虎的既有網路，跟飯店及網際網路整合在一起，結果這些工作獲得了18％的ROI。

上述的這頭3步數據導向行銷活動（跨市場業績、總獎勵卡分

級制度、網路整合），對於哈拉斯來說，只是唾手可得的成果，量測得到的報酬率也很可觀。接下來，哈拉斯開始努力要讓飯店的訂房營收最大化。他們並沒有把賭場飯店的房價訂為均一價，而是按照營收管理模型去訂價。這個模型把各種營收來源的顧客獲利性、市場狀況、空房率等因素，全部納入計算（請見圖10-7）。按照最佳房價與預估顧客的博弈收入，可以繪出房價的效率前緣；有的時候，把飯店客房「讓」給「正確」的顧客，就能獲得最高的期望獲利性。

要把這項管理飯店客房的因素加進來，就需要一套把CLTV系統跟飯店系統整合起來的新營收管理系統。這套系統的目的，在於把正確的客房以正確的價格讓給正確的顧客，這需要圖10-7的「即

圖10-7 哈拉斯的即時訂價分析模型：把客房的利益最大化

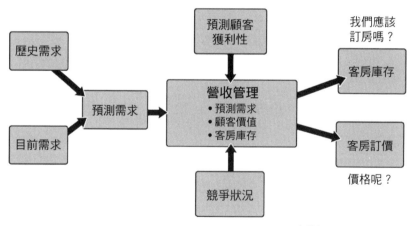

資料來源：哈拉斯娛樂公司

時」訂價分析模型，每一位獨特顧客的訂價決定，不能夠花超過4秒鐘。這樣做的結果再一次令人刮目相看：從2000年到2003年，每間客房每一名顧客的總營收，從172美元提升到224美元，足足提升了30%，這使得哈拉斯的營收增加了4,000萬美元以上。這個額外的客房營收管理基礎建設斥資800萬美元，量測到的ROI為18%。

基礎建設如今已經達到群聚效應，開始創造出額外的自我強化契機。哈拉斯掌握所有顧客的豐富交易資料，提供了更多拓展業務的可能性。比方說，哈拉斯把CSAT訪查縱貫資料，跟顧客獲利性縱貫資料串連起來，在2001年收到5萬1,000份CSAT訪查資料，然後按照〈第4章〉提過的方法量測CSAT，發現「一定會推薦」的顧客跟其他顧客相較之下，其博弈營收多了6%。他們因此在賭場裡進行特定的CSAT行銷活動，還能夠量測出一般來說難以捉摸的顧客滿意度行銷方案的財務影響。

時任哈拉斯娛樂公司資深營運副總裁暨資訊長，同時也是主導訪客體驗提升計畫與基礎建設發展的波許跟我說：「就我們已經建構的資訊科技基礎建設而言，投資5萬美元得到的ROI，簡直是無價之寶。有了這個紮實、無可動搖的數據，就能說服營運管理階層，我們的顧客滿意度行銷方案，對於提升獲利性的幫助有多大。」波許之後又擔任哈拉斯的整合長（CIO），成功將凱薩宮跟哈拉斯整合起來，然後出任美國之星賭場公司（Ameristar Casinos, Inc.）的執行長。

圖 10-8(a) 特別有意思，這張熱點圖是哈拉斯賭場的博弈營收平面圖，深色點代表「很多錢」，淺色點代表「沒有錢」。這張圖可以即時顯示賭場平面的營收情形，你要如何利用這項資訊呢？賭場找來一位有 20 多年經驗的博弈產業專家，他看過影片之後，馬上就發現這張圖的底部與左上角，有些地方的顏色永遠都是冷冰冰的，因此必須要換個顧客會玩的遊戲才行。

　　不過這個故事的後續更精采。圖 10-8(b) 說明了兩排不同吃角子老虎機的玩家年齡，一排吃 10 美分硬幣，另一排吃 50 美分硬幣。右邊那排「價格對了」的玩家，平均年齡是 50 歲；左邊那排吃 10 美分硬幣機台的玩家，平均年齡將近 70 歲。

　　哈拉斯的產品是娛樂體驗，因此他們在產品設計上，跟雜貨店有根本上的差異。雜貨店的牛奶總是放在後頭，顧客要走過一整間店面才能拿到牛奶，目的是希望他們沿途會順手購買其他產品。但是賭場的情況就不一樣，你可以就產品設計的觀點，提出像下面這樣的問題：「50 歲的人會想跟 70 歲的人一起玩吃角子老虎嗎？」大概不會吧。迪士尼樂園的設計，應該會比較合適：按照特定年齡層，把遊樂設施分區擺設，再透過資料分析找出哪些年齡層的遊客，喜歡玩哪些遊戲。有趣的是，哈拉斯發現對於 75 歲以上的玩家，有一個關鍵因素決定他們是否喜歡玩那個機台——機台跟廁所之間的距離長短。

　　我有一次在俄亥俄州代頓市（Dayton）的國家收銀機公司（NCR）高爾夫錦標賽主管會議上，發表投影片演說。代頓市除了

圖10-8　哈拉斯賭場的博弈營收平面圖分析

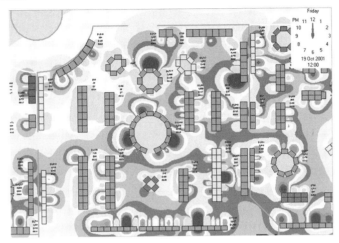

(a)吃角子老虎的營收動態熱點：深色表示營收高，白色表示沒有營收

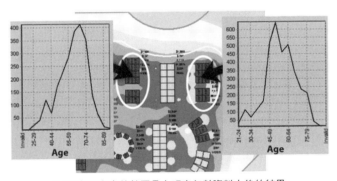

(b)吃角子老虎的熱區疊上玩家年齡資料之後的結果

資料來源：哈拉斯娛樂公司

由約翰‧派特森（John Patterson）在1884年創立的NCR公司以外，實在是乏善可陳。不過代頓市也是航空業的誕生地，懷特兄弟在這裡經營單車店，並且在1900年代初期發明了第一架飛機。代頓市現在是懷特派特森空軍基地的所在地。

在我的演說結束之後，有一個人上前來找我。他的年紀將近60歲，一頭白髮，體態極佳，肩膀上有四顆星星──他是當地空軍基地的指揮官。這位將軍驚呼說：「這正是我們需要的！」他指的是哈拉斯娛樂公司的基礎建設故事，以及熱點圖分析法。我的意思是這些原理，絕對不僅限於哈拉斯才適用。

想要繪製出哈拉斯娛樂公司的動態熱點圖，需要投資350萬美元，但是透過重新配置賭場裡不同的吃角子老虎機器，馬上就能產生價值，結果量測到104％的ROI。哈拉斯的案例告訴我們，只要逐漸把數據導向行銷的基礎建設建構起來，每個階段都有個定義明確的業務案例，ROI也都能夠加以量測，就能夠達到自我強化跟整合的效果。不過就建構角度來看，這套做法還是有些挑戰性在。

圖10-9(a)是哈拉斯從1997年到2001年的基礎建設規劃。逐步增添價值的做法，能夠順利、迅速地做出成果，但是倘若基礎建設的基底不夠紮實，過了一段時間之後就會變得無法管理。到了2001年，圖10-9(a)一團混亂的系統，已經變得極為複雜，導致維護跟規模彈性變得愈來愈令人頭痛。

波許跟我說：「我們根據業務結果，把精力放在建構基礎建設上，雖然結果非常成功，但卻產生了一些原先沒設想到的後果──

複雜度變高、計畫時程變長、維護成本更是不斷攀升。」因此到了2002年，哈拉斯斥資1億美元，開始全然重新打造基礎建設，如圖10-9(b)：他們建造了一棟帝國大廈。

這項1億美元的基礎建設投資，跟升級「總獎勵卡」的案子同時進行，希望能進一步提升跨市場業績、減低客戶流失率，讓行銷支出最佳化。哈拉斯在2002年進行的基礎建設升級方案，量測到60％的ROI。這項IT基礎建設結合哈拉斯在全美都有據點的跨市場業績策略，使得競爭對手不容易複製，因此是可維持的競爭優勢來源。

這一段的結論對於你的數據導向行銷基礎建設工作，有非常重要的啟示。一開始投資基礎建設的時候，需要有紮實的財務報酬業務案例支持，本書〈第5章〉跟〈第9章〉提供了「如何創造ROMI業務範例」的詳細介紹。接下來，你要在投資後量測報酬，也就是要計分的意思。就哈拉斯的範例而言，他們在1995年開始量測行銷方案的ROI，並且自此之後都會定期進行。

而後續投資，也應該要有業務案例與量測報酬結果背書。不過要注意的是，哈拉斯太過注重創造新的業務價值，結果沒留意到複雜度與IT基礎建設的成本都日趨攀升，最後不得不「砍掉重練」。波許評論說：「倘若我們有機會重來一遍的話，『架構』會是每項計畫的關鍵因素。」

我在前面討論過，所有數據導向行銷的基礎建設計畫都有一個重大風險：是否有資深主管的支持資助。波許跟我說：「倘若沒有

圖10-9 哈拉斯的數據導向基礎建設：從規劃、發展到轉型

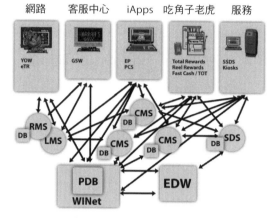

(a) 自1997年到2001年的基礎建設

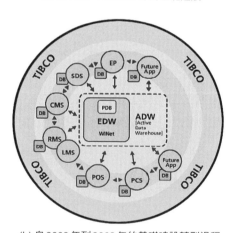

(b) 自2002年到2003年的基礎建設轉型過程

資料來源：哈拉斯娛樂公司

人資助這項計畫，我們就不會進行。即使是基礎建設計畫，我們也一定要有業務案例，還要有人資助業務。」哈拉斯的案例，點出了基礎建設要成功的4大關鍵因素：

- 要有可量化且可量測的業務案例。
- 要有人願意資助業務跟IT團隊合作。
- 業務資助人跟IT團隊都要致力於提升ROI。
- 要有IT架構跟路線圖。

　　本書的主旨是從大處思考、從小處著手，然後迅速擴大規模。倘若沒有基礎建設與通往成功的路線圖，你就無法迅速擴大規模。知識就是力量，本章為你提供數據導向行銷基礎建設的相關見解，讓你知道如何提出正確的問題，大幅提高成功的機會。現在你對這些事情，可謂略知一二囉！

NOTE ▶▶▶ 本章重點回顧

◆ 你可以從平衡計分表、ROMI分析、網路資料分析開始著手,再搭配Excel之類的簡單工具。不過像是客戶流失率管理、價值基準行銷(CLTV)、事件導向行銷等,就需要資訊基礎建設。

◆ 行銷人員必須要了解他們面對數據導向行銷的挑戰與規模大小,才能清楚理解日後的需求為何,然後要求技術團隊打造你所需的基礎建設。

◆ 支援數據導向行銷所需的基礎建設,取決於顧客群大小,以及複雜度需求。這些是你需要回答的業務問題。

◆ 顧客群規模大小與資料複雜度高低,會決定你需要建造的是牧場小屋,還是帝國大廈。牧場小屋只需要幾10萬美元就能搞定,但是帝國大廈可能會燒掉上億美元。

◆ 數據導向行銷的基礎建設計畫,有很多眾所周知、歷歷在目的風險。主要的陷阱包括:欠缺遠見、沒有資深主管資助、公司內部政治因素、欠缺資源、規模彈性,以及資料庫品質等等。

◆ 從大處思考、從小處著手,然後迅速擴大規模,這需要規模彈性自如的基礎建設與發展路線圖。先知道你要往何處去,然後逐步把價值添加進去,同時每做一步就要量測ROMI成果,慢慢把康莊大道鋪出來。

◆ 數據導向行銷的技術太過於重要,不能只交給技術人員去做。

第十一章
從仿效到卓越：行銷管理最佳化

學會漸進式優化：行銷預算、技術與核心流程，
迅速獲得成果，跨越和領先公司之間的行銷差距。

　　生活中有很多事情，失之毫釐，差之千里。一杯好酒跟一杯上好的酒、一塊上等牛排跟一塊特選牛排……奧運百米賽跑差個零點零幾秒，或是亞曼尼西裝的剪裁，都是如此。然而，「還不錯」跟「很棒」的行銷，差別倒是沒有那麼細微。我們在本章稍後會看到，只要採取幾個可以仿效的流程，就能讓行銷績效從平凡無奇，提升到非常卓越的境界。

　　在我寫下這段話之後，已經聽到有人問到：「等等，那麼創意算什麼？」我在前面已經談到，絕大多數的公司（72％）會把行銷的創意工作外包出去。我認為創意已經逐漸變成一種大宗商品，既然所有的公司都能夠取得類似的創意成果，這就不可能成為可維持競爭優勢的來源（如果你剛好就在創意發想公司上班，在把這本書丟到房間角落之前，請你先看一下本章的最後一段）。我認為一個行銷組織表現「還不錯」跟「很棒」的一大差異，在於他們選擇、執行、量測行銷活動績效的內部流程，以及如何運用技術去支援這些流程。

本章會跟你分享我研究關鍵行銷流程的心得,領導廠商與落後廠商之間的差異性,以及技術扮演的角色,並且提供你一個升級行銷活動管理流程的階段性做法。我並沒有要貶低創意工作影響力的意思,本章的最後一段,會談到「創意 X 因子」——出色的創意結合數據導向行銷,可以把行銷活動的績效提升 100 倍。

多數人從未把「行銷活動管理」當作一回事

本章重點放在行銷預算與行銷管理流程。這些流程是讓數據導向行銷得以有效的重要元素,我們接下來會看到,光是蒐集計量指標或是購買技術工具,還不足以產生行銷績效。本章的見解取自 252 間公司,年度行銷支出達 530 億美元的研究結果(研究方法請詳見右頁)。

訪查結果跟訪談內容顯示,資深行銷主管努力讓行銷工作,在公司其他單位眼中看起來更為透明。他們發覺到必須用財務跟策略的語言,才能跟其他單位溝通,並且也很願意多做一些工作,好讓行銷部門與業務策略及目標密切整合。然而,為了想要把行銷管理工作最佳化,他們在公司裡也相當辛苦。

行銷活動管理(MCM)循環從選擇行銷活動開始,在投資活動之後,接著就要執行,最後得到行銷價值並加以量測。然而,先進的 MCM 在行銷活動完成後,還會從中學習並取得回饋(請見圖 11-1)。以下是關於行銷活動管理循環的狀態,一些令人腦袋清醒

研究方法：行銷預算與行銷管理流程

【假設】

正式的研究目標是要測試4種特定假設：

1. 有一種跟行銷活動管理（MCM）有關的成熟模型。
2. 成熟度最高的公司，可享有實質的績效益處。
3. 槓桿程度最高的公司，會把顧客資料跟分析結果中央化，實現績效益處。也就是說，他們會把先進的行銷管理跟企業資料倉儲（EDW）串聯起來，進行評分工作。
4. 一些層出不窮的障礙，會妨礙公司獲取最大價值。若是把重點放在克服這些障礙上頭，就能把這些行銷價值釋放出來。

行銷團隊同時會想要找出，是否有任何可應用的階段，能夠廣泛提升MCM績效。把MCM應用資料跟處理障礙的反應互相比較，就能夠找出一般的MCM採行軌道，以及在這條軌道上能夠幫助公司加速前行的最佳做法。

訪查與訪談

我們透過大規模訪查及目標訪談，蒐集測試這些假設所需的資料。我們把一份名叫「策略行銷ROI的虛與實」的訪查問卷，寄給位於美國《財星》前1,000大公司的頂尖行銷主管，同時也在網路上開放填寫。在寄送訪查問卷之前，研究團隊跟10名代表性公司的資深行銷主管進行訪談，蒐集處理障礙與最佳做法的詳細範例。

樣本：問券回覆者的族群分布

研究團隊收到超過250份填寫完畢的問券，其中超過92％表示自己在公司裡擔任行銷長、行銷主任、行銷副總裁，或是直接向這些主管報

告。回覆問券的受訪者平均有12年的行銷管理經驗,其公司平均營收為50億美元,在行銷工作上投資8%的營收。所以總計來說,訪查問券的回應可以代表大約530億美元的年度行銷支出。

研究團隊

原先是由凱洛格管理學院的馬克‧傑佛瑞與薩拉‧米許拉,負責進行訪談、擬定假設,以及訪查研究。艾力克斯‧克拉斯尼可夫後來加入團隊,跟米許拉博士一同驗證MCM能力與公司績效之間的關聯性。

過來的訪查統計數據:

1. 行銷活動的選擇:

- 73%的人表示,他們在決定投資之前,並沒有使用計分表,針對關鍵業務目標進行評分。

- 68%的人表示,他們在選擇要進行哪個行銷活動時,並未進行有控制組對照的試行計畫實驗。

- 61%的人表示,他們沒有訂出並追蹤可供篩選、評估、區分優先順序的流程。

- 57%的人表示,他們沒有用業務案例評估是否要投資行銷活動。

- 53%的人表示,他們選擇行銷活動時,並未根據行銷活動投資報酬率(ROI)、顧客終生價值(CLTV),或是顧客滿意度(CSAT)之類的其他績效計量指標,進行預測。

- 44％的人表示，他們在選擇行銷活動時，未曾考慮活動之間是否有偕同效益。

2. 執行：

- 63％的人表示，他們沒有把行銷活動分解成各個階段，當然也沒有在每個階段，用計量指標審視活動成果。
- 53％的人表示，他們沒有根據進行中的活動評估，在任何階段主動更改或結束表現不佳的活動。

3. 量測與計算價值：

- 43％的人表示，他們在行銷活動完成之後，沒有主動追蹤或監控實際績效與目標有多少落差。
- 40％的人表示，行銷活動通常沒有設計成可供量測，也沒有訂出評估活動是否成功的特定計量指標。

4. 學習與回饋：

- 43％的人表示，他們沒有使用計量指標，做為未來選擇及管理行銷活動的準則。
- 36％的人表示，無論過去的活動是成是敗，公司都沒有在實施後進行回顧審視，也沒有徵求活動團隊的意見，做為未來選擇及管理行銷活動的準則。
- 34％的人表示，他們沒有用到過去活動資料分析得到的見解，做

為未來創新的準則。

這些資料顯示：大多數的公司並未把行銷活動管理最佳化。別擔心你的公司也是其中之一，我們接下來會看到，只要採取幾個可以仿效的流程，你就能躋身領導廠商之列。

行銷流程、技術與公司績效的關聯性

那麼，什麼是重要的行銷管理流程呢？公司若採取這些流程，就能獲得更好的績效嗎？我們所做的訪談內容，為應當如何處理這些流程提供了深刻見解。以下是幾位行銷主管頗有代表性的意見：

• 你必須要有一套良好的行銷跟業務策略，但這還不夠。你還需要能夠監控所有的行銷工作，以及「是否有朝目標邁進」的紮實工

圖11-1 行銷活動管理（MCM）的封閉迴圈

作流程，才能確保這些策略發揮作用。

- 我們需要偕同所有的行銷活動。所謂的「偕同」，意思是要盡可能避免主持行銷計畫的人各自為政，針對世界上同一地區的同一批顧客，用同樣的內容做行銷的情況發生。然而，這需要相當程度的組合管理方法，也需要用到大量人力進行協調工作。

- 我們公司把行銷計畫視為世界性的組合。我們統一觀點，跨部門管理一切，以確保顧客能夠擁有最佳體驗。

- 我們有個著重於持續改進的正式流程。我們會指定把預算拿去做特定的工作，在工作時也要確定事情仍然有理由繼續進行。這樣做是必須的，因為我們沒有人會如此洞燭先機，可以事先知道9個月之後會有哪些新的顧客契機浮現。這需要對活動進行相當複雜的評估作業，我們總是很努力想要根據去年或是前幾年行銷預算投資的情況、目前的策略、現場狀況、哪些事情有變化哪些沒變，以及我們遺漏了那些重點，找出流程還有什麼必須要加強的。

　　我們在訪談過程中，找出了構成公司MCM能力的4大行銷管理要素，包括：選擇、組合觀點、監控、適應性學習。MCM能力的4個流程如下：

1. **選擇**：導引選擇、投資行銷活動記錄下來的流程。這包含活動的業務案例與評分表，以便跟業務策略偕同進行。
2. **組合觀點**：利用整體組合觀點，選擇要執行的行銷活動。這是因

為A行銷活動單獨進行時，其價值可能會比跟B行銷活動一起進行時更高，這個協作價值在選擇流程中會納入考量，構成「組合觀點」的選擇。

3. **監控**：量測評估行銷活動流程。簡單來說，這就是本書中所說，利用計量指標「計分」的概念。

4. **適應性學習**：具有從過去的活動與方案中學習的能力，並運用這些見解，為未來的行銷活動提供指引。

　　MCM需要這4個重要流程，才能有效進行行銷管理。此外，還有一個額外的支援能力：

5. **技術**：這包括EDW、行銷資源管理（MRM），以及行銷決策分析工具等技術能力與基礎建設。

行銷活動管理（MCM）能力的操作型定義

　　MCM是把研發、監控、量測，以及控制行銷活動與計劃的流程、方法與工具結合起來，藉以提升個別、整體行銷投資的報酬。「行銷活動」定義為公司所有直接與間接的行銷努力，包括：促銷、廣告、分析師關係、顧客關係管理方案等。

我們的研究將探討這些能力是如何串聯的，圖11-2是分析結果摘要。這張圖是一個結構性方程式模型，你可以把它想成是一個類固醇的迴歸方程式，顯示這些能力如何透過MCM，與公司績效連結在一起。這張圖看起來或許有點複雜，不過它提供的見解相當重要，值得掌握。

　　圖11-2左邊的4大能力（選擇、組合觀點、監控、適應性學習），是更高階的MCM能力元素，MCM再跟右邊的公司績效（市場績效、品牌資產、顧客資產）產生關聯。這代表什麼意思呢？這表示公司績效跟選擇、組合觀點、監控、適應性學習等MCM能力

圖11-2　在行銷過程中，MCM能力與公司績效的關聯性

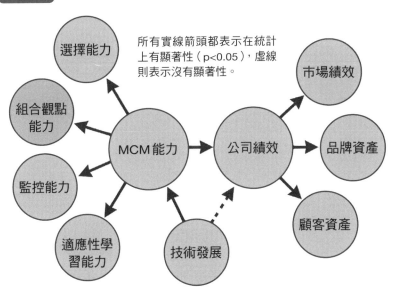

所有實線箭頭都表示在統計上有顯著性（p<0.05），虛線則表示沒有顯著性。

選擇能力　組合觀點能力　監控能力　適應性學習能力　MCM能力　公司績效　技術發展　市場績效　品牌資產　顧客資產

元素之間，存在著統計上具有顯著性的關聯性；若一間公司能搞定這些流程，就可以在市場績效、品牌資產、顧客資產等方面，具有高於市場平均水準的表現。

圖11-2的分析，是根據訪查蒐集到的第一手資料而得。我們也可以用COMPUSTAT資料庫的財務績效計量指標，針對上市公司的二手資料進行分析。這項分析也顯示出MCM能力跟公司績效之間，具備在統計上有顯著性的關聯性。就這個案例來說，用到的績效計量指標有銷售額成長率、公司ROI，以及長期股東權益。我們發現，具備這4個MCM能力的公司，績效比競爭對手來得優秀。此外，我們還可以得到一個關鍵見解：採用計量指標並進行評分（監控），也是重要能力之一。

敏銳的讀者會注意到，我到現在都還沒有提到讓數據導向行銷得以進行的技術層面。請注意：圖11-2有一點很有意思，也就是技術能力跟公司績效之間，畫的是虛線。換句話說，行銷技術面跟公司績效沒有直接關聯性，反而是MCM能力跟公司績效還比較有關係。

這裡面有個重要意涵：光是投資行銷技術，無法提升公司績效。技術是用來支援管理流程用的，也就是說，若要透過投資行銷技術提升公司績效，公司也必須要讓選擇、組合觀點、監控、適應性學習，這4個重要的MCM流程到位。有意思的是，這些結果跟產業或公司策略沒有直接關係，而是跟市場通路有關。換言之，MCM能力放諸四海皆準，所有公司都應該要加以實行，藉以改善

其行銷績效。

　　此外，研究亦指出，公司的行銷流程成熟度差別頗大。圖11-3
是MCM能力分布情形，右側的高能力代表公司完全採用這4個
MCM能力，左側表現不佳的公司則還在起步階段，這些能力寥寥
無幾。我們已指出，表現好的公司，其財務績效、品牌資產、顧客
資產、長期股東權益，會明顯優於表現不佳的公司。

　　研究結果點出公司需要投資這4大流程（選擇、組合觀點、監
控、適應性學習與技術基礎建設），以支援行銷能力。這些研究結
果與產業別沒有直接關係，也就是說，這4大核心MCM能力，對

圖11-3 訪查公司的MCM能力分布分析

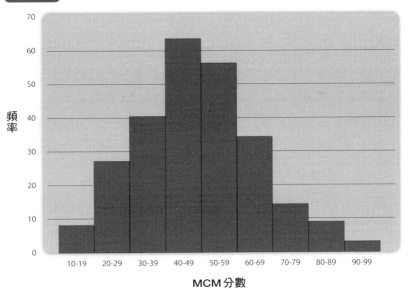

於所有公司跟產業的行銷工作一概適用。此外，我把重點放在本書這15個關鍵計量指標，指出你可以透過這些MCM活動，大幅提升行銷績效：這些計量指標對於「選擇」最佳的行銷活動，「監控」行銷活動是否管用，並且從試誤中「適應性學習」，都非常重要。

B2B和B2C公司在「行銷投資組合」上的差異

雖然研究結果顯示，MCM流程與公司績效的關聯性，和產業別沒有直接關係，不過B2B跟B2C公司投資行銷預算，倒是有差別。你可以把行銷預算想成是一個類似「投資組合」的東西，裡頭有不同類別的項目。我把〈第1章〉的行銷組合5大元素列在下面：

1. **品牌化**：可創造品牌資產的行銷，是為了讓產品或服務在第一時間，浮現在顧客腦海中。重點要放在製造出一種感覺或體驗的廣告，像是把產品跟酷炫、時髦、放鬆等感覺串聯在一起，或是像耐吉贊助頂尖運動員那樣，把產品跟另一個正面形象串聯在一起的廣告，都是很好的範例。這個影響可以用1號計量指標，在〈第4章〉提到的「品牌知名度」加以量化。

2. **顧客權益**：可打造顧客權益的行銷，相關範例有對忠實顧客提供獨家優惠、對B2B顧客舉辦主管限定活動、提供獎勵卡等。這個影響可以用〈第4章〉提到的3號計量指標「客戶流失率」4號計量指標「CSAT」，以及〈第6章〉提到的10號指標「CLTV」

加以量化。

3. **製造需求**：可推升短期銷售額的行銷，相關範例有折價券、打折促銷、限時搶購等等。這個影響可用〈第5章〉提到的6號計量指標「利潤」、7號計量指標「淨現值NPV」、8號計量指標「內部報酬率IRR」、9號計量指標「回收期」加以量化。電子商務的網路搜尋引擎行銷（SEM），也是製造需求行銷的一種，可以用11號計量指標「每次點擊成本CPC」、12號計量指標「訂單轉換率TCR」、13號計量指標「廣告支出報酬率ROA」加以量化。

4. **形塑市場**：可形塑顧客觀感，讓他們覺得需要某項產品或服務，或是透過第三方推薦，影響一群顧客態度的行銷。相關範例包括：透過有影響力的部落格、冠名贊助社區建案，以及跟B2B分析師打好關係等社群媒體行銷。可用來量測的關鍵計量指標，有跟品牌化關係相當密切的1號計量指標「品牌知名度」，〈第5章〉提到的2號計量指標「試駕」，以及〈第7章〉提到的15號計量指標「口耳相傳WOM」。

5. **基礎建設與能力**：最後這一類的行銷組合，是對技術基礎建設進行投資，包括：EDW、分析結果、MRM等，這些能力支援更廣泛的行銷活動。如何研發基礎建設投資的業務案例，我們在〈第9章〉已經討論過了。此外，這個類別也包括訓練銷售與行銷團隊，增進他們的相關技能。

我在〈第1章〉討論過，領先廠商跟落後廠商之間存在著行銷

區隔，他們的行銷預算投資組合有所區別（請見圖 1-6）。落後廠商會在製造需求行銷上花比較多錢，領先廠商則會在品牌化、顧客權益，以及支援數據導向行銷的基礎建設上，花比較多的錢。

圖 11-4 是領先廠商與落後廠商的行銷預算，按照 B2B 或 B2C 公司分別進行拆解。領先廠商的 MCM 分數位於前 20%，落後廠商則位於後 20%（請見圖 11-3）。B2B 跟 B2C 這 2 組廠商，都存在著行銷區隔：落後廠商在製造需求行銷上花比較多錢，領先廠商則是在品牌化、顧客權益，以及基礎建設上花比較多錢。

領先廠商整體來說，明顯在行銷上花比較多錢，超出平均值 14% 到 25%。B2B 跟 B2C 公司的差別，在於他們的行銷預算分配比例。B2C 公司的領先廠商與落後廠商，差別在領先廠商在製造需求行銷上花比較少錢，在品牌化跟基礎建設上花比較多錢；B2B 公司則是把製造需求行銷的預算，分配到品牌化、顧客權益，以及基礎建設上頭，也就是說，B2B 公司的領先廠商，對於顧客關係著力最深，其次重視的是品牌化。

「形塑市場」是行銷組合裡很有意思的一個類別。這個類別是我的一位同事莫罕・薩尼（Mohan Sawhney）建議放進來的。有趣的是，我們事前並不知道答案，那時覺得形塑市場對於領先廠商來說，應該會更加重要，結果卻剛好相反，對 B2B 公司來說尤其是如此。對於 B2C 公司來說，形塑市場的百分比相同，不過因為領先廠商整體行銷預算比平均多 25%，因此在每個類別也等比例投資更多錢。至於 B2B 公司的行銷組合，領先廠商在形塑市場上的

圖11-4 B2C 與 B2B 公司的行銷預算組合分析：這 2 種類型的公司平均都花了 6% 營收在行銷上

(a) B2C 公司

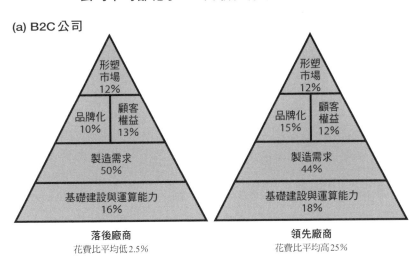

落後廠商
花費比平均低 2.5%

領先廠商
花費比平均高 25%

(b) B2B 公司

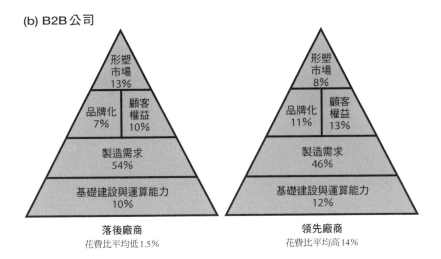

落後廠商
花費比平均低 1.5%

領先廠商
花費比平均高 14%

投資份額，明顯比落後廠商來得小，這點相當有意思。

　　B2B公司的形塑市場工作，主要在於把分析師關係打理好，讓他們認為領先廠商可以為產品或服務帶來正面形象。舉例來說，Gartner魔力象限（magic quadrant）分析法在科技產業，會按照「執行能力」與「眼光完整性」這2項因素，給不同公司的產品排名。對於科技廠商來說，能夠名列執行能力跟眼光完整性都很高的Gartner魔力象限右上方，是夢寐以求的事。有些公司會竭盡所能討好分析師，希望能夠得到頂級評分。

　　圖11-4(b)的研究指出，B2B公司藉由打好分析師關係，形塑市場的能力，可能言過其實了。即使領先廠商的行銷費用比平均值多了14％，然而，他們在形塑市場方面花的錢，卻比落後廠商來得少；相反的，他們把重點放在品牌化跟顧客權益上面。也許有個良好的品牌跟顧客權益，就足以形塑市場，影響分析師的觀感。

　　總而言之，無論是B2B還是B2C公司，領先廠商跟落後廠商的行銷組合都很類似，領先廠商在製造需求上花比較少錢，在品牌化跟基礎建設上花比較多錢。不過B2B跟B2C的領先廠商，在顧客權益跟形塑市場這2個主要類別上，就有一些差異性。

　　圖11-4的資料是根據質化訪查研究得到的，因此我要補充提醒一點：我們要求接受訪查的資深行銷主管，提出他們對這5大類別分配行銷預算的大略比例，因此這些資料並非取自行銷預算的深入審計結果，不過有250份的回覆結果，這在統計上也算具有足夠的顯著性樣本，大方向並不會錯。

我並不是說你的行銷預算完全要遵照圖11-4的比例，而是應該把它當成參考值。比方說，倘若你的公司只在品牌化跟基礎建設上，花幾個百分點的錢就了事，你就要自問這樣是否合理。同樣的道理，倘若有某個類別的比例明顯偏重，那麼你的行銷組合可能就有失衡之虞。

克服行銷流程專業化的4大障礙

這項研究最具有啟發性的見解，是發現儘管MCM能力對於績效影響很大，實際上對MCM進行最佳化的公司卻沒有幾家。為什麼這些公司都望而卻步呢？那些回覆訪查提問的受訪者，點出他們所面臨的4大障礙：

1. 欠缺管理高層支持：

- 69％的受訪者表示，資深經理主要是根據直覺，決定是否要投資個別行銷活動。
- 69％的受訪者表示，領導公司的人不知道ROI並非適用於所有的行銷活動。
- 50％的受訪者表示，公司裡的管理高層沒有根據ROI之類的計量指標，提供能夠指導行銷活動的特定策略目標。
- 49％的受訪者表示，執行長不認為「行銷」是造就策略優勢的主要成因。

2. 欠缺尊重：

- 56％的受訪者表示，公司裡大多數的資深經理，都把行銷視為「必要之惡」。
- 54％的受訪者表示，公司的行銷主管跟其他業務主管，彼此之間欠缺尊重。
- 32％的受訪者表示，公司的業務跟策略決策者，對於行銷所知不足。

3. 欠缺跨功能性偕同作業：

- 48％的受訪者表示，公司裡沒有一個跨功能性資深主管，負責分配行銷活動資金。
- 25％的受訪者表示，行銷在他們公司裡，並不是重要的業務活動元素。
- 21％的受訪者表示，行銷在他們公司裡，並不是經過整合的重要功能。

4. 欠缺員工技能：

- 64％的受訪者表示，他們沒有足夠具備相關技能的員工，可以追蹤、分析複雜的行銷資料。
- 47％的受訪者表示，他們的行銷團隊整體來說，對於ROI、NPV、CLTV等財務概念，欠缺派得上用場的專業知識。

你要如何克服第一道障礙，取得資深主管的支持呢？資深主管的支持，是建立在信任與理解的基礎上。要有能夠達成目標、已經得到驗證的追蹤記錄，才能培養出信任感。〈第2章〉提供了如何根據做出來的成果，取得資深主管支持的策略：從小處著手，迅速獲得成果，展現勝利果實，如此就能取得資深主管支持。行銷人員必須採取主動，用資深主管能夠理解的方式，展現行銷成果的價值所在，也就是要學著在恰當的時候，運用商業、財務跟資料語言進行溝通。本書教授的數據導向行銷做法，可讓你在公司內部建立起信任跟尊重，克服頭兩道障礙。稍後我會探討MCM的4大流程，告訴你如何為行銷工作創造出一個能夠克服偕同障礙的管理流程。

　　至於最後一個人事技能障礙，在訪談中也屢見不鮮。這裡的主題是說，要在公司裡展開行銷工作，就必須對員工進行訓練。你必須讓公司裡的人學習新的做法、工具、技法與技能，才能使得行銷管理最佳化，獲得最高級的MCM。除了取得管理高層支持、訓練員工具備行銷技能以外，我們的分析還點出了運用先進工具與技法，管理、設計並執行行銷活動的重要性。舉例來說，要對MCM進行最佳化的重要條件之一，是要廣泛利用所有行銷活動的資料，發展出一套紮實的投資流程。然而，有83％的訪查受訪者表示，他們經常覺得估計行銷活動的益處是一大挑戰。

　　我們的觀察指出，若要把這個問題降到最低，就要利用能夠蒐集複雜資料並進行分析的新技術工具，對MCM進行最佳化。這包括：中央化的資料庫、顧客關係管理（CRM），以及MRM。我們

的訪查結果顯示：運用先進工具與行銷投資報酬（ROMI）之間，有著在統計上具有顯著性的正向關聯。使用EDW追蹤行銷活動、資產與顧客互動的公司（再加上採用MRM之類的自動化軟體，並利用主動資料倉儲，指引事件導向行銷活動），會有較高的銷售額成長率，市佔率因此而上升，品牌資產也會隨之強化。

然而，我們再次發現，似乎沒有幾間公司實際上有用到這些唾手可得的先進工具。一些訪查資料可以描述這個現象：

- 57％的受訪者表示，他們沒有利用中央化的行銷資料庫，追蹤並分析行銷活動。
- 70％的受訪者表示，他們沒有利用EDW追蹤顧客跟公司及行銷活動之間的互動情形。
- 71％的受訪者表示，他們沒有利用EDW跟分析結果，指引選擇行銷活動。
- 79％的受訪者表示，他們沒有利用整合的資料來源，指引自動化的事件導向行銷。
- 82％的受訪者表示，他們從未利用MRM之類的自動化軟體，追蹤並監控行銷活動與資產。

我們顯然迫切需要提倡在公司裡採用先進工具，以解決這些問題。然而要注意的是，可不是光採用先進工具跟技法，事情就結束了。各公司即使採用了這些工具，他們「能否加以善用」的差別仍

然很大，因此一定要採取階段性做法，逐步採用這些工具跟新流程。只要建立一個循序漸進、有明確進程的時間表，就能夠讓這些工具與既有的公司架構成功偕同運作。若想讓公司從例行的行銷管理方式，順利轉型至接近最佳化的MCM流程，採用階段性的做法至關重要。

升級行銷管理流程的3階段做法

前面關於執行障礙的相關討論，其主要結論是：MCM最佳化不是什麼「砰」的一聲就能開天闢地的方案，而是一道刻意循序漸進的流程。階段性的做法有助於保持執行動能，同時提升資深主管的信心，讓他們願意買單，在計畫中且可控管的情況下，逐步提升跨功能性偕同作業，並且讓員工有足夠的時間去學習新的技能，逐漸習慣使用這些工具。

我們的分析，是把採用MCM的競爭過程分成3大類別：界定（Defined）、中等（Intermediate）與先進（Advanced），請見圖11-5。我們把訪查問題一一對應到每個類別中，然後為每位受訪者計算出一個0分到100分的MCM「等級分數」。這個分數是根據所有類別問題，有正面回應總數的平均值計算而成，我們以分數的分布情形，決定如何把受訪者分門別類。圖11-6是所有受訪者MCM得分的分布情形，請注意：只有11％的公司落在MCM能力的「先進」類別，其他絕大多數的公司（將近90％）不是落在「界定」類

圖11-5 行銷活動管理能力的 3 個階段

MCM 成熟程度		
1.界定	2.中等	3.先進
• 一般目標 • 中央化活動監督 • 行銷資料庫	• 特定目標 • 界定選擇投資行銷活動的流程 • 量測績效的計量指標 • 活動結束後，量測業績效益 • 資料倉儲	• 使用評分表，使行銷與策略偕同運作 • 選擇活動時採用組合觀點 • 主動進行活動管理 • 敏捷式行銷，在活動進行的同時追蹤業務績效 • 適應性學習與結果回饋，以供未來選擇活動參考 • 分析行銷與量測CLTV • 事件導向行銷 • 基礎建設：行銷資源管理（MRM）、企業資料倉儲（EDW），以及分析其結果

（能力）

圖11-6 受訪者MCM成熟程度的類別百分比

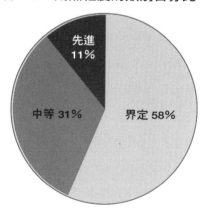

先進 11%

中等 31%

界定 58%

別，就是「中等」類別。

● MCM階段1：界定

　　落在「界定」等級的公司，通常把重點放在研發能夠提供一般目標的流程跟程序，以便指引選擇跟管理行銷活動。這個等級的公司已經有中央化資料庫，負責追蹤所有行銷活動與資產的績效，公司裡甚至也已經有學習的文化（雖然很薄弱），行銷團隊對於過往活動成敗的意見跟直覺，會在未來用以指引選擇及管理活動。

　　簡而言之，這類公司建立了一種「界定」流程，來管理所有的行銷活動。採用這些流程的好處直截了當，因為決策過程經過簡化，只要把所有行銷資產、投資與資源，用單一角度綜觀即可。未受監控的行銷支出會消弭於無形，資源利用的情況也獲得改善，一般目標則可以減少規劃與管理需要修正的狀況。行銷經理若是能夠不重蹈覆轍，當然就能逐漸改善行銷管理績效。

● MCM階段2：中等

　　落在「中等」等級的公司，對於行銷資產、投資與資源，已經具備中央化的觀點。這些公司也採用特定目標，指引、選擇及管理行銷活動，同時也能夠從前車之鑑學習。這個階段的MCM工作，更著重於針對行銷投資最終能夠達到的目標，以及如何應用先進計量指標，規劃、行銷與審視行銷投資，提供確實的目標。這些公司會採用資料倉儲，追蹤顧客與公司、行銷活動之間的互動情形。除

了行銷團隊成員的意見之外，他們還會利用資料分析結果，在未來指引、選擇活動。簡而言之，這個等級的公司建立了可反覆進行的中等流程，藉此控制所有的行銷活動。

達到這種等級競爭力的好處，包括：改善行銷支出與公司策略偕同運作的情形，藉此減少或消除行銷投資卡關的情況，透過財務計量指標的共同語言，促進公司財務部門與領導階層的溝通順暢度，也更容易跟同行比較行銷結果。頻繁進行審查的循環，亦有助於處理各計畫在規模、預算、策略偕同方面的歧異，及早採取修正動作。

● MCM階段3：先進

最精明的行銷管理團隊，最會利用MRM之類的自動化軟體，追蹤監控行銷活動跟資產。他們在選擇行銷活動時，會善用每個活動關鍵業務目標的計分表，對所有活動採取整體觀，應用組合管理技法，讓整體活動組合發揮到最佳狀態。先進等級公司也會利用事件導向行銷與敏捷式行銷（請見第8章與第9章），保持彈性執行活動，在活動執行的同時，持續監控已實現的益處與業務價值（ROMI）。這些公司具有制度化的學習文化，透過量測結果訓練有素的回饋，為未來的活動提供參考。

我們在這些公司觀察到的益處，包括改善行銷投資評估，有能力使行銷活動組合的價值最大化，同時確保活動跟公司策略偕同運作。先進MCM公司的基礎建設、流程與人事，合起來造就了真正

的敏捷式行銷（請見第8章）。

MCM最佳化的3個階段，是根據訪查回應與訪談分享個人經驗，大致粗分出來的。你可以想見其實沒有幾間公司，可以完美地歸類於任何一個階段。一般公司會結合2、3個階段的元素，儘管如此還是會有一個主要的階段。你可以把這3個階段當成目標結果或目標能力，不過實際上你要如何從一個階段，晉升到下一階段呢？關鍵在於要先為MCM各個面向的流程準備計分表，一旦找到出問題的關鍵點，就應該發展出處理問題的路線圖。

最佳的路線圖包括以下元素：**清楚描述逐步採用先進工具與技法的目標與時程、具備讓員工因應這些變革的訓練計劃，以及對於達成目標所需資源，進行合理的評估與配置**。最理想的做法是「挑重點」著手，迅速獲得成果以建立信任感，然後根據這些成果產生動能。

從「寫下來」開始，制定MCM的標準化流程

資深行銷經理對於公司內部錯綜複雜的狀況，一直都覺得很棘手。大公司每年可能有數百個，甚至數千個行銷計畫在進行，若是沒有一個井然有序、按部就班的方法進行管理，行銷就會自然而然變成一團混亂，導致極為沒有效率的重複作業。

我們需要的是一套簡單的規則，管理資深經理取得資訊跟做出決策的方式。就行銷而言，「管理」指的是MCM能力：選擇、組

合觀點、監控、適應性學習流程。訪查跟訪談所得到的結果，為發展MCM管理能力的最佳做法，提供了清楚的見解。

我們從使用計分表，提升業務單位參與程度的一般整合流程開始。成功的MCM可以讓業務策略跟方向產生偕同作業，不但基礎紮實，還可以為業務優先順序建立正確的平衡。成功的MCM也伴隨著群體共同定義一般計量指標，像是本書所提到的15個關鍵計量指標，就能夠有助於量測行銷活動績效，並進行規劃。

採用先進工具與能力，不再是一個選擇，而是勢所必然。EDW及分析結果可以進行計分，MRM有助於把行銷過程加以數位化跟專業化，這些基礎建設加總起來，便可使得行銷工作變得更為敏捷。不過你可別從基礎建設開始著手，領導廠商都是先界定流程、做出成果，然後才投資基礎建設，把流程予以標準化跟自動化。

雖然MCM應該是資深主管團隊的共同責任，然而，行銷主管必須要帶頭建立流程與計量指標。成功的行銷長會努力跟其他資深主管團隊成員，培養出一種偕同作業的夥伴關係。此外，隨著實行新流程與技法，這些領導者也會鼓勵其員工日新又新。

最後要提醒的一點是，建構一支有信任感的團隊來管理MCM流程，是至關重要的事。此外，成功的行銷長會確保他們為員工在流程、財務技巧，以及活動管理等方面的訓練，提供了充足的資源。有個恰如其分的獎勵系統，是激勵並留住好員工的重要手段。

我們在〈第5章〉簡略提到了資本配給的挑戰，也就是行銷資金有限或是受到配給的情況，而好的行銷方案總是僧多粥少。許多

公司會選擇資助「最會吵鬧的孩子」的行銷活動，本章討論的管理流程，就是確保行銷預算能進行最佳配置、讓每一塊錢都花得「物超所值」的關鍵。成功實行行銷管理及MCM流程，可以把你主管的行銷投資會議，轉變為具有建設性的數據導向討論過程。

我跟許多公司合作過，協助他們實行或改善MCM，以及數據導向行銷的能力。我第一件會開口要求的事情之一，就是要看他們寫下來界定MCM流程的所有記錄。他們聽到我這個要求，通常會有兩種不同的反應：第一種他們會說要找張三還是李四，看看有沒有PowerPoint檔案，這個反應本身就是一大線索——倘若這個流程在公司內部不是大家都清楚，那就表示它並未被設為「標準」。你怎麼知道你是否具備MCM能力？有效的標準化管理方式，是一定要把流程寫下來，讓公司裡裡外外的人都知道。

第二種反應，則是給我的團隊一大疊文件夾，裡頭滿滿的都是行銷流程。通常這一大疊文件夾都是顧問公司提交給他們的，我在後續訪談中經常發現，這些有一大疊文件夾的公司，根本沒有幾個行銷人員會遵循這些流程，甚至不知道有這些流程存在。行銷管理流程應該要在公司內部合力創造出來，並且用簡單易懂的文件記錄下來。

也因此，在中等跟先進MCM等級的公司裡，就有一個解決這類問題的法寶：清楚說明如何篩選行銷活動、選擇優先順序並進行選擇的流程文件。此外，相關記錄還包括公司用來量測行銷活動績效的評分表跟重要計量指標，以及ROMI業務案例的範本檔。所以

我建議在你開始踏上數據導向行銷之旅時，就應該要同時把流程記錄下來。這些文件必須要易讀易得，你可以針對重要流程撰寫短短10到15頁、易讀易懂的審查記錄，讓行銷團隊能夠遵從。我也建議你針對活動業務案例，採用直截了當的標準化ROMI範本檔。

　　總而言之，光是花錢購買數據導向行銷的技術還不夠，你必須要同時升級MCM流程，以及公司的技術水準。不過這個流程有4個可管理的元素（選擇、組合觀點、監控、適應性學習），還有本書提供的15個關鍵計量指標，可讓你量測行銷績效。我的研究指出，具有更先進數據導向行銷與MCM流程的公司，其市場績效、顧客資產，還有長期股東價值，也會比競爭對手來得好。訣竅在於要採取階段性的做法，在公司裡逐步建構能力，每個階段都要做出一些成果，並且研發出一套可以讓員工很容易遵循的流程。

「創意X因子」與數據導向的加乘威力

　　這本書全都是在講計量指標、資料與流程，好讓你的行銷績效一日千里。我討論過的許多行銷策略與做法，都可以應用於公司業務的其他方面，產生類似的績效。不過真正讓行銷與許多其他功能性領域截然不同的，在於行銷媒體的創意。

　　我在完成這項研究後不久，跟卡夫食品的前任執行長貝西・霍登（Betsy Holden）開會。我跟她分享可以提升績效的數據導向行銷跟流程，她則提出了另一個面向——創意X因子。行銷處處都有

模式，霍登一提出這個觀點，我馬上就發現有很多很棒的行銷活動，都具有創意X因子。

舉例來說，你一定要看一下「這能攪拌嗎？」（Will It Blend?）這支YouTube影片。Blendtec是一間位於猶他州，製作攪拌器的私有小公司。創立公司的湯姆・狄克森（Tom Dickson），起初是用大馬力引擎進行食物碾製與攪拌過程的作業，雖然其顧客群主要是餐廳等營業場所，不過他們也有在製作家用的食物攪拌機，入門款產品有1.8馬力，電流大約10安培。他們的攪拌器電流規格，最高可達20安培，是業界最強力的攪拌機。

狄克森創造了一個病毒式行銷活動：他把各種物體丟進攪拌機，問大家：「這能攪拌嗎？」，然後把結果影片貼上YouTube──高爾夫球、鵝卵石、整支耙子、手機、蘇聯鑽都可以攪拌，硬幣跟鐵撬則沒有辦法。我最愛的影片是狄克森把iPhone丟進去攪拌，這是創意X因子發揮作用的絕佳範例，影片的點閱數超過700萬次，但行銷成本不過才數千美元而已。狄克森說：

這些影片在2006年11月初放上網路，才不過短短幾天，就有數百萬次點閱。這項行銷活動幾乎是立刻見效，我們馬上就感覺到銷售額扶搖直上。「這能攪拌嗎？」影片對於我們的商用跟零售產品，造成了奇妙的影響。這項完全在打品牌知名度的行銷活動，讓我們建立了「心理前茅知名度」，讓Blendtec名列高檔攪拌器製造商之列。

Blendtec的範例是創意X因子行銷，但在執行上相當直截了當，只要很快的把影片拍好、上傳到YouTube，在背景附上商標跟URL網址就搞定了。日產汽車的新車款Qashqai上市是另一個比較講究、結合數據導向行銷的創意X因子範例。

　　日產汽車透過市場研究，發現歐洲擁有小型四輪驅動休旅車的市場，於是瞄準年輕族群，推出可以克服郊區各種地形，「專跑郊區」的產品上市行銷活動。Qashqai車款在英格蘭生產，銷售到歐洲、澳洲跟日本，不過沒有賣到美國。這項產品推出的電視廣告，在車頂上有隻像是滑板的大腳。

　　這項新品上市行銷首先在2006年9月6日舉辦媒體發表會，有來自22國的450位記者參與，媒體用「日產重新發明艙門」（*Nissan Reinvents the Hatch*）這樣的標題，發表評論大肆讚揚。這款新車在2006年9月29日，於巴黎車展正式對外亮相，140萬名參觀者透過藍芽連線，一共下載了2萬2,000次Qashqai車展影片。上市前的直郵行銷，在全歐洲一共獲得3萬9,444人索取，上市前網站流量也超出預期200％。

　　很明顯的，日產汽車有應用數據導向行銷原理，追蹤上市前的行銷曝光績效，不過真正讓這項行銷活動大放異彩的，是創意X因子。日產汽車發明了一種叫做Qashqai賽事的郊區新運動，比賽內容是拍攝Qashqai做出名為「飛越斜坡」、「空中香蕉」、「360度軸心旋轉」等類似滑板特技動作的「業餘」影片，利用特效讓這些特技看起來非常逼真。影片中出現名叫「仙女座隊」之類的古怪隊伍，

行銷活動還有專屬的粉絲網站，顧客可以上網購買T恤跟其他Qashqai賽事的周邊產品。日產汽車甚至有一支Qashqai賽事車隊，在選定的城市舉辦BMX單車特技表演活動。

這些病毒式影片被散播到2,200個以上的網站，點閱數超過1,100萬。Qashqai在2007年3月上市，在6週內賣掉7萬輛，產能還跟不上行銷推升的需求。到了2009年6月，Qashqai在歐洲賣掉33萬輛，成為日產汽車在全球賣得最好的車款之一。

日產Qashqai的新品上市行銷活動，是一個創意X因子結合數據導向行銷的範例。我真正喜愛這個行銷活動的地方，在於它的所有元素整合得極佳，以及它清楚地鎖定X跟Y世代族群做行銷。網路病毒行銷元素跟實體活動結合，公關跟媒體也加強了WOM效益。這個範例顯示：卓越創意結合數據導向行銷，有潛力以低成本發揮100倍的績效——Qashqai新品上市行銷的成本，大約是設計跟製造汽車成本的1%。

我建議你在規劃行銷活動時，可以要求創意團隊跳脫標準的靜態廣告，採用創意X因子。當你採用數據導向行銷原理，加上酷到不行的創意點子，把新媒體跟舊媒體整合在一起時，就會創造出真正的驚喜。

量化分析時代的原理、原則與方法

我在本書定義了15個關鍵行銷計量指標（第1章、第3章到第

7章），其中包括10個古典計量指標，以及5個新時代網路計量指標，它們可用來量化絕大多數的行銷方案。你要如何運用這些計量指標，提升你的行銷績效呢？你可以先用計分表量測績效，「量測」這個動作可以讓你掌控行銷活動。接下來，採取敏捷式行銷的做法，讓你的行銷活動具有彈性，這麼一來要是你失敗了，至少失敗得很快；要是活動表現得不錯，還可以擴大戰果（第8章）。把行銷活動設計為可供量測，再跟敏捷式行銷結合，就能將行銷活動的績效提升5倍以上。

除了進行量測並保持彈性以外，還可以利用分析結果，進行細部區隔跟目標行銷（第6、8、9章）。價值基準區隔結合事件導向行銷，就能夠在正確的時候，對顧客進行正確的產品行銷，把績效提升5倍以上。量化分析工作需要基礎建設，而你需要的是牧場小屋還是帝國大廈，取決於你的顧客群大小與複雜度的需求（第10章）。

只不過，光是花錢購買基礎建設跟工具還不夠，你還必須要升級公司的MCM行銷活動管理流程。最後這一章討論到4個流程：選擇、組合觀點、監控、適應性學習，這些對於管理行銷組合相當重要。技術應該要支援公司的數據導向行銷流程，這些流程對於控管環境極為複雜的行銷活動相當重要。但若要這些流程產生作用，你還必須要訓練行銷團隊，使其具備新的技能與做法。

最後一點，請善用創意X因子，把行銷跟網路、手機整合起來，藉此蒐集顧客資料；再把數據導向行銷跟很酷的創意結合，就能使

績效提升5倍到100倍（第7章到第9章）。這些數據導向行銷做法若能一以貫之，就可讓你的行銷績效一飛衝天；就如同我們前面所見，少數幾間遵循這些原理的公司，都是落在行銷區隔的另一邊，他們用行銷為自己創造可維持的競爭優勢，讓績效比競爭對手更優秀。

　　這個邁向勝利的策略看起來也許頗令人卻步，不過我在本書裡提出了許多如何開始起步的範例、架構，以及路線圖（第1章到第3章，第8章到第10章）。你應該要從小處著手，迅速獲得成果，展現績效以獲取主管支持，然後進一步拓展方案。數據導向行銷做法的力量，在於這15個關鍵計量指標可得出ROMI，藉此合理化未來的行銷投資（第5、9章）。

NOTE ▶▶▶ 本章重點回顧

◆ MCM能力是領先廠商用行銷獲取競爭優勢的關鍵流程。

◆ MCM能力由4個重要的流程構成：選擇、組合觀點、監控、適應性學習。這些流程由技術工具與基礎建設支援。

◆ 具有MCM能力的公司，績效比較好。

◆ 行銷技術工具與基礎建設，跟公司績效並未直接相關，不過它們可支援MCM能力。這也表示，光是投資技術並無法產生行銷績效，你也必須要具備這4個MCM重要流程才行。

◆ 領先廠商跟落後廠商，在行銷支出上面有所差別。領先廠商會在品牌化跟基礎建設花比較多錢，在製造需求行銷花比較少錢；B2B的領先廠商會在顧客權益花比較多錢。

◆ 採取階段性做法發展MCM能力，從「界定」階段開始，經過「中等」階段，最後進入「先進」階段，這就是勝利方程式。

◆ 創意跟數據導向行銷之間，有一種奇妙的關係。把卓越創意跟數據導向行銷結合起來的「創意X因子」，是一個可把績效提升100倍的乘數。

ACKNOWLEDGMENTS
向本書的協助者致謝

在撰寫本書的過程中，有很多人給予我協助。首先，我要感謝負責本書編務的約翰威立出版社（John Wiley & Sons）編輯理察・納拉摩（Richard Narramore），指導協助本書初稿順利完成。我也要感謝科技創新研究中心（Center for Research on Technology and Innovation, CRTI）主任莫罕・薩尼（Mohan Sawhney）的支持，以及在研究工作初期的投入。

另外，還有在2001到2009年，擔任凱洛格管理學院（Kellogg School）院長的狄帕克・傑恩（Dipak Jain），為本書提供大量樣本並給予指教。本書的研究工作，是跟科技創新研究中心的博士後研究員薩拉・米許拉（Saurabh Mishrah），以及艾力克斯・克拉斯尼可夫（Alex Krasnikov）合作完成，他們如今都已升格為教授，他們對於本書投注的心力，我極為感謝。

本書〈第1章〉跟〈第11章〉討論到的研究內容，有部分是由天睿資訊（Teradata）出資完成，我要為此感謝瑪莉・葛羅絲（Mary Gros）持續不殆的熱忱投入。

有許多企業人士接受我的訪問，為本書貢獻他們的經歷，我在書中都已有提到他們的名號。我特別要感謝羅布・葛瑞芬（Rob

Griffin），為〈第7章〉的網路搜尋市場主題，提供訪談深度回饋內容；大衛・許拉德（David Schrader）為〈第9章〉的DIRECTV、NAB，以及Ping個案研究，提供寶貴看法；理查・溫特（Richard Winter）為〈第10章〉的資料架構相關討論，提供深度見解。

我也要感謝麥克・柯林斯（Mike Collins）與妮娜・羅特洛（Nina Rotello），詳細校對手稿並給予回饋，以及羅布・柯摩羅斯—金恩（Rob Komorous-King）貫串全書的精彩圖表。

最後，若不是有愛妻安（Ann）的體諒與支持，本書就不可能順利完成，謝啦！

—

量化行銷時代【首部曲】
貝佐斯與亞馬遜經營團隊都在做，15 個關鍵行銷計量指標

Data-Driven Marketing:
The 15 Metrics Everyone in Marketing Should Know

作　　　者	馬克・傑佛瑞（Mark Jeffery）
譯　　　者	高英哲
主　　　編	郭峰吾
總 編 輯	李映慧
執 行 長	陳旭華（steve@bookrep.com.tw）
社　　　長	郭重興
出　　　版	大牌出版／遠足文化事業股份有限公司
發　　　行	遠足文化事業股份有限公司（讀書共和國出版集團）
地　　　址	23141 新北市新店區民權路 108-2 號 9 樓
電　　　話	+886- 2- 2218 1417
郵撥帳號	19504465 遠足文化事業股份有限公司
封面設計	萬勝安
排　　　版	藍天圖物宣字社
印　　　製	成陽印刷股份有限公司
法律顧問	華洋法律事務所 蘇文生律師
定　　　價	550 元
初　　　版	2018 年 9 月
三　　　版	2024 年 3 月

國家圖書館出版品預行編目 (CIP) 資料

量化行銷時代【首部曲】：貝佐斯與亞馬遜經營團隊都在做，15 個關鍵行銷計量指標 / 馬克・傑佛瑞（Mark Jeffery）著；高英哲 譯 . -- 三版 . -- 新北市：大牌出版，遠足文化發行, 2024.03
392 面；14.8×21 公分
譯自：Data-Driven Marketing: The 15 Metrics Everyone in Marketing Should Know
ISBN 978-626-7378-63-2（平裝）
1. 行銷學 2. 個案研究

113002084